DE L'INFLUENCE

DES VOYAGES

SUR L'HOMME

ET SUR SES MALADIES.

Imprimerie de Madame DE LACOMBE, rue d'Enghien, 12

DE L'INFLUENCE

DES VOYAGES

SUR L'HOMME

ET SUR SES MALADIES,

PAR

J.-F. DANCEL,

Docteur en Médecine,

Membre titulaire de la Société de médecine pratique de Paris, Membre correspondant de la Société des sciences médicales de Bruxelles.

2ᵉ Édition, revue, corrigée et augmentée,

PARIS.

COMON ET Cⁱᵉ, LIBRAIRES,

QUAI MALAQUAIS, Nᵒ 15.

1848.

A Monsieur

Le Marquis de Bouillé,

Lieutenant-Général.

Votre nom placé ici honore et protége mon livre. En acceptant cette dédicace, vous avez ainsi ajouté un motif de plus à la reconnaissance que je vous dois.

Dancel.

Décembre 1847.

PRÉFACE.

—

En publiant cette seconde édition de mon livre : *De l'Influence des Voyages sur l'homme et sur ses maladies,* j'ai tenu compte de toutes les critiques qui, à ma connaissance, ont été faites de cet ouvrage depuis son apparition. Si je n'ai point suivi tous les conseils qui m'ont été donnés à cette occasion, c'est que des raisons qui me paraissent impérieuses s'y sont opposées. Ainsi, je n'ai point cru devoir changer l'ordre adopté dans la première édition pour le classement des maladies. J'ai continué d'en faire l'énumération, en les divisant, selon qu'elles occupent la tête, ou qu'elles siégent dans la poitrine, ou qu'elles affectent un des organes du ventre, ou enfin une partie plus ou moins considérable de l'organisme. Quelques personnes auraient voulu les voir divisées par famille, en suivant les cadres nosologiques admis aujourd'hui. Mais ces cadres sont loin d'être eux-mêmes sans reproche. Les auteurs se trouvent souvent forcés d'y apporter des modifications qui en changeront un jour complètement l'ordre. Ensuite, chaque système de médecine a ses cadres, et pour nous dire quel est le meilleur de ces systèmes, et par conséquent des cadres nosologiques, serait une chose difficile, en présence des révolutions que je vois survenir dans les sciences médicales.

Le classement des maladies, d'après le lieu qu'elles occupent, n'est point exposé à de telles perturbations, et reste invariablement le même au milieu de tous les bouleversements que veut opérer chaque grand maître en arrivant au sommet du pouvoir hippocratique.

Avec le classement que j'ai adopté, les médecins trouveront facilement dans mon livre une maladie qu'ils désireraient lire de suite.

Ce classement était nécessaire pour les personnes étrangères à la médecine qui voudraient en prendre connaissance ; et le nombre pourrait en être grand aujourd'hui, que l'on observe dans le monde un véritable empressement à s'instruire dans l'étude de l'homme à l'état de santé et de maladie. Il est probable que, dans tous les temps, on a désiré s'instruire sur ce point de l'histoire naturelle si important pour chacun ; mais il y avait un empêchement insurmontable. La science de l'homme, et particulièrement de la médecine, était environnée de ténèbres impénétrables. Dans les premiers âges du monde, c'était une simple *croyance*. Les hommes pensaient que les maladies provenaient directement de la colère de Dieu, et ils s'adressaient, pour en être délivrés, aux prêtres ses ministres, et aux rois qui, par leurs fonctions, semblaient être favorisés du ciel. Moïse fut le médecin de son peuple. Salomon est le premier qui ait tracé des règles à suivre pour le traitement d'une affection morbide ; et dans la suite des temps, les grands dignitaires de l'Eglise se sont occupés de guérir les malades. Thieddeg, prêtre de Prague, médecin de Boleslas, roi de

Pologne ; Hugues, abbé de Saint-Denis et médecin du roi de France ; Milon, archevêque de Béné-
vent ; Pierre d'Espagne, d'abord archevêque ,
puis cardinal, et pape sous le nom de Jean XXI,
auteur d'un recueil de recettes médicales, etc. ,
ont joui d'une grande célébrité pour leurs cures
nombreuses. Ce n'est que vers le quinzième siècle, qu'un pape défendit expressément aux membres du haut clergé, archidiacres, prélats et évê-
ques, d'exercer la médecine sous peine d'excom-
munication.

Jusqu'au règne de Louis XVI, les rois de France
ont passé pour avoir le don de guérir certaines
maladies, telles que les écrouelles...

Cependant, peu à peu, le traitement des maladies s'est dégagé de tous les prétendus mystères
qui y avaient été trop longtemps attachés ; il a
fini par constituer réellement un art, s'il n'est
pas encore une science, et on ne peut le méconnaître. Cet art rend des services incontestables à
l'humanité, surtout dans l'état de civilisation où
elle se trouve, état qui exige aujourd'hui de véritables préceptes hygiéniques continuels pour
se bien porter.

Notre manière de vivre qui est si loin de celle prescrite par la nature, l'air que nous respirons qui est souvent impur au milieu des populations telles qu'elles se trouvent agglomérées sur les différents points du globe, donnent une idée de l'importance du déplacement, des voyages, dans le traitement des maladies. Les médecins de tous les temps en ont tenu compte; et aujourd'hui on les ordonne si souvent, que l'on peut dire qu'ils sont devenus un remède à la mode, lorsque la mode devrait être exclue de la médecine.

Les auteurs qui parlent du traitement des maladies finissent presque toujours par indiquer les voyages comme le dernier moyen à leur opposer, et jamais ils ne disent que ce moyen peut être funeste, comme cela arrive cependant dans un grand nombre de cas. Nous manquions d'un livre où fussent rapportées nos maladies, en examinant s'il est bon ou mauvais de voyager pour obtenir leur guérison : c'était dans l'intention de remplir cette lacune que j'ai entrepris ce livre *De l'Influence des Voyages sur l'homme et sur ses maladies.* Si je dis en quelques mots que, lors de son apparition, la presse en général a bien voulu m'accorder des éloges , c'est moins pour me parer d'un titre bien doux certainement, que pour en tirer une recommandation à la faveur du public et pour l'engager à lire cette seconde édition. Je pense qu'il y trouvera des conseils sages , importants et précieux. dans beaucoup de circonstances de la vie.

Décembre 1847.

DE L'INFLUENCE

DES VOYAGES

SUR L'HOMME ET SUR SES MALADIES.

CHAPITRE PREMIER.

INFLUENCE DU CLIMAT SUR L'ORGANISATION DE L'HOMME.

L'homme possède une puissance vitale qui le met à même de résister à un haut degré aux actions mécaniques, physiques et chimiques des corps qui l'environnent; cependant il ne peut se soustraire aux influences du climat dans lequel il est plongé. Constitué en grande partie par des matières organiques, il doit se ressentir de l'action qu'ont sur elles plusieurs agents puissants tels que le froid, la chaleur, l'humidité, la sécheresse, l'électricité, etc. Comme tous les corps organisés, celui de l'homme, par une froidure modérée, prend du ressort, du ton et de la vigueur; par un froid excessif, il se resserre, se racornit, s'engourdit et se congèle; sous l'influence de la chaleur, il devient mou et sans force; l'humidité le pénètre et le gonfle, la sécheresse l'allonge et le rend plus ferme. L'électricité à petites doses l'anime et le fortifie; absorbée en trop grande quantité, elle trouble et même détruit ses fonctions.

Ces divers principes modificateurs de l'organisation de l'homme règnent plus ou moins fortement sur les différents points du monde, selon que ceux-ci ont leur élévation plus ou moins grande au-dessus du niveau de la mer, et selon le degré de leur éloignement de la ligne équinoxiale, et la quantité des eaux et des forêts qu'on y rencontre. L'homme doit donc présenter des marques constantes et variées des effets produits sur lui par ces causes modificatives dont la réunion est appelée climat (1). C'est ce qui a lieu, et cette ac-

(1) Les géographes, et à leur exemple quelques médecins, entendent par climat une bande de terre comprise entre deux cercles parallèles à l'équateur. On ne doit tenir compte que jusqu'à un certain point de ces partages purement scientifiques, parce qu'ils ne donnent pas une idée exacte de la nature des choses. Chaque surface comprise entre les cercles n'est pas continue, elle est toujours séparée par des montagnes, des eaux, etc., qui en rendent la température inégale dans ses parties. M. de Humboldt entend par *climat* toutes modifications de l'atmosphère dont nos sens sont affectés d'une manière sensible, telles que la tempéra-

tion du climat a tellement frappé des naturalistes, qu'ils l'ont reconnue comme produisant seule les variétés que présente le genre humain disséminé sur la surface du globe. D'après eux, tous les hommes viennent de la même souche et ne doivent qu'au pays qu'ils habitent les différences que l'on observe sur plusieurs parties de leur corps. Ce serait à la zone torride que le nègre devrait attribuer sa conformation grêle et maigre, la laine de sa tête, la couleur de sa peau et la configuration de sa face. Les Européens seraient redevables à leur position géographique de la blancheur de leur teint et de la beauté de leurs formes. Il en serait ainsi des autres peuples qui diffèrent entre eux sous beaucoup de rapports, et qui néanmoins sont tous bâtis sur le même plan.

Un grand nombre de savants, il est vrai, ne

ture, l'humidité, les variations de pression atmosphérique, la tranquillité de l'air, ou les effets des vents étéronymes, la charge ou la quantité de tension électrique, la pureté de l'air ou ses mélanges avec des émanations gazeuses plus ou moins insalubres, enfin le degré de diaphanéité habituelle, ou la sérénité du ciel si importante par l'influence qu'elle exerce, non-seulement sur le rayonnement du sol, sur le développement des tissus organiques dans les végétaux et la maturation des fruits, mais aussi sur l'ensemble des impressions qui, dans les zones diverses, sont excitées dans l'âme par les sens.

pensent point ainsi; ils admettent que c'est à des races primitives qu'il faut faire reporter ces différences dans la conformation de l'homme. Ils se fondent sur ce que les marques distinctives ne se trouvent pas seulement à la surface du corps, mais aussi à l'intérieur. La peau du nègre n'est pas la seule partie qui soit noire chez lui; son sang, ses organes intérieurs le sont également. Et puis, comment peut-on admettre, disent-ils, que cet homme paresseux, timide, sans industrie et sans entendement, soit de la même famille que l'Européen actif, social, qui s'est acquis par sa conception, son génie et ses talents la suprématie dans tout l'univers?

Les partisans de ce dernier système ne sont pas d'accord sur la quantité des prétendues races primitives: les uns en comptent deux, les autres trois, d'autres cinq, etc. Ceux qui n'en admettent que deux soutiennent que les modifications physiques qui ont fait faire plus de divisions ne sont dues qu'au croisement des races et à l'influence du climat. Chacun d'eux veut bien que ce dernier agisse sur les hommes, mais seulement jusqu'à un certain point, et d'après les classements qu'il a faits à sa manière, du genre humain. Cependant tous reconnaissent que cette action du climat est assez forte pour produire de si grandes modifications d'organisation sur les habitants de quelques localités, qu'ils hésitent à les mettre au nombre des membres de la grande famille intellectuelle; tels ils jugent les Albinos en Afrique, les cagots des Pyrénées et les crétins du Valais(1).

(1) L'état de ces êtres est bien dû à l'influence du lieu qu'ils habitent, puisque des crétins qui le quittent pour aller vivre ailleurs, ne produisent plus de crétins. Il paraît même que l'enfant crétin, transporté dès sa naissance dans un pays où il ne naît pas de ces infortunés, perd, en grandissant, les caractères du crétinisme. *L'Univers Suisse* (1842) contient ce qui suit : « Le cré- « tinisme, cette triste infirmité qui atteint un grand nombre d'ha- « bitants de certaines vallées des Alpes, paraît pouvoir être bientôt « éloigné de la Suisse. A Aigle, il existait en 1828 une trentaine « de crétins, aujourd'hui il n'y en a pas un seul en bas âge, et le « petit nombre de survivants a atteint la vieillesse. Cependant « chaque année il naît encore dans cette ville des enfants dont la « conformation de la tête et des membres, et le peu de développe- « ment de l'intelligence, dénotent le crétinisme. Mais on fait dis- « paraître tous ces caractères en transportant et élevant dans les « montagnes les enfants qui offrent cette triste disposition. L'air « pur des Alpes exerce une action spécifique et curative sur cette « infirmité.

« Ces heureux résultats ont attiré l'attention des médecins, et le « docteur Guygenbeihl a fondé sur le mont Abenbderg, près « d'Interlacken, un établissement pour le traitement des crétins. « Cet établissement est nouveau, mais il a déjà reçu douze enfants « crétins ; les plus jeunes de ces pauvres petits êtres se dévelop- « pent de jour en jour, leur intelligence est à peu de chose près « semblable à celle des enfants de leur âge. Quant aux crétins plus « âgés, leur triste situation s'améliore aussi. Le docteur Guygen- « beihl dirige l'établissement et donne les soins médicaux ; deux

Si l'influence du climat peut défigurer et même déformer les hommes à un tel degré, pourquoi ne point admettre qu'elle peut apporter dans leur organisation des modifications spéciales qui sont loin d'être monstrueuses et qui se perpétuent de génération en génération? Qui peut plus, peut moins.

Le système de l'unité de l'espèce humaine a été combattu par un grand nombre de raisonnements sérieux, mais qui perdent chaque jour de leur valeur. Les progrès qu'a faits depuis quelque temps l'anatomie ont permis de reconnaître que ces différences dans l'organisation que l'on pensait sans nul rapport entre les diverses races humaines, n'étaient qu'apparentes. L'on a trouvé que les hommes qui semblaient être dépourvus de certains organes, les possédaient, peu développés, il est vrai, mais assez pour prouver leur parenté avec ceux qui les avaient très-prononcés. Ainsi les recherches communiquées récemment à l'Institut par un savant physiologiste (1) ont fait tomber un des arguments mis en avant et qui semblait à jamais indestructible, je veux par-

« instituteurs sont chargés de l'enseignement élémentaire, et des
« sœurs de charité, des soins maternels si précieux pour ces mal-
« heureuses créatures. »

(1) M. Flourens.

ler de l'organisation de la peau du nègre, qui avait été dite entièrement différente de celle de la race blanche ou caucasienne.

Cet habile anatomiste a démontré qu'entre le dernier et le second épiderme de la peau du Kabyle, de l'Arabe et du Maure, il y a toujours une couche de *pigmentum* (matière colorante) et une membrane pigmentale que l'on admettait seulement chez les nègres. Cette membrane est surtout nettement prononcée sur la peau de l'Arabe. Celle de l'Européen lui-même n'échappe pas entièrement à la loi commune; elle présente, partiellement du moins, des apparences manifestes de l'appareil pigmental. Mais dès qu'on trouve ce dernier entièrement développé chez les Kabyles, les Maures et les Arabes, qui sont classés dans la race blanche, on ne peut plus se servir du prétexte de sa présence unique chez le nègre pour en faire une race à part. Quant à l'inaptitude aux sciences et aux arts, qui a été dite un des attributs de certaines races, de la race nègre, par exemple, le temps en a fait justice. Ce qui s'est passé en Amérique depuis un demi-siècle a prouvé que les hommes de cette couleur étaient, comme leurs frères à peau blanche, capables d'arriver à exécuter les plus beaux comme les plus grands travaux intellectuels.

Tout homme bien organisé, et sans affection morbide héréditaire ou acquise, n'importe sa taille, sa couleur et sa configuration, est susceptible d'acquérir des connaissances, de l'instruction. Il aura une aptitude, une faculté de percevoir et de juger d'autant plus petites, qu'il sera plus près de l'état sauvage ou barbare; mais le sauvage, le barbare peuvent gagner de l'aptitude qu'ils transmettront à leurs descendants, lesquels en acquerront à leur tour davantage. Ce qui s'observe ainsi sur un seul homme se remarque sur les nations en général. C'est ainsi qu'elles parviennent graduellement au plus haut degré de la civilisation, et jamais d'un seul bond.

Si le système de l'unité du genre humain ne paraît point clairement établi aux yeux des philosophes, c'est qu'il tient à la création que la Providence a voulu laisser couverte d'un voile divin à travers lequel il ne nous est pas donné de pénétrer. En croyant au récit de la Genèse, relativement aux trois fils de Noë, nous expliquerons comment sont arrivées les principales variétés du genre humain, par la dispersion de ces trois frères dans des climats différents. Nous pourrons dire que Japhet fut le tronc originel de la race blanche ou caucasienne; que Sem fut la tige des peuples à peau olivâtre ou chinoise ; et Cham, maudit par son père, qui lui prédit qu'il serait l'esclave des descendants de ses frères, peut se reconnaître dans les races nègres et hottentotes.

Il est facile d'admettre que les climats des divers pays apportent des variétés dans l'espèce humaine, lorsque nous voyons que, dans une même contrée, les hommes y diffèrent déjà. On observe que celui qui vit ici a quelque chose dans sa manière d'être que n'a pas celui qui habite un peu plus loin ; l'un et l'autre ont reçu la climature de leur endroit, qui leur a donné un air extérieur, une physionomie capables de révéler le lieu où ils sont nés (1). Examinons ce

(1) Hippocrate, en comparant les diverses expositions où peut être située une ville, trouve qu'il doit en résulter des différences notables dans les dispositions physiques et morales de ses habitants, quand même d'ailleurs la latitude et la nature du sol seraient à peu près semblables. « Si, dit-il, cette ville est garantie des vents du nord par des hauteurs, et battue au contraire des vents chauds qui soufflent entre l'occident et l'orient, ces hauteurs qu'elle a derrière elle et qui la couvrent, lui versent des eaux abondantes presque toujours chargées de sels. Ces eaux sont nécessairement froides l'hiver et chaudes l'été ; d'où s'ensuivent des mouvements que n'éprouvent pas les villes plus heureusement situées à l'égard des vents et du soleil. »

Plus loin, en parlant d'une ville tournée vers l'orient, il dit : « Son séjour est plus sain que celui des villes tournées vers le nord ou vers le midi. En effet, le froid et le chaud y sont tempérés. Les

qui se passe dans le même pays, chez l'habitant de la montagne et chez celui de la vallée. Nous trouvons toujours le premier remarquable par le grand développement des appareils respiratoire et circulatoire. Le cœur est ici évidemment volumineux, il lance avec force vers la tête et les autres parties du corps un sang qui aura été parfaitement purifié en passant dans les poumons, où un air vif et pur, respiré sous un volume considérable, aura contribué à une

eaux que frappent les premiers rayons du soleil sont limpides, agréables à l'odorat, molles et bienfaisantes, car l'action de cet astre, surtout à l'heure de son lever, les épure et les corrige, et l'air sur lequel la lumière matinale agit avec plus de force, s'y trouve en quelque sorte pénétré des principes vivifiants qu'elle verse en abondance dans l'atmosphère. »

Les habitants d'une ville placée dans cette exposition sont en général plus vifs et plus alertes ; ils ont un teint mieux coloré, plus animé ; tout, jusqu'au son de leur voix, se ressent de l'influence qu'exerce sur eux un local favorable. Sensibles et prompts, ils sont susceptibles de sentiments passionnés ; mais un instinct heureux les dirige et les ramène au sang-froid de la sagesse. Ces alternatives, ou ce passage continuel et rapide d'un état à un état tout différent, mais également naturel, rendent chez eux toutes les fonctions de la vie plus complètes et plus parfaites. Je ne doute pas que leur supériorité sur la plupart des autres hommes ne soit due en grande partie à ce que dans un terrain si bien situé toutes les productions sont plus nourrissantes ou plus savoureuses ; qu'elles y contractent, par la culture, des qualités inconnues partout ailleurs.

bonne hématose. Ce sang, si vivifiant, va grossir et fortifier les muscles du tronc et des membres. Les organes musculo-membraneux de la digestion se ressentant aussi de ces bienfaits, s'acquittent de cette fonction avec une facilité et une promptitude qui sont une source de plaisirs et de jouissances pour l'homme placé dans cette heureuse condition. Le cerveau imprime alors aux facultés intellectuelles et affectives un caractère de hardiesse et de netteté qui le rendent propre à exécuter facilement les plus grandes conceptions.

L'homme qui vit dans un lieu bas et humide, dans une vallée, est reconnaissable à la grande quantité de sucs blancs dont son corps est pénétré, et qui donnent aux chairs une mollesse et une flaccidité toujours accompagnées d'une pâleur prononcée. Le cœur et le système artériel sont ici sans énergie; mais par contre, les glandes, à peine sensibles au toucher sur l'habitant de la montagne, sont chez celui qui nous occupe, constamment très-développées, et quelquefois d'une manière désagréable à la vue. Cette mollesse de tissus n'excepte pas l'estomac qui admet volontiers une grande quantité d'aliments, mais demande quelque tonique pour en faire la digestion, qui est dans ce cas toujours longue, lourde et souvent pénible. Les fonctions du cerveau sont alors rarement faciles, et jamais d'une production remarquable.

Il y a une très-grande différence dans l'organisation des deux êtres dont nous venons de faire la description. Chez l'un, certains appareils sont beaucoup développés et doués d'une grande puissance, tandis que chez l'autre les mêmes appareils s'y trouvent grêles et sans force. Ils ont chacun une forme de constitution que l'on a appelée *tempérament*. Le premier de ces tableaux est celui du tempérament sanguin; le dernier, celui du tempérament lymphatique.

Les tempéraments ou, ce qui est la même chose, la prédominance de certains appareils sur les autres, sont bien l'effet de l'action du climat, puisque l'homme qui a quitté son endroit et vécu ailleurs pendant un certain temps, change de tempérament. Ces phénomènes sont dus encore à l'action des aliments, qui n'ont pas la même nature partout. Parmi les êtres organisés, ce n'est pas seulement l'homme qui varie dans son organisation selon les lieux qu'il habite : les végétaux que nous employons à notre nourriture ordinaire sont, comme toutes les autres plantes, plus mous, plus aqueux, si nous les prenons dans la vallée que si nous les récoltons sur un lieu élevé. Dans cette dernière situation, ils ont un arome, un parfum, une action tonique et fortifiante dont sont dépourvues les mêmes plantes élevées dans la vallée. Il en est de même pour les animaux dont nous mangeons la chair. Après s'être nourris sur les hauteurs de végétaux aromatiques, ils font les délices de nos tables, en procurant une bonne réparation à notre corps. On ne doit pas craindre de trouver chez eux ces tubercules ramollis, ces glandes durcies et malades qui existent si souvent dans les animaux provenant d'une vallée. Sur les lieux élevés, les eaux que boivent l'homme et les animaux, et dont les plantes sont arrosées, sortent le plus souvent de roches primitives dans la composition desquelles il entre presque toujours des substances ferrugineuses. Elles sont douées alors de vertus toniques et fortifiantes qu'elles ont reçues dans leur cours, et dont elles pénètrent le corps qui les admet. Les eaux qui ont leur source dans les vallées où elles coulent, ont l'inconvénient d'être en rapport avec des terres d'alluvion composées de sels calcaires et de détritus d'animaux et de végétaux qui leur donnent des qualités laxatives, débilitantes et souvent propres à occasionner, sinon des maladies, du moins un mauvais état des organes digestifs.

Tout donc, dans chaque localité, agit dans le même sens sur le corps de l'homme. L'air qu'il respire, la chair et les plantes dont il se nourrit, l'eau qu'il boit, tendent à lui donner une organisation particulière, un tempérament (1). C'est ainsi que nous trouvons généralement les habitants de la Belgique, de la Hollande et de l'Angleterre doués d'un tempérament lymphatique. Les Français sont lymphatico-nerveux, les Espagnols sont bilieux, les Écossais et les Irlandais sont sanguins, et les Italiens nerveux, etc.

Ces organisations spéciales, qui sont ainsi le plus souvent le résultat de l'influence du lieu qu'on habite, sont-elles donc très-avantageuses pour la vie de l'homme ? ou en d'autres termes, ces tempéraments sont-ils, à proprement parler, un état normal ? La santé étant le résultat d'un jeu égal en force et en activité des différents organes qui concourent à l'entretien de la vie, aussitôt qu'il y a tempérament, ce jeu égal n'existe plus, ni par conséquent la santé dans toute l'acception du mot. Il n'y a donc pas de bon tempérament, et il serait préférable de ne pas

(1) Dans le royaume de Valence (Espagne), pays souvent inondé par la Guadalaviar, les Espagnols disent que la viande y est de l'herbe, l'herbe de l'eau, les hommes sont des femmes, et les femmes .... (BOURGOING, *Voyage en Espagne.*)

en avoir; car alors tous les organes seraient en équilibre de force et de puissance. Ainsi, plus une personne a un tempérament prononcé, plus elle est menacée de maladies, qui très-souvent auront leur siége dans un des organes prédominants et concourants à établir le tempérament. Cependant l'on considère comme n'étant pas malade et comme n'ayant pas besoin des conseils de la médecine, un homme doué d'un tempérament fortement prononcé, mais qui n'occasionne point d'accidents. C'est peut-être à tort; mais il est si rare de trouver quelqu'un d'une santé parfaite ou dont les organes soient en équilibre de force! Beaucoup de médecins admettent même qu'il n'en existe pas, et que le mot *santé* est un terme de convention, un type aussi idéal que celui de *beauté physique*.

D'après ce que nous venons de dire, il est à peu près certain qu'elle ne peut exister chez les peuples civilisés, puisque chacun vit dans la contrée où il est né. Pour arriver à la posséder, il faudrait toujours voyager, changer d'air et d'aliments, afin que tous les appareils de la vie fussent tour à tour également activés et fortifiés.

Il est d'observation que les hommes qui passent la plus grande partie de leur vie en changeant souvent de lieu, jouissent d'une santé florissante. Les peuples nomades sont excessivement

robustes et sans infirmités. Chez nous, les voya‑
geurs du commerce, les courriers, les conducteurs
de diligences sont doués d'une excellente consti‑
tution ; chacun de nous est porté à voyager dans
l'idée que sa santé s'en trouvera bien. Les riches
voyagent avec empressement, et les personnes
qui sont retenues sur un petit point de ce monde
parce qu'elles y trouvent les moyens de subvenir
à leurs besoins, désireraient jouir de l'effet bien‑
faisant des voyages. Il semble que nous sommes
pénétrés de l'idée qu'il n'y a pas de plus grand
ni de plus heureux modificateur de notre éco‑
nomie que le changement de lieu. La nature
nous avait faits cosmopolites, et nous voudrions
toujours obéir à ses lois qui, ici comme ailleurs,
sont pour nous des faveurs. En effet, elle n'a
accordé qu'à l'homme le pouvoir de visiter ainsi
l'univers entier.

Certains animaux et certaines plantes se trou‑
vent seulement sous les tropiques ; d'autres ani‑
maux et d'autres plantes ne peuvent exister
qu'aux extrémités polaires. Le lion et le palmier
de la torride périraient promptement de froidure
au milieu des glaces du Groënland, le renne et la
bruyère de la Laponie ne pourraient supporter
la chaleur ardente des plaines d'Afrique. L'homme
seul peut parcourir et même habiter tous les

points du globe. Nous le trouvons sur les bords de la mer Glaciale, se nourrissant de poisson cru et gelé, et sous l'équateur, vivant de sauterelles, de la moelle des palmistes et de fruits sauvages.

Mais c'est principalement à nous, habitants des pays tempérés, qu'est réservé le droit d'aller nous soumettre impunément à l'action si variée des climats. Nous vivons en Sibérie comme sur les côtes de Malabar, tandis que les peuples des contrées extrêmes ont perdu la faculté de se plier ainsi à l'effet de ces émigrations. Le nègre de Guinée ou du Sénégal, transporté dans un pays où une forte chaleur ne vient point pénétrer son corps, incapable d'énergie et de beaucoup de mouvement, périt bientôt de consomption. Le Lapon que l'on arrache de son *iourte* enfumée, que l'on éloigne de son effroyable climat, tombe malade et succombe aux accidents qu'il éprouve aussitôt après son déplacement. La constitution de l'homme ici a été changée par un long séjour dans des contrées destructives de tout ce qui a vie. C'est ainsi qu'un prisonnier, qui chez nous aurait passé plusieurs années dans un cachot, serait exposé à périr si, en quittant sa prison, il ne se soumettait pas graduellement et avec réserve à l'action bienfaisante du grand air.

Il y a parmi les habitants des grandes villes et de quelques localités malsaines, des personnes avec de malheureuses constitutions, résultat d'excès, de maladies, ou de l'hérédité, et qui ne peuvent vivre que dans une atmosphère lourde, humide, et contenant peu d'oxygène. Elles sont mal à l'aise lorsque le temps est beau et que l'air est sec. On en trouve même chez qui les fonctions de la vie ne se font jamais avec plus de facilité que dans des endroits insalubres. Nous avons eu pour camarades d'études des jeunes gens qui engraissaient pendant la saison que nous passions aux travaux de dissection dans les amphithéâtres, et qui maigrissaient lorsque nous cessions d'habiter toute la journée ces lieux remplis d'émanations impures, avec une atmosphère humide. De telles choses se passent chez les hommes qui ont des poumons délicats, irritables, et que l'air vif incommode et fatigue; de même qu'une nourriture substantielle n'est point supportée par un mauvais estomac, qui peut digérer avec facilité seulement les aliments inertes et presque sans sucs nourriciers.

L'habitude de vivre renfermé et privé du grand air, fait que l'on éprouve une certaine incommodité lorsque l'on s'y expose. Les hommes de cabinet, ceux qui mènent une vie sédentaire sont principalement dans ce cas. L'air des grandes villes, toujours situées dans une vallée et souvent près d'une rivière, est épais et lourd; lorsque ceux qui le respirent habituellement vont sur un lieu plus élevé, où l'air est plus vif, ils en éprouvent, dans les premiers moments, une certaine incommodité, des maux de tête. Les excursions des Parisiens à Saint-Germain, à Versailles, à Montmorency doivent avoir ce désagrément.

Nous voyons, d'un autre côté, des hommes dont la constitution exige, pour être en santé, un air toujours pur et vif. Aussitôt que l'atmosphère dans laquelle ils se trouvent est chargée de trop d'humidité, de trop de vapeurs ou de trop de gaz non vivifiants, ils sont indisposés, et s'ils y séjournent, ils tombent malades. Cette susceptibilité de l'alimentation pulmonaire s'observe ordinairement chez ceux qui ont eu de longues maladies, de profonds chagrins, et dont le principe de vie est promptement en désarroi, lorsque l'air respirable ne contient pas assez d'oxygène (air vital de Condorcet). De pareilles conditions sont des états morbides; il faut faire tous ses efforts pour en sortir. Il est dans la nature de chaque organe de n'être point constamment excité de la même manière et avec la même force; l'estomac se trouve bien, se fortifie de re-

cevoir des aliments qui varient dans leur excitation et leurs principes nutritifs : pareillement
les poumons demandent à aspirer un air qui ne
soit point toujours le même dans sa composition et sa force (1). J'ai un ami qui, après avoir
étudié la médecine pendant plusieurs années à
Paris, est allé vivre au bord de la mer, où il es-
pérait que sa santé, altérée par des études trop
pénibles pour lui, se remettrait. Elle s'y rétablit
assez promptement; mais au bout de cinq à six
ans, elle devint encore une fois mauvaise. Il fit
sur ces entrefaites plusieurs excursions dans une
vallée voisine, où l'air était loin d'être vif comme
celui qu'il respirait habituellement. Il s'aperçut
que, pendant le temps qu'il y séjournait, il éprouvait un bien-être qu'il perdait en quittant la
vallée. Il alla s'y établir. Il y était depuis plusieurs années, avec une santé excellente, lorsqu'il tomba malade d'une fièvre typhoïde fort
grave, de laquelle il a été heureusement délivré.

(1) L'air respirable doit toujours contenir une certaine quantité
de parties constituantes impropres à la respiration. Qui voudrait
respirer de l'oxygène seulement éprouverait bientôt des accidents
terribles. L'air pur, c'est-à-dire celui composé de 0.78 d'azote,
0,21 d'oxygène, et 0,01 ou 0,02 d'acide carbonique, est déjà excessivement fatigant et susceptible d'occasionner des hémorrhagies
pulmonaires.

Depuis lors il a repris son ancienne habitation du bord de la mer sans cesser d'avoir celle de la vallée; de sorte qu'il est tantôt à l'une, tantôt à l'autre, et il prétend que ce changement de climat, répété au moins toutes les semaines, est la première cause de la santé dont il jouit.

On se fera une idée de toute l'influence du climat dans la vie de l'homme, en se rappelant les définitions qu'en ont données plusieurs grands naturalistes. *La vie,* a dit Crevisanus, *est l'uniformité constante des phénomènes avec la diversité des influences extérieures.* Cuvier l'a définie : *la faculté qu'ont certains corps de durer pendant un temps et sous une forme déterminée, en attirant sans cesse dans leur substance une partie des substances environnantes et en rendant aux éléments une portion de leur propre substance.* Blainville l'a dite : *un foyer où il y a à tous moments apport de molécules nouvelles et départ des anciennes.*

C'est donc, en définitive, par l'action et l'apport des corps qui nous environnent, que nos organes résistent plus ou moins longtemps à la destruction, à la mort (1).

(1) Il s'agit ici de la cessation de la vie végétative, de cette vie inhérente à chaque organe, qui existe encore dans notre corps alors que notre âme s'en est séparée, et qui fait qu'après la mort la barbe et les ongles poussent pendant quelque temps, comme le

Le climat au milieu duquel nous vivons, et qui est en grande partie constitué par ces corps, a donc une importance immense dans la vie; et d'après ce que nous avons dit, il doit être généralement avantageux pour l'homme d'en changer souvent.

tronc d'un arbre coupé et transporté dans le chantier bourgeonne encore; comme une fleur détachée de sa tige s'épanouit pour un instant, lorsqu'on l'a placée dans des conditions favorables.

Dans cette étude de l'homme, il n'est nullement question de ce principe divin que la Providence se plait à y déposer pour un temps, et qu'elle veut bien rappeler vers elle lors de notre destruction physique.

CHAPITRE II.

DE L'INFLUENCE DES CLIMATS SUR LE MORAL DE L'HOMME.

—

Qui peut ignorer, dit Galien, combien diffèrent de corps et d'esprit les peuples septentrionaux et ceux qui vivent sous la zone torride ? leurs coutumes sont tout à fait opposées. Qui peut ignorer encore que ceux qui habitent des régions tempérées tiennent le milieu entre les peuples du Midi et du Nord, ont un corps mieux conformé, des mœurs plus douces et plus policées, un génie plus heureux et une prudence plus grande?

En effet, si nous jetons nos regards sur le moral d'un peuple, nous le trouvons différent selon qu'on l'observe dans un climat plutôt que dans un autre. Les habitants de l'Orient, des pays chauds et humides, sont naturellement mélancoliques, paresseux, sans courage, flatteurs et esclaves. Ils ont de l'aversion pour les arts, les sciences et le commerce. Le gouvernement despotique est nécessaire à ces nations que les chefs gouvernent avec des cruautés nombreuses, des injustices fréquentes et toujours passionnément, en employant des moyens cachés et violents, qui dénotent la faiblesse et le manque de caractère.

En se rapprochant des pôles, non jusqu'à ces extrémités où la nature a tout anéanti ou tout doué d'une vie sans sensibilité, mais jusque dans ces régions où une forte froidure se fait sentir la plus grande partie de l'année, nous voyons des peuples doués de qualités morales différentes; le courage, la fierté, l'activité, l'amour des combats sont leurs principaux attributs. Ce n'est point par paresse, mais par mépris pour les avantages et les plaisirs que procurent les travaux intellectuels qu'ils négligent ces derniers. Une certaine brutalité est nécessaire pour les gouverner.

Les hommes des pays tempérés ont un caractère doux et modéré comme le climat de leur contrée; ils ne sont point exagérés dans leurs penchants. Cette faculté de se posséder les rend aptes à la réflexion, à la tension d'esprit, sources de lumières pour le jugement, bases fondamentales de tous les travaux intellectuels qui, dans tous les temps, les ont distingués des habitants des autres climats. Ils ont une sensibilité développée à un degré extrêmement favorable à l'entretien de cette admirable civilisation au milieu de laquelle ils vivent. Ils ne s'accommodent que d'un

gouvernement doux et plein de tolérance, tendant toujours à la démocratie. Le despotisme
peut, de temps à autre, peser sur eux de tout
son poids écrasant, mais il ne les tiendra jamais
indéfiniment sous ses lois égoïstes; ils s'en déli-
vreront avec d'autant plus d'ardeur et d'autant
plus vite qu'ils seront plus près de la mer et des
montagnes : là, l'air qu'on respire vous anime de
l'amour de la liberté.

Montesquieu, dans son immortel livre de l'*Esprit des lois*, en parlant des différences que présente le moral des peuples, les a expliquées avec
un inimitable talent d'observateur et de mora-
liste. Voici comment il s'exprime :

« L'air froid resserre les extremités des fibres extérieures de notre corps; cela augmente leur ressort et favorise le retour du sang des extremités
vers le cœur; il diminue la longueur de ces mêmes
fibres; il augmente donc encore par là leur force.
L'air chaud, au contraire, relâche les extrémités
des fibres et les allonge : on a donc plus de vigueur dans les climats froids. L'action du cœur
et la réaction des extrémités des fibres s'y font
mieux, les liqueurs sont mieux en équilibre, le
sang est plus déterminé vers le cœur, et récipro-
quement le cœur a plus de puissance. Cette force
plus grande doit produire bien des effets, par

exemple, plus de confiance en soi-même, c'est-à-dire plus de courage; plus de connaissance de sa supériorité, c'est-à-dire moins de désir de la vengeance; plus d'opinion de sa santé, c'est-à-dire plus de franchise, moins de soupçons, de politique et de ruses : enfin cela doit faire des caractères bien différents. Mettez un homme dans un lieu chaud et enfermé, il souffrira, par les raisons que je viens de dire, d'une défaillance de cœur très-grande. Si dans cette circonstance on va lui proposer une action hardie, je crois qu'on l'y trouvera très-peu disposé; sa faiblesse présente mettra un découragement dans son âme : il craindra tout, parce qu'il sentira qu'il ne peut rien. Les peuples des pays chauds sont timides comme les vieillards le sont; ceux des pays froids sont courageux comme le sont les jeunes gens. Si nous faisons attention aux dernières guerres, qui sont celles que nous avons le plus souvent sous nos yeux, et dans lesquelles nous pouvons mieux voir de certains effets légers, imperceptibles de loin; nous sentirons bien que les peuples du Nord, transportés dans les pays du Midi, n'y ont pas fait d'aussi belles actions que leurs compatriotes qui, combattant dans leur propre climat, y jouissaient de tout leur courage.

« La force des fibres des peuples du Nord fait

que les sucs les plus grossiers sont tirés des aliments. Il en résulte deux choses : l'une, que les
parties du chyle ou de la lymphe sont plus propres par leur grande surface à être appliquées sur
les fibres et à les nourrir; l'autre, qu'elles sont
moins propres par leur grossièreté à donner une
certaine subtilité au suc nerveux. Ces peuples
auront donc de grands corps et peu de vivacité.

«Les nerfs qui aboutissent de tous côtés au tissu
de notre peau font chacun un faisceau de nerfs;
ordinairement ce n'est pas tout le nerf qui est
remué, c'en est une partie infiniment petite. Dans
les pays chauds, où le tissu de la peau est relâché,
les bouts des nerfs sont épanouis et exposés à la
plus petite action des objets les plus faibles. Dans
les pays froids, le tissu de la peau est resserré, et
les mamelons comprimés, les petites houppes
sont en quelque façon paralysées; la sensation
ne passe guère au cerveau que lorsqu'elle est extrêmement forte, et qu'elle est de tout le nerf
ensemble. Mais c'est d'un nombre infini de petites sensations que dépendent l'imagination, le
goût, la sensibilité, la vivacité.

« Dans les pays froids, on aura peu de sensibilité pour les plaisirs; elle sera plus grande dans
les pays tempérés ; dans les pays chauds, elle sera
extrême. Comme on distingue les climats par les

degrés de latitude, on pourrait les distinguer, pour ainsi dire, par les degrés de sensibilité. J'ai vu les opéras d'Angleterre et d'Italie, ce sont les mêmes pièces et les mêmes acteurs ; mais la même musique produit des effets si différents sur les deux nations, l'une est si calme et l'autre si transportée, que cela paraît inconcevable.

« Il en sera de même de la douleur : elle est excitée en nous par le déchirement de quelque fibre de notre corps. L'auteur de la nature a établi que cette douleur serait plus forte à mesure que le dérangement serait plus grand. Or, il est évident que les grands corps et les fibres grossières des peuples du Nord sont moins capables de dérangement que les fibres délicates des peuples des pays chauds : l'âme y est donc moins sensible à la douleur. Il faut écorcher un Moscovite pour lui donner du sentiment.

« Avec cette délicatesse d'organes que l'on a dans les pays chauds, l'âme est souverainement émue par tout ce qui a du rapport à l'union des deux sexes : tout conduit à cet objet.

« Dans les climats du Nord, à peine le physique de l'amour a-t-il la force de se rendre bien sensible : dans les climats tempérés, l'amour, accompagné de mille accessoires, se rend agréable par des choses qui d'abord semblent être lui-même et ne sont pas encore lui. Dans les climats plus chauds, on aime l'amour pour lui-même; il est la cause unique du bonheur, il est la vie.

« Dans les pays du Midi, une machine délicate, faible mais sensible, se livre à un amour qui, dans un sérail, naît et se calme sans cesse; ou bien à un amour qui, laissant les femmes dans une plus grande indépendance, est exposé à mille troubles. Dans les pays du Nord, une machine saine et bien constituée, mais lourde, trouve ses plaisirs dans tout ce qui peut remettre les esprits en mouvement : la chasse, les voyages, la guerre, le vin. Vous trouverez dans les climats du Nord des peuples qui ont peu de vices, assez de vertus, beaucoup de sincérité et de franchise. Approchez des pays du Midi, vous croirez vous éloigner de la morale même; des passions plus vives multiplieront les crimes, chacun cherchera à prendre sur les autres tous les avantages qui peuvent favoriser ces mêmes passions. Dans les pays tempérés, vous verrez des peuples inconstants dans leurs manières, dans leurs vices même et dans leurs vertus; le climat n'y a pas une qualité assez déterminée pour les fixer eux-mêmes.

«La chaleur du climat peut être si excessive que le corps y sera absolument sans force. Pour lors l'abattement passera à l'esprit même : aucune curiosité, aucune noble entreprise, aucun sentiment généreux ; les inclinations y seront toutes passives ; la paresse y fera le bonheur ; la plupart des châtiments y seront moins difficiles à soutenir que l'action de l'âme, et la servitude moins insupportable que la force d'esprit qui est nécessaire pour se conduire soi-même. »

Chaque peuple a un tempérament que nous avons dit lui être donné par le climat. Or, on admet qu'à chaque tempérament sont liées certaines facultés intellectuelles et affectives. Je dis *liées*, parce que je ne puis croire que ces facultés soient le produit de ces tempéraments. Cependant si notre moral imprime, dans le plus grand nombre des cas, une tournure à notre corps, une physionomie à notre figure, il est impossible de ne pas reconnaître que notre moral est à son tour singulièrement modifié dans ses actes par la manière d'être de notre physique. La fièvre qui brûle nos organes nous occasionne le délire ; une blessure à la tête peut faire perdre la mémoire ou la raison. Haller rapporte dans sa *Physiologie*, qu'un *P. Mabillon* paraît longtemps devoir être imbécile ; mais une blessure qu'il reçoit à la tête détermine le développement ou mieux l'excitabilité de son cerveau ; et de ce moment, il devient un homme supérieur. Un idiot est blessé au crâne, et tout à coup son intelligence se manifeste; mais elle ne se conserve que le temps que dure la plaie et que cette plaie tient le cerveau en irritation. Richerand visite un blessé, dont une portion de la cervelle est à découvert; il la comprime un peu, et le malade perd à l'instant la connaissance qu'il retrouve aussitôt que le chirurgien cesse sa compression. Chaque jour nous sommes à même de nous assurer de l'influence du physique sur le moral, par des phénomènes moins importants, il est vrai, mais aussi concluants. Notre travail intellectuel n'est pas facile lorsque notre corps est fatigué, lorsque nous sommes sous l'impression d'une digestion pénible. La nature de nos pensées et de nos raisonnements est différente, selon que l'on se nourrit d'aliments farineux, aqueux, pauvres en sucs nourriciers, ou bien de substances succulentes, réparatrices, sous un petit volume. Qui n'a été à même d'éprouver la vertu des spiritueux pour développer et exciter l'intelligence? Le café a été appelé la liqueur intellectuelle par excellence, à cause du pouvoir qu'il a sur l'esprit.

Cette action du physique sur le moral a été observée, dans un temps encore peu reculé, par les supérieurs des monastères, où il fallait tenir sous le joug une grande réunion d'hommes en partie dans la force de l'âge. Ces chefs reconnurent bientôt qu'ils n'auraient jamais pu gouverner leurs maisons en y donnant une nourriture animale. Et lorsque le régime végétal permettait encore à quelques moines d'avoir une certaine énergie, on avait recours à la saignée ; cela s'appelait *amoindrir le moine* (*diminuere monachum*).

L'état de notre esprit dépend donc beaucoup de celui de notre corps, lequel à son tour est, comme nous l'avons dit, entièrement sous la dépendance du milieu où il se trouve, c'est-à-dire des éléments qui l'environnent constamment.

La religion, l'état de civilisation peuvent modifier ces effets du climat sur le moral des peuples ; mais ils ne font jamais disparaître entièrement certains caractères propres à chacun d'eux. On trouve dans tous les temps les Français avec une légèreté vive et gaie, les Anglais mélancoliques, les Espagnols orgueilleux, les Italiens fins, les Suisses fidèles, les Allemands flegmatiques, les Turcs fastueux, les Malais perfides, les Chinois portés à une politesse insidieuse, etc.

L'action du climat sur le moral de l'homme est tellement constante, que l'on observe une grande ressemblance dans les attributs moraux des peuples éloignés les uns des autres et placés sur un sol de même nature et également élevé au-dessus du niveau de la mer, enfin ayant un même climat. Ainsi l'activité, le courage, l'intrépidité, l'amour des grandes entreprises se trouvent chez les Écossais, les Corses, les Arabes, les Druses, les Albanais et chez tous les habitants des lieux élevés, comme ceux du Caucase et du Thibet.

Beaucoup d'auteurs ont rapporté cette grande activité du cerveau des habitants des montagnes à la nécessité où ces derniers se trouvent d'être ainsi actifs et presque ingénieux, pour subvenir à leurs besoins; parce qu'en général le pays de montagne est peu productif, quelquefois aride. On trouve parmi les montagnards des personnes, avec de grandes fortunes, et qui ont tout le caractère et toute l'activité de leurs compatriotes; et l'on voit, dans des vallées fertiles, beaucoup de gens étant dans un état de misère de laquelle ils sortiraient s'ils avaient l'industrie et l'activité des habitants de la montagne.

Les hommes qui vivent dans des pays non élevés, où l'air est chargé de vapeurs humides, sont tous, n'importe l'endroit où on les observe, lourds, paisibles, débonnaires; leur esprit est simple, leur caractère bonace. La Hollande, la

Flandre, les Pays-Bas et la Champagne ont pu produire quelques hommes célèbres; cependant les habitants passent pour y être en général peu spirituels. Ceux de la basse Normandie, du Maine et du Berry sont réputés avoir un caractère peu entreprenant, et un esprit plutôt rusé qu'ingénieux.

Les hommes des différents pays que nous venons de passer en revue ont tous à peu près la même organisation cérébrale, l'organe de la pensée et de l'intelligence offre un développement peu différent; mais il est, comme les autres parties du corps, influencé par le climat : dans les lieux bas et humides, il manque du ton et de l'énergie qui animent celui des montagnards. Il ne suffit pas que quelqu'un ait beaucoup de cervelle pour avoir une grande intelligence; il est nécessaire que cette substance cérébrale soit douée d'un principe de vie, d'une force vitale capables de la mettre en jeu. Il faut nécessairement de la cervelle pour avoir des facultés intellectuelles; mais on peut avoir de la cervelle sans facultés intellectuelles.

On a remarqué que dans les pays où l'intelligence est très-développée, les hommes ne sont point aptes à s'occuper indifféremment de tous les travaux intellectuels. Chaque peuple a une aptitude plus grande pour acquérir certaines connaissances. Les Allemands sont doués d'une réflexion profonde, qui les rend susceptibles de devenir de grands métaphysiciens et des philosophes érudits. Les Italiens, incapables de la tension d'esprit nécessaire pour ce genre d'instruction, donnent à tout ce qu'ils produisent une teinte de légèreté, de douceur et de mélancolie qui plaît beaucoup dans leurs poésies, et qui a un charme inimitable dans leur peinture et leur musique (1).

Madame de Staël, ayant observé que chaque peuple a pour les créations de l'esprit un caractère bien tranché selon le pays où il vit, a voulu, dans un ouvrage savant, tracer une ligne de démarcation entre la littérature du Midi et celle du Nord (2). « Il existe, ce me semble, dit-elle, deux

(1) En remontant dans l'histoire d'un peuple, on pourra le trouver quelquefois différent quant à ses productions intellectuelles. On reconnaîtra qu'il a produit des hommes de génie et de talent à une époque plus ou moins éloignée d'une autre, où il a croupi dans l'ignorance la plus complète. Pour expliquer ces différences, il faut se rappeler qu'un mode de gouvernement, le tyrannique, par exemple, peut tenir longtemps un peuple dans l'impossibilité de mettre au jour ses facultés intellectuelles. D'un autre côté, les climats changent par suite des travaux des hommes. La coupe des forêts, l'asséchement des marais, l'endigage des rivières sujettes aux inondations, etc., modifient singulièrement le climat d'une contrée.

(2) *De la Littérature*, par Mme de Staël.

littératures tout à fait distinctes, celle qui vient du Midi et celle qui descend du Nord, celle dont Homère est la première source, celle dont Ossian est l'origine. Les Grecs, les Latins, les Italiens, les Espagnols et les Français du siècle de Louis XIV, appartiennent au genre de littérature que j'appellerai du Midi. Les ouvrages anglais, les ouvrages allemands et quelques écrits des Danois et des Suédois doivent être classés dans la littérature du Nord, dans celle qui a commencé par les bardes écossais, les fables islandaises et les poésies scandinaves... Le climat, ajoute-t-elle, est certainement une des raisons principales des différences qui existent entre les images qui plaisent dans le Nord et celles qu'on aime à se rappeler dans le Midi; les rêveries des poëtes peuvent enfanter des objets extraordinaires; mais les impressions d'habitude se retrouvent incessamment dans tout ce que l'on compose. Les poëtes du Midi mêlent sans cesse l'image de la fraîcheur des bois touffus, des ruisseaux limpides, à tous les sentiments de la vie; ils ne se retracent pas même les jouissances du cœur sans y mêler l'idée de l'ombre bienfaisante qui doit les préserver des brûlantes ardeurs du soleil. Les peuples du Nord sont moins occupés des plaisirs que de la douleur, et leur imagination n'en est que plus féconde. Le spectacle de la nature agit fortement sur eux; il agit comme elle se montre dans leurs climats, toujours sombre et nébuleuse.

Puisque chaque climat a une action spéciale et ainsi marquée sur les facultés intellectuelles et morales de l'homme, celui qui abandonne un climat pour aller passer un certain temps dans un autre devra présenter des changements dans ces mêmes facultés. Il se développera chez lui des pensées, des raisonnements, des jugements dont il aurait toujours été incapable s'il était resté dans son endroit.

Le climat n'agit pas seul dans ces circonstances; la vue d'un grand nombre d'objets nouveaux, la comparaison que l'on en fait avec ceux que l'on connaît déjà, excitent le cerveau et lui procurent des moyens de jugement qu'il n'avait pas jusqu'alors; aussi les voyages sont-ils depuis longtemps devenus le complément d'une bonne éducation. C'est d'après ces préceptes que les peintres, les musiciens, les sculpteurs, etc., qui veulent se perfectionner dans leur art, vont en Italie échauffer leur âme à la vue de toutes ces merveilles artistiques qu'on y admire.

Les personnes qui ont habité un pays étranger, en reviennent toujours avec un changement sensible dans la manière dont ils expriment leurs pensées et exécutent leurs mouvements. (Notez que ces derniers sont commandés par le cerveau, et peuvent, jusqu'à un certain point, donner une idée de la forme du moral de quelqu'un.) S'ils ont habité une contrée froide et humide, ils sont plus lourds dans leur langage et leur maintien. S'ils sont allés demeurer dans un pays sec et froid, ils ont acquis de la raideur dans le caractère et dans leurs mouvements. Ces changements ne sont pas dus seulement à l'action du climat, ils proviennent encore de l'imitation. L'homme est ainsi fait, qu'il ne peut se défendre de prendre sans cesse quelque chose des êtres qui l'environnent. Celui qui vit dans une société de gens brusques, quoique né avec les caractères de la douceur, finit par gagner beaucoup de brusquerie. Le berger a véritablement de la douceur de ses moutons, le bouvier est grossier comme son troupeau. L'Allemand, aux pensées sévères et profondes, après un séjour plus ou moins long en Italie, possédera quelque peu de cette aimable futilité qui caractérise les habitants des bords de la mer Adriatique.

Il serait difficile, peut-être même impossible de préciser le temps qui est nécessaire pour que le changement de lieu ait une action sur nos facultés intellectuelles et morales ; ce temps doit varier selon les individus, selon leur impressionnabilité. Chez beaucoup de personnes une courte promenade dans un pays nouveau, varié, avec des sites bien dessinés, suffit pour obtenir ce changement. J.-J. Rousseau, ayant la tristesse dans l'âme et la douleur dans le cœur, se mit à parcourir les montagnes du Valais et ressentit bientôt le calme renaître en lui. Voici comme il rend compte de cette promenade.

« C'est une impression générale qu'éprouvent tous les hommes, quoiqu'ils ne l'observent pas tous, que sur les hautes montagnes où l'air est pur et subtil, on se sent plus de facilité dans la respiration, plus de légèreté dans le corps, plus de sérénité dans l'esprit ; les plaisirs y sont moins ardents, les passions plus modérées. Les méditations y prennent je ne sais quel caractère grand et sublime proportionné aux objets qui nous frappent, je ne sais quelle volupté tranquille qui n'a rien d'âcre et de sensuel. Il semble qu'en s'élevant au-dessus du séjour des hommes, on y laisse tous les sentiments bas et terrestres, et qu'à mesure qu'on approche des régions éthérées, l'âme contracte quelque chose de leur inaltérable pureté. On y est grave sans mélancolie, paisible sans indolence, content d'être et de penser : tous les désirs trop vifs s'émoussent; ils perdent cette pointe aiguë qui les rend douloureux, ils ne laissent au fond du cœur qu'une émotion légère et douce; et c'est ainsi qu'un heureux climat fait servir à la félicité de l'homme les passions qui font ailleurs son tourment. Je doute qu'aucune agitation violente, aucune maladie de vapeurs pût tenir contre un pareil séjour prolongé, et je suis surpris que les bains de l'air salutaire et bienfaisant des montagnes ne soient pas un des grands remèdes de la médecine et de la morale (1). »

Il y a donc des lieux qui par leur exposition, la liberté de l'air qu'on y respire, leur.aménité, leurs formes superbes, fournissent aux âmes sensibles des impressions aussi belles, aussi douces que les tableaux qui les procurent : heureuses les personnes qui peuvent aller les visiter !

Le seigneur Desbarreaux, ce bel esprit de la fin du dix-septième siècle, attribuait aux voyages gracieux qu'il faisait, de conserver cette liberté d'âme qui lui fournissait tant de sel et d'agrément dans les conversations (Bayle, *Dictionnaire*, article *Desbarreaux*): il passait l'hiver à Marseille, une autre saison dans le Languedoc, une autre sur les bords de la Charente, et une autre dans

---

(1) *Julie*, ou *la Nouvelle Héloïse*.

la Bourgogne, à Châlon-sur-Saône, le meilleur air, disait-il, et le plus pur qui soit en France.

Les savants, les gens d'esprit ont dans tous les temps vanté l'heureuse influence des voyages sur le moral de l'homme ; ils se sont plu à rapporter tout le bien-être que notre âme en éprouve. Cependant Mme de Staël commence ainsi un chapitre de *Corinne* : « Voyager est, quoi qu'on en puisse dire, un des plus tristes plaisirs de la vie. Lorsque vous vous trouvez bien dans quelque ville étrangère, c'est que vous commencez à vous y faire une patrie ; mais traverser des pays inconnus, entendre parler un langage que vous comprenez à peine, voir des visages humains sans relations avec votre passé ou votre avenir, c'est de la solitude et de l'isolement sans repos et sans dignité. »

Nos sensations sont toujours modifiées par l'état de notre âme, et lorsque celle-ci est sous une forte impression, elle peut quelquefois les empêcher d'arriver jusqu'à elle avec toute leur puissance ou tout le mérite qu'elles ont. Mme de Staël, dans les circonstances où elle se trouvait, devait beaucoup souffrir loin de sa patrie. Elle voyageait malgré elle, elle ne pouvait donc envisager les voyages autrement ; mais ce n'était pas une raison pour dépeindre ainsi ses impressions

personnelles sous une forme générale et senten-
cieuse, afin que chacun en fît une règle de conduite. Le contraire est trop vrai pour que je ne
finisse pas ainsi ce chapitre : Voyager est, quoi
qu'on en puisse dire, un des plus grands plaisirs
de la vie ; on se trouve si bien dans une ville
étrangère, tout aussitôt qu'on y arrive ! Traverser
des pays inconnus, entendre parler un langage
que vous comprenez à peine, voir des visages
humains sans relation avec votre passé et votre
avenir, c'est être au milieu du monde avec une
grande liberté, sans que votre repos ni votre dignité en souffrent.

CHAPITRE III.

DE L'INFLUENCE DES VOYAGES SUR LES MALADIES DE L'HOMME
EN GÉNÉRAL.

—

Nous avons vu dans les chapitres précédents combien le physique et le moral de l'homme à l'état de santé étaient modifiés par l'action du climat. Cet agent puissant doit également jouer un rôle important dans la production et l'entretien des maladies dont l'humanité est atteinte. En effet, il porte chaque organisation à un excès de tempérament qui n'est plus un état de santé, et beaucoup de maladies ont leur source dans ce même tempérament. D'un autre côté, il est peu de personnes qui puissent ignorer que des maladies sont endémiques dans certaines contrées, c'est-à-dire qu'elles dépendent uniquement des circonstances locales, de la nature du sol, des eaux et des vents. On sait que le scorbut et la dépravation des humeurs sont communs dans les régions humides et froides. Les pays où stagnent longtemps, à la surface de la terre, des eaux de

pluie ou d'alluvion, fourmillent de fièvres intermittentes, dont le caractère est plus tenace en automne qu'aux autres époques de l'année. Par
contre, il y a des pays où certaines maladies n'ont
presque jamais été observées. Les fièvres quartes,
suivant les médecins d'Edimbourg, n'ont jamais
paru en Ecosse. On n'a pas encore vu de phthisiques à Alger.

Les nations ayant chacune un sol d'une nature
et d'une disposition spéciales, et étant placées sous
une latitude différente, ayant en un mot un climat différent, doivent être affectées de maladies
propres à chacune d'elles. C'est ce qui s'observe :
le choléra-morbus règne constamment sur les
bords du Gange; la peste est endémique en
Egypte et paraît souvent en Orient; les maladies
de la peau attaquent la plupart des habitants des
tropiques; l'Angleterre et la Hollande fournissent
beaucoup de calculeux; la plique polonaise s'est
à peine rencontrée ailleurs qu'en Allemagne; la
fièvre jaune sévit presque toujours en Amérique;
la phthisie pulmonaire, les maladies des glandes,
les fièvres périodiques et celles qui ont leur siége
dans les viscères abdominaux sont beaucoup plus
fréquentes dans les lieux bas et humides que sur les
montagnes où les hémorrhagies, les fièvres inflam-
matoires, les irritations de poitrine, les maladies du

cœur, les apoplexies sanguines, etc., se voient fréquemment. Il est tout rationnel de penser qu'une
fois ces maladies développées, le climat n'en continue pas moins son action, qui, loin de porter
vers la guérison, tend au contraire à augmenter le
désordre qu'il a fait naître ; le corps étant affaibli résiste beaucoup moins, le mal pénètre tous
les organes et devient, comme l'on dit, constitu-
tionnel. Aussi a-t-on mille peines à guérir des maladies occasionnées directement par l'influence
du climat, que l'on enlèverait facilement si elles
avaient une autre cause. Une fièvre intermittente,
suite d'une affection de l'estomac, est guérie en
moins de huit jours par un traitement bien approprié au malade, et cette même fièvre, due à
l'influence des marais, d'un pays malsain, dure
rarement moins de trois mois et persiste quelquefois pendant plusieurs années. Il y a des maladies
incurables dans le pays qui les a produites.

Lors même que le climat ne serait point directement la cause d'une affection morbide, n'est-il
point juste de croire que la personne qui en est
atteinte guérira plus facilement en quittant celui
où elle vit habituellement, puisque son corps à l'é-
tat de santé se trouve bien de ce changement de
lieu ? Les médecins de tous les temps ont été de
cet avis. Hippocrate, dans son admirable livre des

Epidémies, conseille de changer de pays dans les maladies de longue durée (1). Galien, qui étudia beaucoup les maladies chroniques, ordonna toujours les voyages pour ces sortes d'affections. Il envoyait les phthisiques et les hémoptysiques au delà de Naples et auprès du mont Vésuve. Avicenne comptait parmi les remèdes précieux le changement d'un lieu à un autre, d'un air à un autre.

Un médecin italien, qui méritera toujours d'être imité dans ses observations, Baglivi, a consigné dans ses ouvrages tout le cas qu'il faisait de ce moyen hygiénique et thérapeutique qui, selon lui, arrête le développement d'un grand nombre de maladies, en guérit qui ont résisté à toute espèce de médication. Il nous apprend que dès son temps l'on reprochait, et pas toujours injustement, aux médecins de faire voyager les malades atteints d'affections longues et difficiles, non pour leur rétablissement et leur soulagement, mais à cause de l'inefficacité des drogues et parce qu'on ne savait plus quoi leur ordonner (2).

C'est un reproche que l'on nous adresse égale-

(1) In longis morbis solum mutare.

(2) Putat vulgus quod medici mutationem aeris in longis et difficilibus morbis indicunt non ad valetudinem et levamen, sed pro remediorum inscitiâ et quod aliud facere nesciant, et si tamen in hâc opinione aliquando non erret. (Baglivi opera omnia.)

mêm. aujourd'hui ; s'il est souvent injuste, il faut avoir la franchise de dire que quelques médecins le méritent ; ils ordonnent les voyages, ayant l'esprit porté vers tout le bien qu'ils doivent faire, et ne songeant pas aux malheurs qu'ils peuvent occasionner. Il est malheureusement trop vrai que beaucoup de personnes atteintes de maladies dont le terme se faisait trop attendre, et qu'on a fait voyager en France ou en Italie où elles sont mortes, auraient pu vivre et même recouvrer la santé dans son intégrité, si on les eût laissées chez elles entourées des précautions hygiéniques nécessaires à une frêle existence, et dont elles ont été nécessairement privées en voyage. Les praticiens qui ont une confiance si aveugle dans le changement de climat ne cessent de proclamer que l'action des voyages est, comme nous l'avons dit nous-même, excessivement puissante dans les maladies : en effet, ce remède est très-énergique ; mais, si puissant et si généralement bienfaisant qu'il soit, est-il raisonnable de l'appliquer indistinctement à toutes les affections de longue durée ? Non : c'est agir contre ce sage précepte qui veut qu'on fasse l'emploi d'un remède avec d'autant plus de précaution que son action est plus grande. Les voyages montrent chaque jour leur puissance sur la vie des malades que l'on soumet à ce genre de traitement : ils reviennent chez eux jouissant d'une santé excellente, ou meurent en route; mais il y a beaucoup trop de fâcheux exemples à mettre dans cette dernière catégorie. Nos lecteurs ne sont pas sans avoir conservé le souvenir de la perte d'un parent, d'un ami, ou d'une personne dont la réputation leur était connue, et dont la mort est arrivée dans un voyage ordonné par des médecins imprudents. Je pourrais citer un grand nombre de ces victimes dont la vie fut assez belle, assez célèbre pour que la fin en ait été regrettée par tout Français ami des illustrations de son pays; mais pourquoi renouveler des douleurs assoupies?

Je connais des personnes bien portantes aujourd'hui, qui ont été plusieurs années dans un état de consomption et de marasme occasionnés par une maladie chronique, et que l'on engageait à voyager comme devant trouver dans cet exercice leur seule planche de salut. Elles sont restées chez elles en se résignant à leur sort prétendu désespéré, et en prenant quelques remèdes, des précautions hygiéniques, en un mot en suivant un régime sévère et régulier, elles ont, je le répète, recouvré la santé à la grande satisfaction de leur parents ou de leurs amis, et au grand étonnement de leurs médecins.

On m'objectera que, parmi les malades auxquels on avait conseillé les voyages, et qui sont restés chez eux, plusieurs sont morts. Je répondrai que les voyages n'auraient fait que hâter la mort des uns, et que des écarts de régime ont pu la déterminer chez d'autres, ainsi que maintes fois j'ai eu l'occasion de l'observer. Et encore est-il rare que la fin fatale arrive au premier écart de régime, au premier excès que les malades font. Dans les derniers temps de la vie d'un phthisique, combien ne voit-on pas de petites hémoptysies, de pneumonies venir l'assaillir, et dont on découvre toujours la cause dans un excès, dans un écart de régime, dans un manque de précaution hygiénique! On éprouve une recrudescence dans le mal pour avoir trop mangé, pour avoir pris du vin pur ou des liqueurs, pour ne s'être pas habillé convenablement selon le degré de température du jour. Est-il possible, me dira-t-on, d'éviter toutes ces causes de recrudescence qui entourent les personnes affectées d'anciennes maladies qui les ont rendues impressionnables à un degré excessif? Il est à ma connaissance que le docteur Louis donne, depuis plusieurs années, des soins à une jeune dame de Paris, qui est phthisique au dernier degré, à l'état de marasme, et d'une faiblesse qui lui permet seulement de circuler dans son appartement. Elle vit ainsi au milieu de sa famille qui l'entoure des plus petits soins, et dont elle fait le bonheur par son esprit et la tendre affection qu'elle a pour elle. Ces petits soins doivent être portés très-loin, puisque le même degré de température doit exister sans cesse dans sa chambre pour qu'elle ne tousse point trop, pour qu'elle ne soit point plus malade qu'à l'ordinaire; et lorsqu'elle doit aller ou même passer dans une autre pièce, on y établit le même degré de chaleur que dans la sienne. Il faut avoir soigné avec quelque peu d'attention des personnes ainsi malades depuis longtemps pour apprécier toute leur susceptibilité. Que pourraient faire les voyages dans un cas pareil, sinon précipiter au tombeau la personne qui fait le sujet de cette observation?

Nous le répétons, les voyages sur terre doivent être ordonnés avec discernement; ils sont loin d'être toujours bienfaisants. L'exemple de la robuste santé que nous avons dit être observée chez les peuples nomades, chez les voyageurs du commerce, les conducteurs de diligence, etc., ne peut faire oublier que tout le monde ne doit point voyager, même lorsqu'il se porte bien, à plus forte raison dans tout état de maladie. Il faut savoir qu'une certaine force d'organisation est nécessaire pour supporter la vie des hommes qui se déplacent sans cesse. Quoique les peuples qui vivent par tribus errantes ne se rencontrent que dans des pays favorisés du climat, une frêle existence ne pourrait s'y maintenir quelque temps. Un enfant chétif, maladif y meurt avant d'être arrivé à l'âge d'être père et d'avoir pu transmettre à des enfants le germe de sa faible constitution. Là tout est fort et prononcé ; les maladies y sont violentes et promptes dans leur terminaison toujours décisive. Combien peu d'hommes civilisés pourraient aujourd'hui supporter le genre de vie qui leur fut d'abord donné par la nature !

Quant aux voyageurs du commerce, aux courriers, etc., il est bon de ne pas ignorer que les hommes qui ont entrepris ces états avec une santé délicate ou quelque affection chronique, ont promptement été forcés de les abandonner. Peu de médecins sont sans avoir donné des soins à des voyageurs de profession auxquels ils ont été obligés de conseiller de cesser leurs voyages pour mettre fin à des accidents qu'ils éprouvaient. Il est donc de première nécessité que les malades que l'on fait voyager aient encore assez de force pour supporter cet exercice et les privations ainsi que les variations de température auxquelles ils sont alors soumis.

Les voyages sur mer apportent, comme ceux de terre, de grands changements dans la constitution des personnes qui sont embarquées pendant un certain espace de temps. L'air vif, saturé de principes salins, les aliments du bord, toujours toniques et excitants, les mouvements du roulis et du tangage, tantôt forts, tantôt faibles, qui communiquent un ébranlement continuel à notre corps, sont autant de causes d'excitation et de travail organique chez les hommes sains ou malades. Dans certaines maladies, celles de longue durée principalement, les médecins cherchent à obtenir une modification dans la manière d'être de leurs malades. Il n'y a pas de moyen plus efficace pour parvenir à ce but que les voyages sur mer. Une fois embarqués, tout est changé pour eux, l'air, les aliments, l'habitation et les habitudes. Aristote signala aux médecins de son temps tout le parti qu'ils pouvaient tirer, pour la guérison des maladies, de cette influence qu'ont sur l'homme les voyages sur mer; et depuis lui, on les a toujours employés avec un empressement, une faveur, qui ont varié selon les temps. Aujourd'hui beaucoup de nos médecins les préfèrent aux voyages sur terre; ils les vantent comme le remède par excellence. Le capitaine Kook a écrit que les hommes d'une frêle constitution devenaient sains et vigoureux après sept ou huit mois de navigation. Un auteur anglais (1) a fait sur cette matière un ouvrage *ex professo*, dans lequel on peut lire un grand nombre d'observations constatant la guérison de maladies de tête, de poitrine, de l'estomac, etc. Selon lui, les voyages sur mer ont toujours mis un terme aux affections que l'on soumettait à ce moyen thérapeutique. C'est porter trop loin les qualités d'un remède que d'en parler ainsi. Il eût fallu, pour être juste dans cette question, préciser les cas dans lesquels les voyages sur mer ont réussi, et dire également ceux où ils ont été funestes. Ce serait se tromper fortement que de croire qu'il ne s'agit que de s'embarquer pour recouvrer la santé. *Les marins du capitaine Cook devenaient sains et vigoureux après sept ou huit mois de navigation :* sans doute, des hommes à formes grêles, sans lésion organique, après ce temps passé sur la mer, en se livrant à leurs occupations de marin qui sont une gymnastique continuelle, pouvaient avoir acquis de la force et de la santé. Les hommes de ce célèbre navigateur étaient dans un de ces cas où ce genre

____

(1) Gil Christ.

de voyages est à nos yeux excellent. Ils étaient frêles, sans force musculaire; ils avaient besoin d'une excitation générale, ils la trouvèrent dans la vie de marin. Ces hommes n'étaient pas malades; s'ils eussent eu quelque affection chronique, même légère, on ne les aurait pas reçus pour le service de mer; car on se garde bien d'admettre dans la marine des hommes qui ne présentent point la santé robuste qu'on exige et qui est nécessaire pour résister aux fatigues d'une longue navigation de laquelle ils reviennent sinon toujours malades, du moins avec un grand besoin de repos et de changement de genre de vie.

En respectant la véracité des auteurs dont les observations prouvent que les voyages sur mer guérissent de tous maux, je leur opposerai et le raisonnement et ma propre expérience. Comment faire embarquer une personne atteinte d'une gastrite chronique? A bord, elle sera privée de ces aliments variés, frais, légers, composés principalement de laitages et de végétaux, etc., qui lui sont indispensables pour pouvoir subsister.

Comment exposer tous les malades aux vomissements qu'occasionne la mer à beaucoup de monde? Comment y soumettre ces poitrinaires dont les poumons ulcérés saignent si facilement et deviennent plus malades sous l'influence d'une cause irritante? Lors même que les phthisies ne sont point arrivées au dernier degré, l'air de la mer, loin de leur être toujours favorable, peut les aggraver. Laënnec, qui, de nos jours, s'est immortalisé par ses travaux pleins de science sur ce genre de maladies, avait une telle confiance dans l'air de la mer pour la guérison de ces affections, qu'il envoyait tous les phthisiques le respirer, et lorsqu'ils étaient, pour une cause ou une autre, dans l'impossibilité de se déplacer, il faisait mettre dans leur chambre des fucus marins qui y répandaient une émanation analogue à celle de la mer. — Atteint lui-même, à la force de l'âge, de cette terrible maladie, il s'empressa d'aller chercher sa guérison sur les bords de l'Océan; il y trouva la mort.

On a encore conseillé les voyages sur mer à la fin des maladies et pour consolider des convalescences pénibles. Ils peuvent, dans ces circonstances, être souvent utiles; mais les malheurs qu'ils sont susceptibles alors d'occasionner doivent en faire user avec prudence. Pendant que nous étions employé à l'armée d'Afrique, nous avons eu plusieurs fois mission d'accompagner des militaires convalescents, ou qui, touchant à la fin de leurs maladies, étaient envoyés en France avec un congé. Un certain nombre de ces militaires, qui se trouvaient dans un état très-satisfaisant avant de s'embarquer, devenaient plus malades sur la mer et mouraient. Le trouble et les douleurs reparaissaient de nouveau chez eux sous l'influence du voyage. Leurs organes, peu ou à peine remis, ne pouvaient cette fois résister au principe perturbateur qui revenait les assaillir.

Il n'est pas nécessaire d'être malade pour être fatigué et même fortement incommodé par l'effet de la mer. Tout le monde sait que l'on est plus ou moins mal à l'aise pendant les premiers jours de l'embarquement. L'air maritime seul est difficile à supporter d'abord par les personnes qui le respirent nouvellement, il y en a même qui ne peuvent jamais s'y habituer. Je connais un magistrat qui possède une propriété sur les côtes de la Bretagne, où il a essayé plusieurs fois de se reposer de ses travaux; il ne peut y rester sans voir toutes ses fonctions se déranger, sans y perdre la santé. Quant aux voyages sur mer, les médecins grecs et arabes les conseillaient, ainsi qu'on le fait aujourd'hui, mais avec beaucoup plus de réserve et d'attention. Ils faisaient naviguer certains malades dans les ports, les baies ou les golfes; ils ont signalé les affections pour lesquelles la navigation le long des côtes ou en pleine mer est indiquée, dans de grands ou de petits vaisseaux, dans des bateaux à voiles ou à rames, par un vent violent ou modéré. Ils prescrivaient de longs voyages aux uns et de courts voyages aux autres. Hérodote recommandait de commencer par un voyage de soixante stades, et puis d'aller jusqu'au double.

Je ne connais qu'un auteur, et encore étranger à l'art de guérir, qui ait contesté aux voyages une heureuse influence dans les maladies. Montaigne a écrit : « Si on ne se descharge premièrement et son âme du faix qui la presse, le remuement la fera fouler davantage : comme en un navire les charges empeschent moins, quand elles sont rassises. Vous faictes plus de mal que de bien au malade de luy faire changer de place. Vous ensachez le mal en le remuant, comme les pals s'enfoncent plus avant en les branslant et secouant. » Il n'est pas étonnant d'entendre parler ainsi Montaigne, qui était affecté de la gravelle et de la pierre. Nous verrons plus loin que ces maladies sont singulièrement augmentées par les voyages.

C'est ordinairement en France et en Italie que les habitants de l'Europe voyagent pour fortifier leur santé affaiblie, dérangée par les travaux ou

les chagrins, pour mettre un terme à beaucoup
de maladies, et pour favoriser certaines convalescences. Ces pays exercent sur la constitution
des personnes qui les parcourent une action
bienfaisante, qui est démontrée par une expérience de plusieurs siècles. Si la France ne peut
compter parmi ses productions végétales les
arbres qui, sous les températures ardentes,
font l'admiration du voyageur par leur hauteur
majestueuse, leurs feuilles gigantesques et leurs
fleurs magnifiques; si l'air n'y est point embaumé
comme en Orient, s'il n'est point sillonné par
ce nombre infini d'oiseaux, aux couleurs les
plus belles, les plus vives, qui fourmillent sous
les tropiques..., la France a sur tous ces pays
de merveilles, l'avantage d'offrir à l'homme
civilisé ce que nulle part ailleurs on ne trouve
réuni comme chez elle pour le bonheur de la
vie physique et morale. Son sol fertile en productions infiniment variées n'est point une
plaine sans fin, ni une énorme montagne; ce
sont des vallées délicieuses, de riants coteaux
partout cultivés et partout offrant l'image de
l'abondance et de la richesse. Ses cités nombreuses sont remarquables par leurs édifices
et leur industrie. Paris a le droit de s'enorgueillir
d'être la plus belle et la plus agréable ville du

monde, de posséder sans cesse dans son sein toutes les illustrations dans les sciences et les arts. Ses bibliothèques, ses musées, et ses bazars contiennent les ouvrages des plus grands génies comme des plus beaux talents.

Au milieu de toutes ces choses, qui contribuent tant au bien-être de l'homme, le voyageur qui vient se soumettre à l'influence de notre doux climat trouve du soulagement à ses maux, et voit un heureux changement survenir dans sa constitution. Le Hollandais, l'Anglais, l'Allemand y perdent leur tempérament lymphatique ; et leurs affections des glandes, du foie ou de la poitrine, s'ils en ont, arriveront, en France, à une guérison plus facile que chez eux. Les habitants de l'Italie, de la Sicile, de l'Espagne, du Portugal, y verront diminuer leur impressionnabilité, leurs gastralgies et leurs irritations nerveuses.

A ces moyens de guérison, la nature en a ajouté d'autres qui sont d'une grande importance. Elle a doté notre beau pays d'eaux minérales dont les sources se trouvent réparties sur tous ses points. Leurs vertus différentes sont aptes à délivrer de presque toutes les maladies dont l'homme est atteint. Les eaux sulfureuses de Barèges et de Cauterets dans les Hautes-Pyrénées, de Bonnes dans les Pyrénées-Orientales, d'Enghien-Montmorency, près Paris, sont célèbres par leurs bienfaits. Employées soit à l'intérieur, soit à l'extérieur, elles agissent sur l'économie animale à la manière des excitants. Elles augmentent l'appétit, activent la circulation, déterminent des sueurs abondantes. Elles sont recommandées pour guérir les anciennes toux, les catarrhes rebelles, les dartres nouvelles et invétérées, les rhumatismes chroniques, la goutte. Leur efficacité est démontrée dans le traitement des affections scrofuleuses et des engorgements des glandes lymphatiques.

Les sources d'eaux minérales acidules ou gazeuses sont en grand nombre en France; celles du Mont-Dor, dans le département du Puy-de-Dôme, de Vichy dans l'Allier, de Seltz près de Strasbourg, sont les plus renommées. On les distingue en froides et en thermales : les premières sont rafraîchissantes, calment la soif, excitent légèrement les organes de la digestion. Les eaux thermales sont plus excitantes, elles sont conseillées contre les vieilles gastrites, les gastralgies, les maladies du foie, la paresse des intestins, la chlorose, l'hypocondrie, l'aménorrhée, les affections calculeuses, etc. Les eaux thermales de cette classe sont très-utiles en bains pour donner du ton à la peau et la guérir de plusieurs affections et pour combattre les tumeurs blanches, les abcès froids, etc.

Les eaux minérales toniques ou ferrugineuses de Bussang, dans le département des Vosges, de Forges, près de Gournay (Seine-Inférieure), celles de Rouen, de Passy, près Paris, sont vantées à cause de leurs vertus nombreuses. Ces eaux, qui sont toutes froides, agissent sur le corps à peu près comme les préparations martiales en général, c'est-à-dire dans toutes les affections chroniques qui exigent une excitation, une réparation du sang, telles que les pâles couleurs, les écoulements muqueux, atoniques et rebelles, etc. Elles s'administrent ordinairement en boisson.

Les eaux minérales purgatives de Balaruc, dans le département de l'Hérault, de Bourbonne-les-Bains, dans la Haute-Marne, font chaque année un grand nombre de cures sur les personnes qui vont se soumettre à leur action médicatrice. Ces eaux prises à l'intérieur, à petites doses, sont fortifiantes; à plus hautes doses elles deviennent purgatives et rendent alors de grands services dans les obstructions du foie et des autres viscères. On les emploie le plus souvent en bains ou en douches contre la débilité générale, la paralysie, la faiblesse des membres à la suite de blessures, etc. Telles sont les principales sources d'eaux minérales où, chaque année, à l'époque de la belle saison, un grand nombre de personnes vont, de toutes les parties de l'Europe, chercher la guérison de leurs maladies ou le rétablissement de leur santé altérée par les fatigues du travail ou des plaisirs.

L'Italie se recommande par d'autres titres aux visites du voyageur malade ou souffrant. Le ciel est plus pur, l'air est plus vif, le climat plus chaud et plus sec qu'en France. L'organisation des animaux et des plantes qui y servent de nourriture à l'homme est en général très-dense, et contenant peu de sérosités. C'est sous l'influence de pareils agents modificateurs que la constitution de l'Italien est sèche, nerveuse et irritable. A cette frêle esquisse, on voit de suite que pour les maladies dont la cause est l'irritation, le séjour de l'Italie ne vaut rien; mais que, dans toutes les autres circonstances, ce pays favorisé de la nature facilitera singulièrement les guérisons. Ainsi, pour que ce voyage ait un heureux résultat, il faut que l'irritation, lorsqu'il y en a, soit tombée, autrement l'air vif de l'Italie ne ferait qu'augmenter un mal pour lequel le climat doux et humide de la France serait salutaire. Avec cette précaution, beaucoup de monde lui sera redevable du rétablissement de sa santé. Dans ce pays, les maladies ne peuvent conserver leur caractère chronique. La nature n'y veut rien de souffrant ni de languissant. Tout ce qui y respire et y a vie est doué de santé et d'énergie. O terre fortunée !... comment dire toutes tes qualités vivifiantes, comment peindre le délicieux séjour de Nice, de Naples, de la Sicile, où l'on peut jouir en hiver du soleil sous les palmiers et au milieu de bocages d'orangers toujours verts, toujours couverts de fruits odorants et de feuilles parfumées ! Alors l'existence même est un plaisir ; l'influence embaumée de la nature, avec ses sensations agréables, calme et éteint les douleurs du corps, et fait oublier les peines de l'esprit (1).

Le grand effet moral que chaque voyageur éprouve en parcourant l'Italie vient en aide à l'influence de son heureux climat pour guérir les maladies. Comment n'être point remué dans toute sa sensibilité en mettant le pied sur cette

(1) In the mild climate of Nice, Naples or Sicily, where even in winter, it is possible to enjoy the warmth of the sunshine in the open air beneath palm trees, or amidst the evergreen groves of orange trees, covered with odorans fruits ands weet-scented leaves, mere existence is a pleasure and even the pains of disease are sometimes forgotten amidst the balmy influence of nature, and a series of agreable and uninterrupted sensations invite to repose and oblivion.

JAMES JOHNSON :
Change of air or the pursuit of health.

terre, qui a produit tout ce que la nature humaine peut offrir d'extraordinaire dans le bien comme dans le mal, par les vertus héroïques et les tyrannies les plus barbares! Comment ne point éprouver une vive sensation en songeant que l'on respire cet air que les Césars frappèrent de tant de mots puissants et terribles, les papes de tant de paroles solennelles! Peut-on penser à ses maux en voyant toujours autour de soi, sur son chemin, ces monuments, ces marbres, ces trophées annonçant, même lorsqu'ils sont en ruine, des grandeurs passées sans retour! Comment songer à ses douleurs devant les tableaux de Michel-Ange, de Raphaël, du Corrège!... Quelle révolution doit s'opérer en nous dans l'église de Saint-Pierre de Rome, sur ces dalles de marbre, parmi ces piliers énormes, devant ces colonnes de bronze, à l'aspect de ce dôme, devant tous ces autels, toutes ces statues et tous ces mausolées... autant de merveilles qui proclament la toute-puissance de celui qui les inspira!

L'Italie, avec tous ces sujets de distraction, est le pays par excellence où l'on doit voyager pour combattre les affections morales, pour faire cesser des chagrins profonds, des hallucinations, des monomanies, etc. Elle offre une grande étendue à parcourir sur tous ses points, elle varie par ses sites, ses trésors archéologiques et artistiques, comme par les mœurs et les coutumes des habitants. Les malades peuvent donc ne rester que peu de temps dans la même localité, et c'est ce qu'ils doivent faire; car, si généralement favorable à la santé que puisse être une contrée, les malades n'y séjourneront que pendant quelques semaines seulement. En y restant plusieurs mois l'organisation s'habitue au climat, le moral cesse d'être impressionné par ce qui l'environne, et les maladies reprennent leur empire.

Il y a quelques années, des médecins anglais ayant été frappés de l'heureux climat de l'île de Madère, résolurent d'y envoyer leurs phthisiques. Ils espéraient beaucoup d'une température élevée de 5 degrés au-dessus de celle de l'Italie et de la Provence, et de 20 degrés au-dessus de celle de Londres en hiver, et de 7 degrés seulement en été. Cette égalité de température est excessivement rare, et est loin de se trouver en Italie. Malgré tous ces avantages, ce lieu n'a point donné de bons résultats, à cause de sa trop petite étendue; les malades, sans cesse dans le même lieu, avec la même nourriture et la même influence morale, n'y ont point pour la plupart recouvré la santé. Voici deux tableaux de mortalité fournis par les docteurs Heihken et Renton, qui y ont résidé longtemps.

PREMIER TABLEAU.

—

CAS DE PHTHISIE CONFIRMÉE.

Nombre de cas.   47
Individus morts pendant les six premiers mois
   de leur arrivée à Madère.   32
Morts à leur rentrée en Europe.   6
Restés dans l'île et morts plus tard   6
Individus dont on n'a plus entendu parler. . . .   3
                                  —
                              47=47

DEUXIÈME TABLEAU.

—

CAS DE PHTHISIE COMMENÇANTE.

Nombre de cas.   35
Individus soulagés à leur départ de l'île, et dont
   on a eu ultérieurement des nouvelles.   26
Soulagés, mais perdus de vue.   5
Morts depuis.   4
                                  —
                              35=35

On a constaté la mort de 44 malades sur les 47
portés au premier tableau; peut-être les 3 individus dont on ignore la fin ont-ils également
succombé à leur mal.

Il n'y a point de guérison dans le deuxième

tableau, la plupart des sujets qui le composent ont éprouvé seulement du soulagement, quelques-uns sont morts. Les phthisiques qui sont morts à Madère et ceux qui n'y ont trouvé que du soulagement présentaient cependant le genre d'affection qu'un tel climat aurait dû guérir. Ce n'est donc point dans cette île qu'il faut aller chercher la santé.

Résumons ce chapitre en disant que les voyages sur terre et sur mer sont un puissant remède pour fortifier la santé et pour guérir beaucoup de maladies; que ce remède, pouvant être contraire dans certains cas, ne doit jamais être employé qu'avec précaution et réserve; que la France et l'Italie, avec les mers qui les baignent, sont les deux pays de notre hémisphère les plus convenables pour atteindre le but que l'on se propose alors.

CHAPITRE IV.

De l'influence des voyages aux différents ages de l'homme.

—

Depuis la première enfance jusqu'à l'âge de la puberté, le corps de l'homme reçoit une heureuse influence des voyages. Les mouvements continuels qui sont, dans cet exercice, imprimés à son organisation molle et flexible aident considérablement le grand travail de composition et d'augmentation qui doit s'opérer en lui. Il est alors exposé souvent à l'action de la lumière solaire si nécessaire à l'entretien de la vie, au développement de tout ce qui vient de naître ou qui est jeune. Les enfants sont placés dans les voyages au milieu d'une colonne d'air sans cesse renouvelée et dont ils ont un impérieux besoin pour vivifier leur sang, qui se renouvelle chez eux plus promptement et circule plus rapidement qu'à tout autre âge de la vie. Cette circulation rapide dans un court circuit produit un grand développement de chaleur vitale qui leur donne la faculté de résister aux changements de température, aux variations atmosphériques; ainsi dans certains pays on les plonge, au moment où ils viennent au monde, dans l'eau froide et même glacée, sans inconvénient pour leur vie. Les Ecossais, les Irlandais, les Sibériens, les Islandais, etc., usent de cette pratique, et la mortalité des enfants chez eux n'est pas plus grande qu'ailleurs.

Le grand principe de vie dont sont pénétrés les enfants est comme un feu qui les brûlerait intérieurement s'ils ne trouvaient à le dépenser en se mettant en rapport avec des corps susceptibles de leur en prendre une partie. Qui n'a pas remarqué la peine que l'on a dans les familles à les empêcher de saisir avec leurs mains des corps froids, en été comme en hiver, de quitter, dans cette dernière saison, un appartement bien chauffé pour aller s'exposer à l'air du dehors avec une température de dix degrés au-dessous de zéro? Une forte chaleur est insupportable pour eux, aussi est-il plus difficile de les élever dans les pays chauds que dans les contrées tempérées et même froides; de là vient que les populations du monde sont plus nombreuses au septentrion qu'au midi, et marchent sans cesse des extrémités polaires vers l'équateur. Ainsi les enfants qui, dans les voyages, seront dirigés dans des pays moins chauds que celui où ils sont nés, loin de perdre des chances de vie, en auront davantage, tandis que ceux qui iront dans une direction opposée rencontreront un puissant ennemi de leur existence dans la température nouvelle à laquelle ils seront soumis.

Ce que nous avons dit dans les chapitres précédents se rapporte à l'homme fait, il ne nous reste plus qu'à parler de l'influence des voyages dans la vieillesse.

Parvenu à l'âge de soixante-trois ans, où commence la vieillesse, l'homme n'est plus dans des conditions favorables pour voyager. Il doit s'en abstenir, s'il n'y est obligé pour une cause impérieuse, une maladie par exemple, qui exige ce genre de remède. A partir de l'âge climatérique (soixante-trois ans) l'homme en santé n'a plus rien à gagner dans les voyages pour l'entretien de sa vie; il y trouve au contraire des causes de mort qu'il éviterait en restant chez lui. L'expérience prouve que beaucoup de vieillards contractent de graves infirmités et même sont frappés de mort en voyageant. Le raisonnement explique facilement de pareils malheurs. En jetant un coup d'œil sur un homme avancé en âge, on trouve son organisation bien différente de celle qu'il avait étant jeune encore. Les tissus qui entrent dans sa composition ont perdu de leur mollesse, de leur flexibilité, de leur faculté contractile; ils supportent maintenant avec effort les grands mouvements et les secousses. Les canaux artériels chargés de transporter le sang poussé par les contractions du cœur, présentent des altérations, résultat d'un long service. On trouve dans leurs parois des concrétions calcaires, phosphatées, des ossifications qui peuvent se détacher par l'action des grandes secousses, et donner une issue au sang qui sort de ses conduits et occasionne alors ces hémorrhagies internes appelées apoplexies sanguines, le plus souvent mortelles. Ces mêmes parois artérielles, en vieillissant, se sont durcies et rapprochées sur elles-mêmes par endroits, de manière à y diminuer la capacité du vaisseau dans lequel alors la circulation devient d'autant plus gênée que le sang est poussé avec plus de force (1). On rencontre fréquemment des adhérences des organes voisins entre eux, des agglutinations vicieuses qu'il faut respecter à cet âge et que de grandes secousses pourraient briser.

Le vieillard, dont le principe de vie est en partie usé, possède alors fort peu de force de réaction.

---

(1) De telles considérations doivent engager les personnes âgées qui sont sur le point de voyager, à se faire pratiquer une saignée *évacuative*. On diminue ainsi la masse du sang, on facilite sa circulation, et on affaiblit sa puissance d'action contre les parois artérielles.

Ses organes, une fois frappés de froid, se réchauf-
fent difficilement; il doit donc aller le moins possible en voiture, il doit éviter les déplacements
où il reste passif, ainsi que les variations de température, surtout du chaud au froid, et porter seulement tous ses soins à ne pas dépenser ou laisser
perdre le peu de chaleur qui lui reste. A cet âge
le changement de lieu est nuisible à l'homme, lors
même qu'il quitterait un pays pour aller dans un
autre possédant plus d'éléments propres à entretenir la santé. Ses organes sont habitués depuis
longtemps à fonctionner au milieu du même air
et avec le même genre de nourriture, ils ne se
plieraient pas sans difficulté et même sans danger
aux exigences des nouveaux agents excitateurs de
la vie qu'ils rencontreraient ailleurs. Peu de vieillards du reste sont disposés à voyager; la nature,
dont on est trop souvent forcé de ne pas écouter
les inspirations, leur conseille d'éviter les déplacements qui les forceraient à changer leur genre
de vie ordinairement réglé; ils aiment une existence d'habitude à laquelle ils ne veulent rien
changer, pas même ajouter; ils ne demandent qu'à
se conserver et à conserver ce qu'ils ont, leurs
amis, leurs connaissances, etc. C'est bien à tort que
le monde, en les voyant vivre ainsi, les taxe de
maniaques et les dit *martyrs de leurs habitu-*

des. Ils se conduisent selon la saine raison et ainsi qu'il est dans la nature de leur âge, comme il est dans celle de la jeunesse d'être avide de sentir de nouvelles impressions, de désirer connaître ce qu'elle ignore, d'être sans cesse en mouvement, d'aimer le changement de lieu, les voyages, etc. Le vieillard devenu rigide, qui sent ses forces physiques diminuer et son courage fléchir, a de la répugnance à s'éloigner des lieux qu'il habite. Il trouve dans le repos sinon le bonheur, du moins le calme et la tranquillité de l'âme; il se tient loin du monde où il a su apprécier toutes ces choses après lesquelles court l'homme jeune, croyant qu'elles rendent heureux. Les honneurs, la gloire, l'amour ne sont plus pour lui que des causes de tourment, de tracas, et même de destruction; il ne veut rien de ce qui peut l'agiter, de ce qui peut lui occasionner un surcroît de dépense de son principe de vie. Chaque matin, lorsqu'il se lève, il remercie le Ciel de lui laisser voir encore un jour qu'il va passer comme celui de la veille, en prenant les mêmes précautions pour sa santé et en se livrant aux mêmes actes, en faisant les mêmes promenades, les mêmes visites, etc. Et il obéit, en agissant ainsi, à un instinct de conservation qui lui dit de changer le moins possible ses habitudes. Un grand médecin a conseillé aux hommes dans la force de l'âge de ne s'astreindre à aucune habitude fixe, de ne faire contracter aucune obligation à leur santé, de la soustraire par la plus grande indépendance à tout ce qui peut l'asservir, parce que ces obligations et ces habitudes deviendraient dans la vieillesse autant de causes de vie ou de mort, selon que l'on s'y conformerait exactement ou que l'on négligerait de les exécuter. Le premier effet des voyages étant de rompre les habitudes de celui qui s'y soumet, le vieillard a raison de les éviter.

CHAPITRE V.

DES PROMENADES (1).

—

Des promenades à pied.

—

Les promenades à pied sont peut-être, de tous les moyens hygiéniques conseillés pour conserver la santé, le seul sur lequel il ne se soit point élevé de contestations sérieuses. Tout le monde reconnaît leurs qualités bienfaisantes dans les pays tempérés. C'est seulement dans les contrées où règne une extrême chaleur que l'exercice à pied est intolérable, et sous les pôles où l'on ne peut se promener qu'en traîneau. Partout ailleurs cet exercice jouit à juste titre de la réputation de conserver la vigueur à un corps robuste, et de donner de la force à une faible constitution.

(1) Dans le cours des voyages on fait toujours des promenades à pied, à cheval ou en voiture ; on se promène quelquefois en bateau sur des lacs ou des rivières. Nous croyons devoir dire quelques mots sur la manière dont agissent ces genres d'exercice chez les personnes saines ou malades qui s'y livrent.

Le mouvement de la marche modérée communique à tous nos organes une activité et une puissance qu'aucun autre genre d'exercice ne peut leur procurer. Il a pour effet immédiat d'accélérer la circulation et la respiration, et de favoriser une égale répartition du sang dans toutes les parties du corps dont il développe la chaleur principalement vers sa périphérie. Dans cet exercice, l'homme trouve de l'appétit, un moyen pour faciliter sa digestion, pour aider les fonctions du ventre, pour empêcher les humeurs de stagner dans les tissus, et pour s'opposer à cette surabondance de graisse qui s'empare de presque toutes les personnes sédentaires.

Les promenades à pied sont également très-utiles dans beaucoup de maladies. Elles préviennent les embarras et les obstructions, et favorisent la disparition de ceux qui pourraient exister. Elles agissent d'une manière favorable sur le système nerveux, qu'elles fortifient tout en diminuant sa trop grande impressionnabilité.

Un des grands inconvénients pour notre santé, et qui tient à notre civilisation, c'est que pendant une grande partie de notre existence, soit par habitude, soit par profession, une portion de notre corps est en mouvement pendant que le reste est laissé dans l'inaction ; il est démontré dans le mécanisme des fonctions de la vie, que la partie mise en mouvement prend de la force et de la puissance, pendant que l'autre en perd. Le sang afflue en plus grande abondance dans la première, qui devient le siége d'une bonne chaleur, tandis que la circulation s'effectue péniblement dans la dernière qui est facilement prise de froid et d'insensibilité. La santé cesse alors, car elle tient principalement à la juste répartition du sang.

C'est pour cela que les hommes qui se livrent à l'étude des sciences et des arts, dont le cerveau travaille (1) pendant que leur corps est sans mouvement, sont sujets à beaucoup de malaises, aux migraines, aux maux de tête, aux apoplexies, aux paralysies. C'est à cette cause que les employés, les hommes de bureau doivent la plupart de leurs affections, qui ont leur siége ordinairement dans l'estomac et les intestins. J.-J. Rousseau, l'observateur de la nature, a dit que les hommes de lettres sont plus souvent malades, infirmes que les autres hommes, parce qu'ils sont presque toujours assis et renfermés chez eux. Les remèdes qu'on prescrit dans ces cas calment

---

(1) La masse cérébrale, quoique à peu près exactement contenue dans sa boîte osseuse, qui se moule sur elle, n'en est pas moins sujette à un mouvement continuel d'élévation et d'abaissement que la tension d'esprit accélère.

bien un peu les accidents, les douleurs; ils peuvent même faire disparaître le mal pendant quelque temps; mais ils ne le détruisent point pour toujours, parce que la cause (l'inaction d'une partie du corps) est toujours là présente avec sa puissance funeste. Les promenades à pied, en rétablissant une juste répartition du sang dans toutes les parties du corps, peuvent seules enlever ces maux que l'on éviterait si l'on s'y livrait assez assidûment. Elles sont réellement indispensables à tout le monde, et les enfants et les vieillards surtout ne devraient point laisser passer un seul jour sans faire une promenade. Le grand air, avec le mouvement actif, voilà les sources de la vie.

Les philosophes, les savants ont remarqué que la promenade à pied favorisait les travaux de l'intelligence. Socrate aimait à préparer, en se promenant, les leçons qu'il faisait à ses disciples. Platon ne pouvait donner les siennes qu'en se promenant dans les allées de l'*Académie*. J.-J. Rousseau dit que c'est dans les promenades à pied qu'il a composé ses meilleurs ouvrages; et il combattit de toutes ses forces l'opinion émise de son temps, que l'exercice du corps nuit aux opérations de l'esprit.

Sans entrer dans cette discussion, disons seulement qu'aujourd'hui encore des savants, et d'après eux quelques gens du monde, ont une faible opinion de l'esprit des personnes dont le corps, fortement constitué, a toutes les apparences d'une santé solide, qui n'existe ordinairement qu'à la condition d'un exercice fréquent. On est dans l'erreur en ajoutant foi à de pareilles idées. La vérité est que l'homme qui se porte bien, qui possède une grande énergie physique, est capable de conceptions plus justes que l'être malingre, souffreteux, auquel le travail donne la fièvre, dont les incommodités aigrissent le caractère et peuvent même arriver à fausser le jugement (1). Combien de monomanies n'arrivent point par les malaises ou les infirmités! Il suffit de jeter un coup d'œil sur l'histoire pour y trouver des preuves innombrables que des hommes, dont la vie se passa en exercices physiques continuels, furent remarquables par leur esprit. Combien de généraux, dans nos guerres de la République et de l'Empire, ont prouvé, par leurs belles actions, leurs victoires, résultat des plus savantes combinaisons, que l'exercice continuel ne les privait pas d'une intelligence et même d'une instruction remarquables, preuve

(1) Mens sana in corpore sano.

que beaucoup d'entre eux ont fortifiée par des œuvres littéraires que le retour de la paix leur a permis de faire avec les succès les plus complets.

La plupart des savants doutent de l'esprit d'un homme qui prend beaucoup d'exercice et qui par conséquent se porte bien; ils ont raison s'ils prennent, comme cela a lieu assez souvent, la science pour de l'esprit. Il est incontestable que ce n'est qu'en se livrant longtemps à l'étude que l'on acquiert beaucoup de connaissances, et que le travail soutenu de l'intelligence détruit singulièrement la santé; mais l'on peut s'instruire et prendre en même temps de l'exercice, de manière à conserver sa santé et à savoir assez de choses pour être digne de se trouver dans la compagnie des savants, aux figures blèmes, au teint de paille, aux formes plates, à l'esprit singulièrement ennuyeux.

Les promenades à pied, pour atteindre le but que l'on se propose en les faisant, devront avoir lieu en hiver au milieu du jour, et en été le matin et le soir. Elles seront d'une longueur proportionnée à la force des personnes qui prendront cet exercice. Dans les villes, on se promène habituellement sur des places publiques, que des embellissements et le beau monde qui s'y donne rendez-vous, animent et égayent. C'est là que l'on doit se rendre pour prendre un peu d'exercice, plutôt que dans les routes solitaires qui n'ont d'avantageux que l'air pur qu'on y respire. Les personnes naturellement tristes et disposées à la mélancolie éviteront avec soin de se promener seules dans des lieux isolés et silencieux. La promenade ainsi faite, loin d'être utile à leur santé et à l'état de leur âme, ne peut que leur être défavorable ; sans distractions aucunes, livrées à elles-mêmes, elles s'abandonneront aux pensées mélancoliques qui les accablent. Il y a, dit Alibert, cet inconvénient dans les promenades solitaires des personnes d'une santé faible ou d'une constitution mélancolique, qu'elles sont une occasion pour ces personnes de se livrer à tout le vide de leur âme, à cette intempérance d'idées qui les charme en fatiguant les ressorts de leur esprit, et aux extatiques visions dont elles se repaissent : de sorte que le fruit qu'on retire de cette espèce d'exercice est d'en revenir la tête et les jambes excédées, pour retomber dans une inertie pire que celle dont on voulait par là se garantir. Si on se promène purement par régime, la promenade ne nous intéressant pas assez pour nous enlever hors de nous-mêmes, nous permet trop de penser au motif qui nous fait promener, et qui devient par conséquent un sujet de con-

tention d'esprit capable d'empêcher l'effet d'un
tel remède.

Des promenades à cheval.

—

Dans l'équitation le corps de l'homme est sans
cesse en mouvement par les secousses que lui
imprime le cheval dans sa marche, qui n'est
qu'une succession de sauts plus ou moins prononcés. Ces secousses continuelles vont retentir
dans tous les organes et communiquent à leurs
fibres une impression qui les porte à se rapprocher,
à se resserrer. Ainsi resserrés, les organes qu'elles
constituent deviennent plus forts et plus puissants;
l'équitation est donc un exercice excitant et fortifiant. Sous son influence, la circulation devient
plus active, le cœur bat avec plus de vigueur;
il lance avec plus de force le sang principalement
vers la tête et la moitié supérieure du tronc. Il
en résulte que les personnes qui ont quelque
affection du cœur, telles qu'un anévrysme, une
hypertrophie, ne doivent point monter à cheval.
J'ai connu un vérificateur des poids et mesures
qui, à la force de l'âge, portait un anévrysme du
cœur, sans que sa santé s'en trouvât visiblement

altérée : il montait souvent à cheval pour faire ses tournées. Un jour qu'il allait d'un village à un autre en compagnie d'un fonctionnaire public, il lâcha subitement la bride de son cheval et tomba mort. L'autopsie a constaté une rupture du cœur. Les hommes âgés dont les tissus ne sont plus flexibles et souples comme dans la jeunesse et par conséquent exposés à se briser facilement, les personnes qui sont menacées d'apoplexies sanguines, ou qui sont sujettes à des attaques d'épilepsie, doivent s'abstenir de l'équitation.

Cet exercice, en excitant la circulation des poumons, leur donne de la force et du développement ; mais pour que cet effet ait lieu, il faut que l'appareil pulmonaire puisse supporter sans peine les mouvements, les secousses. Nous voyons dans les régiments de cavalerie des hommes qui prennent de la force et de l'embonpoint ; nous y trouvons des jeunes gens qui, pour être à cheval deux ou trois heures par jour, maigrissent, toussent, et arrivent à un état de consomption inquiétante. Les chirurgiens conseillent de faire passer ces derniers dans les régiments d'infanterie, où étant incorporés ils reprennent bientôt de la force et retrouvent leur santé. J'ai eu plusieurs fois l'occasion de conseiller à des commis à cheval des contributions indirectes de cesser ce genre de service, pour mettre fin aux maux de poitrine dont ils étaient atteints. Ils se faisaient employer dans les bureaux de leur administration, où ils se portaient à merveille.

Le célèbre médecin italien Morgagni écrit que l'équitation a hâté la mort de plusieurs phthisiques : Jean Melchior Storck, dit-il, professeur distingué à Vienne, devint phthisique à la suite d'un crachement de sang, qui le prit un jour qu'il était à cheval, et il en mourut.

Beaucoup de docteurs anglais ont vanté l'équitation comme le plus puissant des remèdes contre la phthisie pulmonaire; Sydenham surtout ne l'a jamais vu lui faillir; il le disait aussi efficace contre cette affection, que le quinquina contre les fièvres intermittentes. Il a vu plusieurs de ses parents guérir par ce moyen; mais il faut dire que c'était toujours avec beaucoup de prudence que ce savant praticien agissait dans ce cas. Il faisait aller d'abord en voiture ceux de ses malades qui lui paraissaient trop faibles pour supporter le cheval, et quand ils avaient pris un peu de force, que leur convalescence était plus affermie, il leur conseillait l'équitation. Stoll (¹), à l'occasion de ces cures de Sydenham, dit avoir fait usage de l'équitation dans les mêmes cas, et que sa

(1) *Médecine pratique*, t. I.

grande expérience lui a appris que ce genre de traitement, quoique excellent dans beaucoup de maladies chroniques, ne convient pas davantage à des phthisiques qui ont un ulcère dans la poitrine, qu'à des pleurétiques et à des péripneumoniques, et que le cheval et la voiture les entraînent à la mort par le plus court chemin.

L'équitation est favorable à l'estomac et aux intestins, elle excite l'appétit et facilite la digestion, elle peut guérir un grand nombre d'affections ayant leur siége dans les organes du ventre, telles que la dyspepsie, les gastralgies, les entéralgies, certaines fièvres périodiques rebelles, les diarrhées dépendant d'un état d'atonie du canal alimentaire. Celse a dit que rien ne fortifie plus les intestins; elle est très - salutaire dans les obstructions du foie et à la fin des jaunisses; elle chasse la mélancolie, et l'hypocondrie. Sydenham rapporte le fait suivant que nous avons trouvé dans l'ouvrage du Dr Loyer-Villermay : un prélat d'Angleterre, homme d'un rare mérite, d'un grand sens et d'une érudition profonde ayant épuisé ses forces par une application excessive à l'étude, tomba dans l'affection hypocondriaque dont la durée troubla excessivement toutes les fonctions et amena le dépérissement. Le malade prit plusieurs fois des remèdes martiaux; il essaya toutes sortes d'eaux minérales, auxquelles il joignait de fréquentes purgations, etc. Enfin il était dans un épuisement complet, lorsque Sydenham fut consulté. Ce médecin lui conseilla exclusivement l'exercice du cheval, de ne faire d'abord que peu de chemin, et d'augmenter peu à peu la longueur de ses promenades. Le prélat, en suivant exactement cet avis, recouvra bientôt la santé.

L'exercice du cheval exige une certaine attention, un soin continuel de la part de celui qui s'y livre; il peut donc servir à occuper l'esprit d'un homme qui a besoin d'être arraché à ses pensées tristes, à ses chagrins. Enfin, pouvant être mis au nombre des excitants généraux, il convient dans les cas où ils sont ordonnés, dans les scrofules, le scorbut, l'anasarque commençante, les pâles couleurs, les cachexies, etc.

Il faut toujours avoir soin de choisir une monture qui ait les mouvements doux; un cheval qui *va dur* peut faire un mal infini à celui qui le monte, lui occasionner une fatigue extrême, des douleurs dans les épaules, à la poitrine, etc. On en rencontre sur lesquels l'homme le plus habitué à monter à cheval ne pourrait faire une course d'une heure au petit trot, pas même au pas, sans ressentir quelque douleur. Les dames surtout doivent éviter de s'en servir, au risque de se voir survenir de graves accidents.

On reconnaît en général à la construction d'un cheval s'il *va dur* ou non. Cependant j'ai vu des exceptions si extraordinaires à cette règle, que je pense que le seul moyen de s'assurer si un cheval va doux, c'est de le monter un instant.

Des promenades en voiture.

Les promenades en voiture diffèrent des voyages que l'on fait par ce moyen de transport en ce que ces derniers ont lieu rapidement, avec des secousses fatigantes et quelquefois pénibles, tandis que les promenades se font lentement, sur des routes parfaitement entretenues et dans des voitures plus mollement suspendues que celles qui servent pour les voyages. Le corps y est soumis à des mouvements passifs doux et même agréables.

Ce genre d'exercice, vanté par beaucoup de médecins, n'a pas tout le mérite qu'on lui accorde. Il n'est point en général favorable à la santé; le sang, chez une personne qui se promène en voiture, circule d'une manière imparfaite, il stagne dans les organes de la poitrine et du ventre, qu'il dispose aux congestions sanguines, il va avec peine jusqu'aux extrémités des ramifications artérielles, où il est si important qu'il parvienne pour y donner la force et la vie. C'est pour cette raison qu'en voiture les membres se refroidissent, et que les humeurs s'amassent au bas des jambes quelquefois d'une manière très-visible.

Les promenades à pied, comme nous l'avons vu, facilitent les fonctions du cerveau, aident l'intelligence. On n'a point observé que celles faites en voiture produisent le même résultat, cependant elles ont une action sur le système nerveux; elles exaltent la sensibilité, disposent aux maux de nerfs qu'elles entretiennent et augmentent. Ce sont des inconvénients d'autant plus importants à noter, que les personnes qui ont des voitures à leur service sont ordinairement plus sujettes à ces accidents que celles qui sont forcées d'aller à pied. Il est fort doux, sans doute, étant mollement assis dans une calèche à doubles ressorts, d'aller respirer l'air frais des Champs-Elysées ou du bois de Boulogne; mais ce plaisir est de la nature de celui que procurent les parfums, qui échauffent les sens, irritent les nerfs ramollissent et énervent ceux qui en font usage A l'état de santé, les promenades en voiture son toujours malfaisantes, parce qu'elles privent les personnes qui s'y livrent de tous les bienfaits que procurent au corps celles faites à pied.

Les promenades en voiture peuvent aider à la guérison de certaines maladies. Dans tous les cas il faut qu'elles soient de courte durée, de une à deux heures au plus, et faites au milieu du jour en hiver, en été de quatre à six heures du soir. Beaucoup de médecins les ordonnent le matin dans cette dernière saison, je ne sais pourquoi. Le corps des malades est, avant le dîner, à peu près dans les mêmes conditions que le matin; il ne reçoit pas, à cette dernière époque de la journée, une plus heureuse influence de cet exercice que s'il était pris plus tard. Il y a plutôt des raisons qui devraient empêcher de les prescrire pour être faites le matin. C'est un moment où les personnes faibles ou malades trouvent souvent au lit un repos que la nuit leur a refusé; beaucoup ont quelque bonheur à rester alors chez elles pour se livrer à des occupations qu'il leur serait pénible de quitter un seul jour; ensuite l'air du matin dans les grandes villes et à leurs environs n'est pas salutaire; l'atmosphère humide de la nuit y a tenu en suspension une plus ou moins grande quantité de gaz délétères, d'émanations malfaisantes que le jour ne fait pas de suite entièrement disparaître. Les matinées en France et dans les pays placés sous la même latitude sont souvent fraîches, et une personne qui vient de quitter sa chambre, qui n'a pris aucun exercice actif propre à développer la chaleur du corps, s'exposerait à un refroidissement fâcheux en faisant alors une promenade en voiture.

On trouve des convalescents et même des personnes en santé qui, par une disposition particulière, par une susceptibilité spéciale, se trouvent mal à l'aise, incommodées fortement, lorsqu'elles sont placées en voiture, le dos tourné vers la direction que prennent les chevaux. Elles éprouvent, à un faible degré il est vrai, les accidens occasionnés sur mer par le tangage d'un bâtiment. Il suffit de signaler ce fait pour savoir la conduite que l'on doit tenir lorsque l'on fait monter en voiture une personne qui est faible ou encore malade.

Avec ces précautions, ce genre de promenade sera utile à ceux qui n'ont point assez de force pour monter à cheval ou pour aller à pied. Elles les soustrairont ainsi à l'air concentré de leurs appartements et les soumettront à l'heureuse influence de celui du dehors, qui donne la force et la vie.

Les faibles secousses de la voiture, communi-

quant aux organes de la poitrine et du ventre un
léger ébranlement, peuvent, dans quelques circonstances, les aider à s e débarrasser des humeurs
et des glaires qui les engorgeraient. Ce genre
d'exercice, pris chaque jour, a quelquefois favorisé la guérison des fièvres intermittentes, surtout
de celles qui durent depuis longtemps et qui ont
déterminé un épuisement des forces et une détérioration dans la machine animale. Des médecins
de grand mérite ont prétendu que ce remède
était le plus puissant pour donner de la force
aux intestins. On l'a vanté contre la goutte qui, à
mon avis, ne peut qu'être ainsi entretenue, sinon
augmentée.

Des promenades en bateau sur les lacs et les rivières.

—

Une personne placée dans une barque qui
nage à la surface des eaux d'une rivière ou d'un
lac, n'est soumise qu'à un mouvement passif très-
faible qui n'a pas une grande action sur le corps.
Aussi se livre-t-on à cet exercice plutôt pour se
procurer de la distraction et du plaisir que pour
y trouver un moyen de fortifier sa santé ou de

se délivrer de quelque affection morbide. Ce n'est pas à tort, car ce genre de promenade fait rarement du bien, et occasionne très-souvent des malaises et même des maladies.

Lorsqu'on est embarqué sur une rivière ou sur un lac, le corps est sans mouvement actif, les fibres qui composent nos organes sont alors dans un état de relâchement complet, la peau n'éprouve aucune contraction, ses pores restent béants et susceptibles d'absorber toutes les émanations et les vapeurs au milieu desquelles on se trouve. Le sang, dont le mouvement actif excite l'expansion, reste ici concentré dans les cavités de la poitrine et du ventre, et gagne avec peine les extrémités.

Le corps ainsi disposé reçoit les impressions malfaisantes de cette évaporation humide qui règne sans cesse à la surface des eaux, il absorbe ces vapeurs délétères qui s'échappent toujours des bords fangeux des lacs et des rivières, vapeurs que tout le monde a été à même d'observer le soir et le matin, principalement dans les temps de chaleur. — Ces émanations, assez fortes quelquefois pour former un véritable brouillard, font un mal terrible aux constitutions délicates, aux personnes qui n'ont point l'habitude d'être exposées aux variations de température; leur action est prompte et soudaine, elles produisent des rhumatismes, des douleurs articulaires, des fièvres gastriques et des fièvres tremblantes. Elles donnent aux phthisiques de l'oppression, des douleurs dans la poitrine, de la toux. J'ai été souvent consulté pour des malaises, des embarras gastriques, qui avaient été acquis dans une promenade en bateau. — J'ai vu des personnes atteintes de maux de tête très-pénibles, pour avoir été moins d'une demi-heure sur le bord d'une rivière. Je me rappelle avoir donné des soins à une dame délicate qui aimait beaucoup la pêche, et qui de temps en temps se laissait entraîner à ce penchant. Elle en revenait toujours incommodée, et souvent atteinte de douleurs rhumatismales dans les articulations, qui ne cédaient que difficilement à l'action des remèdes.

Les émanations des marais, du bord des eaux, sont très-malfaisantes. C'est là que règnent ordinairement d'une manière endémique les fièvres intermittentes; c'est dans leur voisinage que l'on trouve ces malheureuses constitutions pleines de lymphe et d'humeurs. Il n'est pas rare d'y observer des affections scrofuleuses et scorbutiques. Les convalescents et les malades ne doivent jamais approcher de ces lieux. Les phthisiques, qui ont besoin d'un air pur, sans humidité, vivifiant sous un petit volume, doivent fuir avec le plus grand soin les promenades en bateau sur les lacs et les rivières.

Il y a quelques années, des médecins conseillèrent à un jeune écrivain de Paris, du plus bel avenir, d'aller respirer l'air de Saint-Germain-en-Laye pour tâcher de mettre fin à une affection de poitrine dont il était atteint. Ils pensèrent qu'en lui faisant faire le voyage en bateau sur la Seine, ils lui procureraient une distraction bienfaisante et lui épargneraient en même temps le mouvement des voitures qu'il aurait été obligé de prendre à cette époque. Il fut embarqué, et il n'était pas à moitié de la route qu'il se trouva tout à coup plus mal et mourut.

Errer sur le bord des lacs et des rivières, voguer doucement sur les eaux, sont choses fort bonnes pour inspirer les poëtes et les romanciers; mais tout homme sage et prudent, ami de sa santé, ne devra jamais oublier que le corps y est plus apte qu'ailleurs à recevoir de dangereuses impressions.

CHAPITRE VI.

DES MALADIES QUI ONT LEUR SIÉGE A LA TÊTE.

—

Des affections morales pénibles.

—

On sera peut-être étonné dans le monde de voir classer les affections morales pénibles au nombre des maladies qui ont leur siége à la tête. Elles passent assez généralement pour provenir du cœur; c'est ce qui les a fait appeler *peines de cœur*. Mais il est bien démontré aujourd'hui que ces peines, comme les passions, émanent du cerveau. Sous leur influence le cœur est agité, bat plus fortement qu'à l'ordinaire, devient même quelquefois malade. Lorsque quelqu'un est frappé d'un grand malheur, lorsqu'il apprend une nouvelle excessivement pénible, il lui arrive de porter la main sur la région du cœur. Cependant tous ces phénomènes ne doivent être attribués qu'à l'impression fâcheuse reçue par le cerveau, qui a réagi sur tout le corps et principalement sur cet organe spécialement affecté. Il est impossible d'admettre l'existence d'une impression morale un peu forte chez une personne dont le cerveau ne travaille point. On observe que les hommes qui ont le moins de peines, de chagrins, de contrariétés, sont en général sans esprit, sans impressionabilité. On trouve, au contraire, que tous ceux qui sont sujets aux peines de cœur, puisqu'on les appelle ainsi, sentent très-vivement; et s'ils n'ont point toujours de l'esprit, ils offrent à l'observateur quelque chose de plus qu'ordinaire du côté du cerveau et sont loin d'être nuls : il faut sentir pour avoir des peines. Les affections morales, les passions portées à un trop haut dégré peuvent dégénérer en monomanie, en folie, maladies qui ont leur siége dans le cerveau. — Si de ce que le cœur est principalement affecté dans les chagrins, on en faisait le siége des impressions morales, on devrait mettre celui de la peur dans les jambes qui tremblent et fléchissent même chez celui qui en est atteint.

Le cœur n'est pas toujours l'organe le plus souffrant dans les peines, surtout dans celles de longue durée; c'est alors le plus ordinairement l'estomac qui se prend; il digère mal, lentement, capricieusement; le centre épigastrique se tend, se gonfle et devient douloureux. — Mais en général c'est la partie la plus faible ou la plus disposée à être malade qui est lésée. —On voit très-souvent des personnes atteintes de consomption pulmonaire développée par l'effet des chagrins. Les émotions morales donnent des coliques et occasionnent des apoplexies ou des paralysies.—Le cœur n'est donc pas le siége des passions; il est, comme les autres organes, plus fortement peut-être, agité sous leur influence.

L'homme, ayant une organisation plus solide que celle de la femme, devrait être plus capable qu'elle de résister aux maladies, aux causes qui les produisent, aux peines de cœur, par exemple. Il n'en est rien; la vie n'a point son principe de force dans l'organisation : nous voyons tous les jours de frêles constitutions supporter de grands maux, et des corps d'une force d'Hercule être abattus par un petit mal.—On a constaté peu de cas de mort subite arrivée à des femmes par des peines morales, et on en possède un grand nombre d'exemples survenus chez les hommes. Un sujet de contrariété, même léger, a produit sur ces derniers l'apoplexie, la paralysie. J'ai connu quelqu'un qui, en grondant son domestique, a été frappé d'apoplexie foudroyante, à une réponse déplacée que lui fit ce dernier.—Je rencontre quelquefois un ancien sous-préfet qui est tombé paralysé d'un côté du corps dans l'anti-

7

chambre du ministre de l'intérieur, où il s'était rendu, à l'occasion de sa destitution, pour avoir une audience qui lui fut refusée.

Ainsi l'homme, quoique plus fortement organisé que la femme, résiste moins qu'elle aux affections morales pénibles. C'est, du reste, une chose fort connue. Tout aussitôt qu'un homme est triste, il inquiète ses amis; et si cette tristesse le poursuit longtemps, il est bientôt jugé comme étant menacé d'une mort presque certaine; tandis qu'une femme, paraissant péniblement affectée, est loin d'inspirer les mêmes craintes. On dirait qu'il est dans sa nature de souffrir moralement, et que sa faible organisation doit supporter sans trouble toutes les commotions douloureuses de l'âme. Si les hommes étaient aussi susceptibles de peines morales que les femmes, le monde offrirait un bien triste spectacle; mais non, la nature a voulu que leur cerveau fût principalement occupé de grands travaux intellectuels, de ces vastes conceptions qui ne permettent que fort rarement aux chagrins d'avoir une grande puissance sur eux. Les femmes au contraire sont réduites, dans presque toutes les conditions sociales, à remplir entièrement leur vie d'affections, et elles sont par conséquent sans cesse exposées aux déceptions, aux douleurs qui les accompagnent. Il est vrai que toutes jeunes on les a fort souvent disposées, amenées à avoir une vie d'abnégation et de peines. Des parents hésiteraient à faire entrer leur fils dans une pension pour laquelle il aurait une grande répugnance ; ils trouveraient *nécessaire* de mettre leur fille malgré elle dans une maison d'éducation qu'elle aurait en horreur, et cela pour son bien, pour l'habituer à se soumettre et à n'avoir pas de volonté ! Plus tard, ils ne se feront pas scrupule de lui donner le plus grand sujet de peines que puisse avoir une jeune fille, en l'unissant pour sa vie à un homme qu'elle connaît peu, mais déjà assez pour être certaine qu'ils ne pourront jamais se rencontrer dans le chemin du bonheur. De là cette source de chagrins qu'elle sera obligée de cacher, de garder pour elle seule, qui la mineront pendant un temps plus ou moins long, au bout duquel elle perdra la sensibilité ou la vie. Les femmes souffrent cruellement lorsque, dans leur intérieur, loin de trouver une sympathie, une union qui leur sont nécessaires, elles n'y rencontrent qu'aversion, mauvais procédés, etc. ; mais cet état de choses ne porte pas de graves atteintes à leur santé, parce qu'il ne peut durer longtemps. Ce sont des combats d'ennemi à ennemi, pour les-

quels elles trouvent des forces jusqu'à ce qu'ils
finissent d'une manière ou d'une autre. La situation la plus dangereuse pour la vie d'une femme
impressionnable et pénétrée de ses devoirs, est
celle qui lui est donnée quand on la marie avec
un homme nul, en bien comme en mal, qui vit
pour vivre, trouvant toujours tout bien, péchant
seulement par un manque de susceptibilité, sans
ambition, sans passion, étant la bonté même.
Une jeune personne nerveuse (et les trois quarts
le sont), qui se voit liée pour la vie à un tel
homme, éprouve un anéantissement, un vide
insupportables. Il n'y a pas d'état de l'âme plus
affreux pour une femme que de se trouver pour
toujours seule au monde avec ses pensées et son
cœur. Rien n'est désespérant pour elle comme
de se voir condamnée à ne pouvoir vivre de cette
vie d'affections qu'il est dans sa nature d'avoir.
Cette absence du bonheur, sans espérance de le
posséder jamais, jette enfin le trouble dans la
santé. Le corps participe à l'état de souffrance
de l'âme, et, comme nous l'avons dit, l'organe le
plus délicat, le plus disposé à être malade, se
trouble et alors donne des signes pathologiques.
Un médecin est appelé qui reconnaît en effet la
maladie de l'organe ; il saigne, et le mal continue ; il fait employer plusieurs fois les sangsues,

et la maladie fait des progrès tout naturellement, puisque la cause existe toujours, aidée maintenant dans son travail destructeur par les pertes de sang prescrites.

En 1830, Mademoiselle X. rentra de pension chez sa mère avec une bonne instruction et une éducation convenable pour le rang qu'elle devait occuper dans le monde. En 1832, son père la maria à un de ses amis, excellent homme, vivant le plus régulièrement possible, n'ayant d'autre défaut que l'uniformité la plus complète, avec un esprit et des goûts peu saillants. M. X. pensait qu'en plaçant ainsi sa fille il faisait son bonheur, et il avait encore cette opinion au bout d'un an de ce mariage, les nouveaux mariés étant alors à se faire la plus petite observation désobligeante, le moindre reproche. Cependant la jeune femme avait perdu de sa gaieté et de son embonpoint; ses traits étaient altérés et ses yeux pleins de tristesse. Elle ne se plaignait nullement de son sort; et qui aurait voulu l'écouter, la sachant unie à l'homme le plus *comme il faut* de la terre, avec de la fortune, une habitation superbe, décorée fraîchement et richement, entourée avec symétrie de parcs, de bosquets et de pièces d'eau! Elle éprouva des battements de cœur extraordinaires, des palpitations. Le mari fit appeler un médecin de l'endroit, ancien chirurgien d'armées, qui avait servi avec lui et qui était resté son ami. Il reconnut les palpitations (tout le monde en aurait fait autant), et prescrivit, pour les faire disparaître, une demi-diète, des sangsues et de la digitale. Ce régime, en apparence sans danger, ne réussissait point; Madame X., depuis trois mois qu'elle y était soumise, dépérissant à vue d'œil; il réussissait seulement d'après l'opinion du docteur, qui prétendait avoir enrayé le mal et pouvoir l'arrêter bientôt complétement. On était alors au mois de mai 1834. Je passai, à cette époque, par la ville qu'habitaient M. et Madame X. Je leur fis une visite; ils voulurent bien me garder à dîner avec le père et la mère de Madame X., qui se trouvaient là. Il fut question de l'état de la jeune dame. Son cœur était en effet le siége de battements tumultueux, mais sans lésion organique. C'était une affection encore purement nerveuse, cependant accompagnée d'un certain bruit qui, avec la pâleur et la maigreur de Madame X., me la firent juger anémique, c'est-à-dire pauvre de sang. La demi-diète et les saignées étaient donc ici visiblement contraires. La malade se mit à table avec nous, et elle prit, sur mon invitation, de plusieurs mets nourrissants, dont elle s'était privée depuis longtemps. Dans la conversation qui eut lieu pendant le repas, il fut facile de remarquer que la jeune dame conservait sa figure triste et abattue lorsqu'il était question de sujets ordinaires ; mais aussitôt que l'on venait à parler de quelque événement digne d'être rapporté à cause du courage, du génie ou du talent qu'il avait fallu y déployer, alors sa physionomie prenait une tout autre expression : la joie, le bonheur se peignaient dans ses traits, dans ses yeux.

Avant de quitter cette famille, je donnai mon avis sur ce qu'il y avait à faire pour le rétablissement de la malade. Je dis que les saignées et les sangsues lui étaient funestes comme le régime et les tisanes ; qu'il lui fallait une nourriture substantielle et des distractions, et qu'on trouverait ces moyens de guérison dans un voyage que j'engageais à faire le plustôt possible. Sa mère m'objecta que les saignées lui avaient toujours parfaitement réussi et que sa fille devait être de son tempérament ; puis elle me fit regarder les promenades, les bois, les jardins qui entouraient la maison, et me demanda où sa fille pourrait trouver des promenades plus délicieuses et un confortable pareil ; elle m'assura, du reste, qu'on prendrait une résolution sur cela dans la saison des beaux jours où l'on entrait à peine. Son gendre fut de son avis, la jeune femme s'en rapporta à leur sagesse. Elle resta chez elle où son médecin ordinaire vint reprendre ses droits. Au mois d'octobre de la même année, elle était beaucoup plus mal; c'est alors qu'on lui proposa de changer de lieu. Elle accepta avec un grand empressement, en disant que depuis longtemps elle s'ennuyait beaucoup. Mais était-il encore possible de la faire voyager? C'était pour donner mon avis que je fus appelé auprès d'elle. Je la trouvai sans force et dans son lit qu'elle ne pouvait plus quitter que soutenue par deux personnes; elle ne mangeait plus, son pouls était pauvre, misérable, mollement tendu, fuyant sous la pression du doigt; son moral était également tombé; elle répondait sur le même ton, avec la même indifférence, aux questions les plus diverses par l'intérêt qu'elle devait y porter; elle était perdue, il était trop tard. Huit jours après ce voyage, son mari m'écrivit que sa femme avait cessé de vivre dans une faiblesse qui l'avait emportée.

J'ai toujours été convaincu qu'ici l'ennui, le vide de l'existence, étaient les causes des malaises, des indispositions, et enfin des maladies que cette jeune dame a éprouvés. Elle ne l'a avoué qu'à un moment où l'on ne pouvait déjà plus porter remède aux désordres qu'ils avaient occasionnés; mais pour un médecin un peu exercé, est-il nécessaire qu'une personne avec laquelle il s'entretient quelque temps lui fasse part, pour qu'il les connaisse, de ses penchants, de ses désirs et de ce qui lui est utile pour retrouver la santé si elle l'a perdue ?

« Malheur au médecin, a dit Cabanis (1), qui n'a point appris à lire dans le cœur de l'homme aussi bien qu'à reconnaître l'état de la fièvre; qui, soignant un corps malade, ne sait pas distinguer dans les traits, dans les regards, dans les paroles, les signes d'un esprit en désordre et d'un cœur blessé ! Comment pourrait-il saisir le vrai caractère de ces maladies qui se cachent sous les apparences d'affections morales, de ces altérations morales qui présentent tout l'aspect de certaines maladies ? Comment rendrait-il le calme à cet esprit agité, à cette âme consumée d'une mélancolie intarissable, s'il ignore quelles lésions organiques peuvent occasionner ces désordres moraux, à quels désordres de fonctions ils sont liés ? Comment pourrait-il ranimer la flamme de la vie dans un corps défaillant ou dévoré par les angoisses, s'il ignore quelles peines il est nécessaire d'assoupir avant tout, quelles chimères il faut

(1) *Révolution de la médecine.*

dissiper ? Sans doute c'est au médecin qu'il appar-
tient de porter près du malade couché dans son
lit de douleur les plus douces et les plus sages
consolations ; c'est lui qui peut pénétrer le plus
avant dans la confiance de l'infortune et de la
faiblesse ; c'est lui par conséquent qui peut ver-
ser sur leurs plaies le baume le plus salutaire. »

La mission du médecin, lorsqu'il a à traiter des
maladies provenant de peines morales, est beaucoup plus délicate, plus difficile que lorsqu'il a
tout simplement une affection locale à guérir ; il
est fort embarrassant de faire connaître à certaines personnes la cause de leur mal, car il y en a
beaucoup qui l'ignorent ou qui ne veulent pas se
l'avouer, ou y ajouter foi. Il faut quelquefois de
grandes précautions pour amener des parents à
ne plus ignorer la cause d'une maladie dont quelqu'un des leurs est atteint et qu'ils doivent connaître pour employer le remède nécessaire à la
guérison. La plupart du temps, ces remèdes
contre les désordres physiques arrivés par cause
morale, n'ont aucun bon résultat sans les voyages ; on peut dire même que les drogues, les saignées, etc., ne font, dans ces circonstances, qu'aggraver le mal. Il faut donc toujours, pour les
maux qui nous occupent, ordonner les voyages
aux malades qui peuvent les supporter ; ils doi-

vent les faire dans des pays où ils rencontreront beaucoup d'objets capables de piquer leur curiosité, en n'oubliant point surtout de voyager rapidement. Le convalescent, qui n'a d'autre but, en parcourant les campagnes, que de changer de lieu et de jouir des bienfaits d'un air pur, fortifiant, l'atteindra aussitôt qu'il sera en route; peu lui importera d'être une ou deux semaines dans un endroit : il n'est plus chez lui. Mais pour que les voyages soient favorables aux personnes qui ont le cœur malade, qui ont besoin d'être arrachées à leurs pensées, source de leurs maladies, il y a d'autres précautions à prendre : il faut qu'elles voyagent rapidement, qu'elles parcourent beaucoup de pays, en s'arrêtant peu, et qu'elles fassent des excursions intéressantes, où elles ne resteront point longtemps sans avoir un nouvel objet à contempler, à admirer. Si agréable que soit un paysage formé par la nature des éléments les plus beaux et les plus variés; si imposant et si majestueux que soit un rocher qui semble être prêt à se détacher de la montagne pour combler la vallée; si doux qu'il soit de se reposer au pied d'une colline garnie d'arbres avec leurs frais feuillages, et ayant une riante prairie devant les yeux, il est impossible que ces tableaux puissent occuper longtemps l'esprit d'une personne à laquelle le sujet de ses peines, de ses contrariétés revient à la pensée aussitôt que son imagination n'est point tenue en haleine par quelque objet nouveau. Si l'on ne faisait pas voyager rapidement de curiosités en curiosités, les personnes qui souffrent de douleurs morales, on les mettrait ainsi dans une solitude avec déplacement répété, et la solitude excitant l'organe de la pensée, leurs peines ne feraient qu'augmenter, leurs désirs grandir, et leurs regrets devenir plus poignants. On lit dans La Rochefoucauld : « L'absence diminue les médiocres passions et augmente les grandes, comme le vent éteint les bougies et allume un grand feu (1). » Le marquis de Bouillé a dit : « L'absence est la vraie pierre de touche des sentiments : c'est elle seule qui nous donne bien au juste le secret de notre cœur ; et deux amis, deux amants, deux époux qui ne se sont jamais quittés, ne savent pas encore à quel point ils sont nécessaires ou indifférents l'un à l'autre (2). » Ces moralistes entendaient parler sans aucun doute de l'absence pure et simple, et ils dépeignaient bien alors ce qui se passe en pareille circonstance dans le cœur humain ; mais l'absence avec de forts et puissants sujets de distraction, et tels sont les voyages, doit

(1) *Pensées.*
(2) *Pensées et Réflexions morales.*

non-seulement éteindre les petites passions, mais diminuer et même éteindre les grandes.

Il est dans la nature de l'homme civilisé de n'être point imbu, pénétré d'une pensée, d'une résolution, d'un penchant porté jusqu'à la passion, qui ne puissent être modifiés ou changés par l'effet des impressions qu'il est susceptible de recevoir. Nous apportons en naissant le principe de tout sentiment qui peut devenir un jour *passion* ; mais sous quelle influence ce sentiment deviendra-t-il passion, si ce n'est par suite des impressions qui seront reçues ? Puisque ce sont certaines impressions qui ont fait développer telle passion, celle-ci devra cesser, ou au moins diminuer, si ces impressions n'ont plus lieu, et si de nouvelles viennent les remplacer ; car par quel hasard, par quelle fatalité, ces nouvelles impressions n'agiraient-elles point sur cette personne, assez impressionnable pour s'être fortement passionnée sous l'influence des premières ? Si l'on en rencontrait d'aussi fortement *frappée*, il serait nécessaire de lui rappeler que l'existence la plus belle et la plus forte ne peut se conserver lorsque toutes les affections sont concentrées sur un objet qui occupe exclusivement et passionnément. Si cet objet était une source de plaisir et de bonheur, il la ferait périr d'amour ; et il la tuerait par le

poids des chagrins, des peines, ou des regrets,
s'il était de nature à les procurer.

Du somnambulisme.

—

On dit qu'un homme est somnambule lorsque,
dans le sommeil, il exécute un ou plusieurs actes
de la vie, que, dans l'état normal, on ne peut
exécuter qu'étant éveillé (1). En voici quelques
exemples.

Un homme se lève endormi, s'habille, met ses
brodequins et ses éperons, puis monte sur sa
croisée, et là, croyant être à cheval, il pique des
deux. A son réveil, il est singulièrement effrayé
du danger qu'il a couru.

Un militaire endormi s'avance vers une croisée,
grimpe, à l'aide d'une corde, au sommet d'une
tour, en rapporte un nid de corbeau avec les
petits, et regagne son lit où il continue de dormir
jusqu'au lendemain.

Un Italien, âgé de soixante-dix ans, mélancolique, fut un soir examiné dans son lit; il dormait
les yeux ouverts, mais fixés et sans mouvement.

(1) Il est question ici du somnambulisme naturel, et non du
somnambulisme artificiel ou provoqué, autrement appelé magnétisme.

A minuit, il tire brusquement les rideaux de son lit, s'habille, se rend à l'écurie et monte à cheval. Trouvant la porte de la cour fermée, il frappe, à l'aide d'un gros caillou. Bientôt il met pied à terre, vient au billard et y simule tous les mouvements d'un joueur; il passe ensuite dans une autre salle, frappe des mains sur un clavecin et se jette enfin tout habillé sur son lit. Quand on faisait du bruit, il paraissait en être irrité. On le révoltait en donnant du cor à ses oreilles; on le réveillait en lui chatouillant la plante des pieds.

Un ecclésiastique se levait la nuit tout endormi, et travaillait ainsi ses sermons. Lorsqu'il avait composé une page, il la corrigeait sans le secours des yeux. Dans ces mots : *ce divin enfant*, il substitua au mot *divin*, le mot *adorable*; puis, s'apercevant de l'hiatus, il ajouta un *t* à *ce*.

Un ouvrier ébéniste, âgé de dix-neuf ans, exposé aux violences de son maître, devint somnambule. Il était furieux dans ses accès. Ses paupières baissées laissaient voir l'œil agité de mouvements convulsifs d'un angle à l'autre. Le plus souvent il se croyait aux prises avec son maître. Quelquefois, dans ses accès, il s'occupait d'affaires de commerce avec toute la sagacité d'un homme éveillé. Il n'avait aucun souvenir le lendemain de ce qui lui était arrivé dans la nuit.

Un jeune militaire s'amuse tout un soir avec ses camarades du simulacre d'un combat, puis soupe copieusement. Après un premier somme, il se lève encore tout endormi, simule avec ses bras une défense vigoureuse, franchit une porte et revient tout en sueur. Ses yeux étaient ouverts, mais il ne voyait pas. Le lendemain il ne conservait aucun souvenir de son accès. Une autre fois il prend la fenêtre pour la porte, et se précipite dans la rue. Cette chute, qui fut grave, n'eut cependant pas de suites fâcheuses.

On a dit que les somnambules pouvaient tomber impunément et sans se blesser d'un lieu élevé. Le fait qui vient d'être cité est une preuve du contraire. Il est cependant d'observation que les personnes qui faisaient des chutes, ainsi endormies, étaient moins maltraitées que si elles eussent eu le même accident à l'état de veille.

Dans le courant de l'été de l'année dernière (1845), un enfant de sept ans, appartenant à la famille Grandjean, demeurant rue du Faubourg-Poissonnière, n° 115, était au lit depuis environ deux heures, lorsqu'il se leva, se dirigea vers la fenêtre qui était ouverte, et tomba du premier étage dans la cour. Les parents, qui n'étaient pas encore couchés, ayant entendu le bruit causé par cette chute, coururent voir ce qui avait pu l'occasionner, et aperçurent leur enfant étendu sur le pavé. Ils n'osèrent le relever, le croyant mort. Un médecin, arrivé tout aussitôt, constata qu'il ne s'était fait aucune blessure. Reporté dans son lit, il dormit le reste de la nuit. Le lendemain il avait seulement quelques douleurs dans les genoux et au front, parties qui avaient frappé le sol en tombant.

Le somnambulisme est une véritable maladie à accès dont l'existence est bien constatée. Elle siége indubitablement dans le cerveau; on croit qu'elle est produite par une espèce de névrose de cet organe; ce sont principalement des jeunes gens qui en ont fourni des exemples. Cependant on l'a observée chez des hommes avancés en âge. M. le baron de L., qui n'est plus jeune, bien connu dans le monde par son noble caractère et son esprit plein de charmes, a rêvé, pendant une des nuits de cet hiver, qu'il entrait dans un salon où un grand nombre de jeunes filles jouaient à colin-maillard. Il quitta son lit pour éviter celle qui avait les yeux bandés; mais bientôt elle se dirigea à fond sur lui, le pressa tellement, que pour lui échapper il n'eut d'autre ressource que de se mettre à genoux, la tête baissée, pour ainsi passer sous les bras qui cherchaient à l'enlacer. M. le Baron s'est réveillé dans cette posture sur le parquet de sa chambre à coucher. Il y était depuis un certain temps déjà, puisque c'est le froid dont il était saisi qui l'a réveillé. Il avait cependant conservé sur son dos une des couvertures de son lit.

Les femmes sont rarement atteintes de somnambulisme. Les hommes dont le cerveau travaille avec activité y sont plus sujets que ceux dont les actes intellectuels sont toujours accompagnés d'un calme et d'une lenteur prononcés. Les auteurs ne conseillent point de médicaments contre cette affection. Ils ordonnent de prendre un exercice modéré, le changement de climat, le séjour à la campagne et les voyages.

Du somnambulisme artificiel provoqué, ou du magnétisme.

—

Une personne chez laquelle on a developpé un état de somnambulisme n'est pas dans une condition de santé proprement dite, puisqu'elle présente des phénomènes anormaux, par exemple l'insensibilité partielle ou générale, la faculté de marcher dans cette espèce de sommeil, etc. A force d'avoir été soumise à ces accès, elle peut avoir acquis une trop grande susceptibilité, une impressionnabilité qui la fasse tomber trop facilement endormie ; sa santé peut en être altérée plus ou moins profondément, et cette altération, qui est due toujours à un grand travail cérébral, porte généralement sur tout le corps. Les somnambules, et ce sont le plus souvent des femmes, sont maigres, sujets à beaucoup de maux de nerfs, aux migraines ; presque toutes leurs fonction se font mal. Les voyages sont excellents pour porter remède à de pareilles conditions morbides, ils détruisent la trop grande susceptibilité nerveuse, ils font disparaître cette dangereuse aptitude à s'endormir sous l'influence d'un magnétiseur, et procurent de la force à un corps fatigué par ces sortes d'expériences. Le magnétisme existe-t-il ? Le monde est en général exagéré dans sa manière de voir sur cette question : les uns croient que le magnétisme existe, en lui accordant des facultés surnaturelles incompatibles avec l'observation des faits ; d'autres n'ajoutent point foi à l'existence d'un pareil phénomène et par conséquent à aucun de ses actes. Ces deux partis ont besoin de faire quelques pas l'un vers l'autre, de perdre chacun un peu de leurs croyances, et ils seront plus près de la vérité. Il est impossible de nier l'existence du magnétisme : les faits sont là pour le prouver. Il est bien démontré que par une influence morale magnétique, par une volonté puissante, dominatrice, une personne peut en faire tomber une autre dans une espèce de sommeil somnambulique. Elle le pourra d'autant plus facilement qu'elle sera plus près d'elle ; cependant il y a des exemples très-réels d'un somnambulisme provoqué à des distances plus ou moins éloignées. Voici le procédé le plus généralement employé pour obtenir cet état : on fait asseoir la personne qui doit être magnétisée, soit dans un fauteuil commode, soit sur un canapé : assis sur un siége un peu plus élevé, en face et à trente et quelques centimètres loin d'elle, le magnétiseur paraît d'abord se recueillir quelques moments, puis il prend les mains de la personne à magnétiser de telle manière que l'intérieur des pouces de celle-ci touche l'intérieur des pouces de l'opérateur, lequel fixe les yeux sur elle et reste dans cette position jusqu'à ce qu'il sente qu'il s'est établi une chaleur égale entre les pouces mis en contact. Alors il retire ses mains, et les tournant en dehors, les pose sur les épaules, où il les laisse environ une minute et les ramène lentement par une sorte de très-douce friction le long du bras jusqu'à l'extrémité des doigts. Ce mouvement, connu sous le nom de *passe*, doit être répété cinq ou six fois. Le magnétiseur place ensuite ses mains au-dessus de la tête, les y tient un moment, les descend en passant devant le visage à la distance d'un ou deux pouces, jusqu'à l'épigastre, où il s'arrête encore en appuyant ses doigts, puis il descend lentement le long du corps jusqu'aux pieds. Ces *passes* ayant été suffisamment réitérées, le magnétiseur termine son opération en prolongeant les *passes* au delà de l'extrémité des mains et des pieds en secouant ses doigts à chaque fois ; enfin il fait devant le visage et la poitrine des *passes* transversales à la distance de trois à quatre pouces, en présentant les deux mains rapprochées et les écartant brusquement ensuite. Quelquefois le magnétiseur place les doigts de chaque main à trois ou quatre pouces de distance de la tête et de l'estomac, les fixe dans cette position pendant une ou deux minutes, puis les éloignant et les rapprochant alternativement de ces parties avec plus ou moins de promptitude, il simule le mouvement tout naturel qu'on exécute lorsqu'on veut se débarrasser d'un liquide qui aurait humecté l'extrémité des doigts. Pour que l'opération réussisse, il faut que toutes les personnes qui y assistent gardent le silence le plus profond, et que l'expression de leur physionomie n'inspire ni gêne au magnétiseur, ni doute au magnétisé. Certains maîtres en cette partie exigent des assistalits une foi sincère au magnétisme; mais, selon d'autres magnétiseurs, une telle condition n'est pas de rigueur.

Rapporter tous les phénomènes que présentent ou peuvent présenter certaines personnes endormies par ce procédé, ce serait excessivement long. D'abord, je suis loin de croire à l'existence de tous ceux que l'on dit pouvoir être ainsi produits.

Voici ce que j'ai été à même d'observer : une somnambule est ordinairement agitée; elle a de l'accélération dans le pouls, de la somnolence; ses yeux sont fermés et les paupières cèdent difficilement aux efforts que l'on fait pour les ouvrir. Cette opération laisse voir le globe de l'œil convulsé, porté vers le haut et quelquefois vers le bas de l'orbite. L'odorat est souvent comme anéanti; on peut mettre tout près du nez d'une magnétisée un flacon des sels les plus forts, sans qu'il lui fasse la plus petite impression, lorsqu'à l'état de veille il lui serait impossible de le supporter. Ainsi une somnambule peut être insensible dans une ou dans toutes les parties de son corps. On a fait l'amputation d'un sein cancéreux sur une femme magnétisée, sans qu'elle ait ressenti aucune douleur de l'opération.

Quant aux facultés morales d'une personne à l'état de somnambulisme, je crois qu'elles peuvent être plus grandes que dans l'état de veille ; cependant je n'ai point été assez heureux pour pouvoir m'en convaincre. J'ai assisté à beaucoup de séances de somnambulisme chez plusieurs des plus célèbres magnétiseurs de Paris, j'ai vu des expériences faites devant un grand nombre d'assistants et dans lesquelles la somnambule jouait aux cartes les yeux bandés, lisait des mots écrits sur un morceau de papier plié de façon à cacher l'écriture, ou bien encore dans un livre fermé. On lui présentait une boîte hermétiquement close et contenant une montre : elle disait d'abord, après avoir cherché ou fait semblant de chercher, ce que contenait la boîte, puis, sans l'ouvrir, annonçait l'heure indiquée par la montre. J'ai vu une somnambule dire à quelqu'un l'ordre et l'état de son appartement où elle n'avait jamais mis le pied, détailler à un officier de marine les objets qu'il avait dans sa cabine à bord de son bâtiment; bien plus, certifier qu'elle voyait tel vaisseau au milieu des mers à une distance de plusieurs mille lieues, avec un vent contraire, et la quantité de voiles qu'il avait dehors, etc. J'ai vu, dis-je, toutes ces choses se passer devant mes yeux, et devant ceux d'un public nombreux; mais lorsque j'ai voulu m'*assurer par moi-même* de l'exactitude de pareils phénomènes, j'ai constamment été obligé de rester incrédule. Cependant je ne me suis pas montré très-exigeant. Pour avoir la foi, j'aurais voulu qu'une somnambule me prouvât, *à moi-même*, qu'elle pouvait exécuter un seul acte sans le secours du sens dont on a ordinairement besoin pour accomplir cet acte dans l'état de veille : je n'en ai pas encore rencontré. A une des séances du magnétiseur X., qui a eu une grande célébrité dans le quartier de la Chaussée-d'Antin, je venais de voir le jeune A. faire tous les miracles rapportés plus haut ; je voulus avoir moi-même une preuve de sa *lucidité*. Je lui présentai un petit paquet en lui demandant ce qu'il contenait ; il le prit, le sentit longtemps, chercha, et enfin me dit qu'il contenait des cheveux. Je l'ouvris en présence des personnes qui m'entouraient et présentes à l'expérience, elles purent voir comme moi que ce paquet contenait des aiguilles ; il venait de m'être prêté par une dame qui avait désiré comme moi faire cette petite épreuve. J'ai maintes fois proposé à des somnambules de tirer de ma bourse et de tenir dans une main fermée une somme quelconque d'argent et de leur donner à deviner la quantité d'écus qui pourrait s'y trouver ; je faisais la promesse de leur abandonner la somme s'ils arrivaient à la connaître ; je n'en ai point trouvé d'assez *lucides* pour faire un pareil gain. Il est cependant plus simple de voir à travers les parois d'une main qu'à travers dix, quinze ou vingt murailles qui séparent ces somnambules d'un appartement dont elles décrivent l'ordre et l'ameublement sans y avoir jamais mis les pieds. Le jeune A., qui venait de se transporter d'esprit au milieu de la Méditerranée, et de décrire la disposition intérieure d'un vaisseau de guerre, n'a pu reconnaître un paquet d'aiguilles anglaises sans l'ouvrir...; c'est un étrange contraste. Je reçus dans le courant du mois d'octobre dernier la visite d'une dame qui s'était munie d'une lettre d'un de mes amis pour me demander mon appui, ma protection pour sa fille, âgée de vingt ans, qui se fait somnambule; elle venait me prier de lui envoyer des malades. « Vous avez, me dit-elle, parmi vos clients des personnes qui ont essayé de toute espèce de remèdes sans être guéries; elles souffrent toujours, elles vont frapper à toutes les portes où elles espèrent trouver du soulagement à leurs maux, elles finissent souvent par aller chez les somnambules : si vous en connaissiez qui eussent cette intention, je viens vous prier, monsieur, de nous les adresser. M. X., votre ami, m'a fait espérer que si l'occasion se présente vous serez assez bon pour penser à ma fille. » Je dis nettement à cette dame que je ne croyais nullement

à cette faculté que les somnambules disent posséder, de voir à travers les corps opaques, à travers les parois du corps, par exemple, pour y reconnaître une lésion, une maladie. Elle me ré-
pliqua : « C'est parce que vous n'avez pas rencontré une personne vraiment *lucide*. Venez voir
ma fille ; apportez des cheveux d'une de vos malades, et vous serez convaincu lorsque vous en-
tendrez tout ce qu'elle vous dira à cette occasion. »

Cette dame, dont la parole était fort persua-
sive, me décida à me rendre chez elle pour faire
cette expérience. Je devais me procurer, pour le
jour fixé, des cheveux d'une de mes clientes : ce
jour arriva sans que j'y eusse songé. J'aurais dû
m'y prendre plus tôt ; on n'a pas toujours des malades auxquels on puisse demander des cheveux.
Cependant, un peu avant l'heure de mon rendez-
vous, j'avais une visite à faire à une dame plutôt sujette à des accidents nerveux que malade,
et je pensai qu'elle pourrait me donner une mèche
de ses cheveux. Je me hasardai à lui en demander quelques-uns. Son étonnement fut grand ; il
fut plus grand encore lorsque je me refusai à lui
dire la destination que je voulais leur donner.
Je ne crus pas devoir lui avouer que c'était pour
les soumettre à la science d'une somnambule. Je
me retirai assez embarrassé et repentant d'avoir

parlé des cheveux. — Ainsi dépourvu, je me diri-
geais vers le domicile de la jeune pythonisse,
boulevard des Italiens, lorsque je songeai, chemin faisant, que j'avais des cheveux dont je pouvais disposer; je m'en arrachai quelques-uns que
je renfermai dans un petit papier. Cette idée lumi-
neuse me procura un sentiment de satisfaction : je
possédais ainsi ce que l'on m'avait refusé et ce que
j'avais promis d'apporter chez Mme X. Je trouvai
la somnambule avec sa mère, un magnétiseur et
deux ou trois autres personnes. Le salon dans lequel ils étaient pourrait passer pour un type de
ceux qui sont aujourd'hui à la mode dans le
monde artistique et élégant du quartier de Notre-
Dame-de-Lorette. Là où un meuble, où un tableau
n'avaient pu être placés, se trouvaient un objet
d'art, une miniature, une chinoiserie. Je jetai les
yeux du côté d'une console sur laquelle je remar-
quai une foule de petits paquets enfermés dans un
papier dont la saleté contrastait d'une façon singulière avec la richesse et la fraîcheur des ten-
tures et des meubles du salon. Mlle X. saisit cette
occasion, sans aucun doute prévue, pour me
faire approcher de cette console et m'expliquer
la présence de ces paquets. Elle me dit : « Vous
voyez là, monsieur, dans ces cofins de papier,
autant de petites portions de terre qui m'ont

servi à découvrir des trésors enfouis dans la terre. Quelqu'un pense qu'une somme d'argent peut être enterrée dans son champ ; il vient me consulter à ce sujet : je lui conseille d'aller me chercher une certaine portion de terre prise à différents endroits de ce champ, en ayant soin de remarquer d'où il tire chaque petite portion qu'il met dans un peu de papier. Il vient me les apporter; l'on me magnétise, et dans mon sommeil somnambulique je sens chaque paquet, et je découvre par l'odorat quel est celui qui a été tiré le plus près du trésor caché. Alors l'homme au champ de terre le remarque et s'en retourne avec cette indication; il creuse près de l'endroit d'où est parti le peu de terre remarqué, et il trouve son trésor. Tous ces petits paquets que vous voyez sur cette console m'ont été apportés pour ce sujet. Voilà de la terre de la Champagne, vous la reconnaissez. En voilà de la Bretagne ; il m'en arrive beaucoup de la Bretagne... En voici qui vient de m'être adressée d'Orléans. Dans l'état de somnambulisme, je vois à travers les corps les plus opaques, les plus épais ; je vois dans les plus grandes profondeurs de la terre et des mers.

—Vous avez, lui dis-je, mademoiselle, un bien précieux et bien rare talent. Nous nous assîmes l'un et l'autre sur une causeuse, où le magnétiseur, en trois ou quatre passes, endormit Mlle X. Alors il me fut ordonné de prendre la main de la somnambule et de la garder dans la mienne, pour rester *en communication du fluide magnétique.* Je l'avouerai d'abord, parce que je veux dire toute la vérité : il n'y avait pas trois minutes que nous étions ainsi en communication, que je me sentis mal à l'aise; j'éprouvai un véritable agacement général, pénible à supporter; une certaine douleur vive se fit sentir au front, et ma circulation s'accéléra d'une manière très-sensible pour moi. Je suis convaincu que ces phénomènes étaient dus à l'effet magnétique du contact de ma main avec celle de Mlle X., qui certainement n'était pas non plus dans son état normal. Elle avait une forte fièvre ; ses mains étaient brûlantes, son pouls battait au moins quatre-vingt-dix fois par minute, les veines de son col et de sa tête étaient visiblement gonflées outre mesure. C'est alors que je lui remis le petit paquet contenant mes cheveux; elle le porta plusieurs fois à son nez, puis me dit que ce paquet renfermait des cheveux... des cheveux de femme... d'une femme qui, sans être trop malade, sans éprouver de grandes douleurs, devait porter un prompt remède à son état qui menaçait de devenir alarmant... Après lui avoir demandé, à plusieurs reprises, si elle était certaine de ce qu'elle disait, si elle ne se trompait pas, je la laissai dans sa croyance. Je me retirai, encore une fois convaincu de l'existence du somnambulisme artificiel, mais de la non-possibilité de voir, dans cet état, à travers une feuille de papier non transparente, comme de découvrir un trésor situé à vingt-cinq mètres de profondeur dans la terre, et autres billevesées.

On me dira : comment expliquer alors la croyance au magnétisme et à toutes les merveilles dont on le dit susceptible de la part de personnes du premier mérite sous le rapport du savoir, et dignes de toute confiance à cause de leur dignité, de leur riche position sociale, qui ne permettent pas de les supposer capables d'entrer dans aucune espèce d'industrie immorale ou de jonglerie spoliatrice ? Je répondrai que ces honorables personnes sont dans l'erreur, qu'elles croient voir le vrai avec leurs yeux, qu'elles ne se méfient pas assez d'elles-mêmes ni des amis qui les soutiennent dans leurs croyances. Parmi ces amis, il y a des victimes de la crédulité ; il doit s'en trouver quelques-uns qui ont intérêt à faire propager la foi aux miracles du magnétisme. Mais pour couper court à tous raisonnements, à toutes discussions qui seraient trop longs, je dis à ces *croyants* honnêtes gens : « Essayez d'une somnambule sur des faits positifs, pour lesquels le hasard, comme les ruses, les informations, les corruptions ne peuvent rien, et vous reviendrez bientôt de vos croyances. Faites les essais que j'ai tentés, et vous croirez, comme moi, à l'existence du magnétisme, mais non à tous les prodiges qu'on le dit susceptible de faire. Demandez à un somnambule combien vous avez de dents dans la bouche, et s'il vous en dit juste le nombre, croyez; mais si le contraire arrive, vous mettrez une complaisance inqualifiable en écoutant avec confiance ses paroles, et il sera autorisé à vous dire : je vois dans votre cœur, je vois dans votre estomac, je vois dans la lune, je vois dans le ciel, etc.; je vous y vois après votre mort..., etc... C'est 50 fr. pour la consultation...

De la chorée ou danse de Saint-Wit.

La chorée est une maladie qui s'annonce par un grand nombre de symptômes au milieu desquels elle se caractérise par un désordre tantôt dans tous les mouvements du corps en général, tantôt dans une partie seulement. Elle attaque les personnes des deux sexes, mais plus particu-

lièrement les femmes et les jeunes filles. Une cho-
réique, avec le désordre plus ou moins étendu
de ses mouvements, est sombre, taciturne, singulière ; elle présente une légère altération de ses
facultés intellectuelles et morales. Toujours grave,
rarement très-douloureuse, cette maladie occasionne des pesanteurs vers le derrière de la
tête, et, à la longue, elle amène la perturbation
dans les fonctions du corps, qui peu à peu se mine
et se détruit.

Tous les médicaments appelés *antispasmodiques*,
ordinairement employés dans les maladies nerveuses, ont été mis en usage pour faire disparaître
la chorée, et l'on peut dire que les succès ont rarement suivi leur emploi. Les voyages ont été
vantés comme guérissant infailliblement les personnes qui en sont affectées. Parmi les nombreux
cas de guérison rapportés par les auteurs, faut-
il accorder le mérite d'un certain nombre à
l'heureuse influence des voyages seulement, ou
bien encore à l'effet produit sur les malades par
les lieux vénérés où ils se rendaient ? Il y a toujours eu, au bout de leur pèlerinage, une fontaine ou une chapelle consacrée à un saint, et
possédant des vertus puissantes, surnaturelles,
capables de donner la santé à ceux qui allaient
la leur demander. Dans les quinzième et seizième

siècles, une foule de choréiques se rendaient de tous les points de l'Europe à la petite chapelle de Saint-Wit, près d'Ulm, en Souabe, et beaucoup en revenaient guéris. Sydenham dit que de son temps l'affluence des visiteurs y était extrêmement nombreuse dans certains jours. Les malades de l'un et de l'autre sexe y dansaient d'une manière extravagante et fanatique, en priant le saint de leur accorder la santé, et beaucoup la retrouvaient ainsi. On était porté alors à croire que puisque saint Wit pouvait enlever cette maladie, il la donnait; de là est venu à cette affection le nom de *danse de Saint-Wit*, qu'elle a longtemps porté.

Le désordre, la faiblesse des mouvements musculaires, tenant à l'état maladif du cerveau, il est facile d'admettre que les pèlerinages peuvent davantage sur la chorée que les moyens pharmaceutiques. Il s'agit ici de faire reprendre au cerveau son activité, sa force, sa puissance d'action sur les organes soumis à sa volonté. Le grand air, le mouvement, la vue d'objets nouveaux, souvent intéressants, que les pèlerins trouvent en route, la sensation qu'ils éprouvent à la vue du lieu célèbre qui peut, à leur avis, redonner la santé, sont autant de choses capables d'éveiller l'activité cérébrale, et de faire cesser le désordre, l'atonie qui y existent.

J'ai été témoin de plusieurs guérisons réelles et solides obtenues par des pèlerinages faits auprès du tombeau d'un homme très-vénéré de son vivant, et qui passe, aux yeux de beaucoup de personnes, pour être tout-puissant dans le ciel. Je vais rapporter un cas de chorée ainsi guérie qui est extrêmement remarquable. Il a eu lieu sous mes yeux, puisque j'ai vu la personne qui fait l'objet de cette observation , avant, pendant et après sa maladie.

Il y a , à l'extrémité de la basse Normandie, au bout du cap de la Hogue, à un myriamètre sept kilomètres sud-ouest de Cherbourg, une petite commune appelée *Biville*. Son sol est composé de roches primitives recouvertes seulement de quelques pouces de terre végétale dans laquelle les plantes ne peuvent puiser ni suc ni vigueur; on les voit chétives, rabougries, la tête toujours desséchée par les vents froids de la mer. L'orme, le chêne, arbres de haute futaie, s'y élèvent rarement à plusieurs mètres au-dessus du sol. Biville est un pays de landages, l'un des plus pauvres de France, et le soleil de juillet a de la peine à percer le brouillard continuel qui y règne. Le pèlerin qui le parcourt pour aller trouver la chapelle dont il va être question a l'esprit fortement et péniblement impressionné, en voyant les habitants de cette contrée se nourrir d'un pain noir, mat et indigeste, produit des mauvaises récoltes qu'ils font chaque année. Il est pris de pitié pour les misérables animaux qui y pâturent une herbe entretenant à peine leur vie, et qui leur permet d'arriver seulement à la moitié de la taille de ceux de leur espèce. C'est après avoir eu autour de lui un pareil tableau pendant plusieurs kilomètres qu'il arrive à l'église de Biville où sont déposés dans un tombeau les restes mortels de celui dont il va implorer la protection. Ce saint homme, qui vivait à la fin du douzième siècle et au commencement du treizième, s'appelait *Thomas Élie*. Il fut d'abord maître d'école à Cherbourg, puis il s'instruisit pour entrer dans les ordres. Étant prêtre, ses mérites parvinrent jusqu'à saint Louis qui le fit son aumônier. Le vertueux abbé ne resta que fort peu de temps à la cour, dont il ne put supporter les intrigues et les vices; il obtint du roi de retourner dans son pays. Il y mourut curé de Biville en 1257 et fut enterré dans l'église de la paroisse. On y voit, au milieu du chœur, son tombeau en marbre blanc, sur lequel *le bienheureux* est sculpté en pied. Chaque jour il y a à l'entour une foule d'écloppés, de blessés, de malades et de gens qui craignent de le devenir; ils y passent en prières des jours entiers et même des nuits. Ils y entendent les messes de deux prêtres attachés à cette église (1). Cette dernière, petite et du style le plus simple, présente à l'intérieur un coup d'œil riche qui étonne d'abord au milieu d'un pays si malheureux. Mais ses décors ont été payés par des pèlerins qui y ont laissé de nombreuses marques de générosité et de reconnaissance pour la guérison de leurs maux. La quantité d'*ex-voto*, de béquilles, etc., qui sont là, témoignent du grand nombre de personnes qui se sont trouvées dans ce cas. Des miracles s'y opèrent journellement. Voici une guérison qui passe, aux yeux de beaucoup de monde, pour en être un.

Mlle Françoise Couppey, âgée de vingt-deux ans, de la commune d'Yvetot, près Valognes, est née de père et mère sains de corps et d'esprit. Elle s'occupe depuis son enfance chez

(1) Chaque année, le 19 octobre, jour de la mort du bienheureux, on se sert encore, pour dire la messe, des ornements que saint Louis lui donna en le congédiant ; c'est une chasuble, une étole et un calice en vermeil, avec patène, autour duquel on lit ces mots répétés six fois : SUIS DONNÉ PAR AMOUR. Les armoiries suivantes sont sur la chasuble : d'or écartelée en sautoir : au premier à l'aigle éployée de sable ; au deuxième à la fleur de lis de sable ; au troisième à la tour de sable ; et à la quatrième au lion rampant de sable.

ses parents qui sont propriétaires cultivateurs, et jouissent d'une certaine aisance. Elle est grande, forte, d'un tempérament sanguin qui lui donne une activité remarquable; aussi aime-t-elle à prendre pour sa part, dans les travaux de la maison, ceux qui demandent qu'on aille à la ville, aux foires et marchés. Dans le courant de l'année 1838, elle tomba malade. Son affection consistait dans une faiblesse d'un des côtés du corps; elle n'était point maîtresse des mouvements que faisaient le bras et le membre inférieur du côté affecté. Elle se tenait difficilement assise dans un fauteuil. A certaines époques où elle se trouvait mieux, elle pouvait faire quelques pas dans sa chambre au moyen de deux béquilles. Cette jeune fille, qui, avant sa maladie, était naturellement gaie et même enjouée, tomba bientôt dans une espèce de mélancolie. Elle ne parlait qu'avec répugnance, tenait peu à la société de ses parents et de ses amis, qu'elle affectionnait tant lorsqu'elle était en bonne santé. Pour sortir de cet état fâcheux, elle eut recours, pendant deux ans et demi, aux remèdes que lui prescrivait son médecin; il serait trop long et trop fastidieux de rapporter tout ce qu'elle fit pour se guérir d'un mal qui, avec le temps, ne faisait qu'augmenter.

Ce fut au bout de deux ans et demi de maladie que Françoise Couppey témoigna à sa famille le désir d'aller à Biville demander au bienheureux Thomas Élie une guérison pour laquelle la médecine lui paraissait impuissante. Ses parents accédèrent à sa demande. Le 6 mai 1840, ils la placèrent sur un cheval garni de grands paniers, et l'on partit pour Biville qui était éloigné de cinq myriamètres environ. Après avoir voyagé une journée et passé une nuit dans une auberge, le convoi arriva de grand matin à la porte de l'église. On descendit de cheval la fille Couppey, qui, au moyen de ses béquilles et du soutien qu'on lui prêta, fut s'agenouiller auprès du tombeau du *bienheureux*. Elle y resta en prière jusqu'à midi. Alors elle dit à sa mère : « Venez, je puis partir ; je suis guérie. » Elle laissa là ses échasses, et sortit avec sa mère sans présenter le plus petit signe de claudication. Après avoir déjeuné dans le village, elle fit douze kilomètres de suite à pied, puis remonta à cheval pour gagner la maison de ses parents, où, depuis ce temps, elle n'a plus cessé de jouir encore une fois d'une excellente santé. Je l'ai vue quelque temps après ce voyage ; elle était aussi alerte, aussi gaie qu'auparavant.

L'histoire de la maladie qui va suivre nous

fournira l'occasion de citer une guérison obtenue
par un voyage fait au même lieu.

De la catalepsie.

La catalepsie est une maladie intermittente,
qui se compose d'attaques pendant lesquelles
la personne qui en est atteinte perd toute espèce
de sensibilité, avec abolition de ses facultés morales et intellectuelles. Une raideur presque insurmontable du tronc et des membres accompagne très-souvent cet état morbide qui simule
jusqu'à un certain point celui de la mort. Beaucoup de cataleptiques offrent cette particularité,
que le tronc et les membres conservent la position qu'on leur donne, lors même qu'elle serait
insupportable un seul instant par un individu à
l'état de santé. Si l'on cherche à faire exécuter
un mouvement à un membre d'un cataleptique,
on y parvient plus facilement en l'élevant, en le
dirigeant vers la tête, qu'en l'abaissant. Une personne frappée d'une attaque de catalepsie a les
traits immobiles, les yeux fixes, dirigés en haut
et en avant. Elle a le plus souvent la respiration

et la circulation affaiblies. On rencontre des cataleptiques chez lesquels, au contraire, ces deux dernières fonctions ont pris de l'activité. Le pouls est dur et vibrant, les artères du cou et de la tête principalement battent avec force. Les accès de cette maladie se répètent à des époques très-variées; ils ont une durée très-courte, de quelques minutes, comme ils peuvent se prolonger pendant plusieurs heures et même plusieurs jours. Après l'accès, les malades ne conservent aucun souvenir de ce qui a pu leur arriver lorsqu'ils étaient aux prises avec le mal.

Il est très-évident que le siége de cette affection est dans le cerveau. On est généralement d'accord sur ce que la cause la plus commune de la catalepsie vient du moral, des sensations vives, des impressions longues et plutôt agréables que pénibles. On trouve dans les auteurs un grand nombre d'observations de cette maladie, qui s'est constamment montrée dans des circonstances singulières. Parmi les cas les plus remarquables, nous citerons celui-ci, extrait des *Annales de la ville de Toulouse*. « En l'an 1415, un religieux, disant la messe dans l'église des Cordeliers de Toulouse, après l'élévation du calice, comme il faisait la génuflexion ordinaire, demeura raide et immobile, les yeux ouverts et élevés vers le ciel.

Le frère qui servait la messe le voyant trop longtemps en cet état, l'ayant secoué plusieurs fois par la chape, il n'en resta pas moins dans la même immobilité. Ceux qui entendaient la messe s'en étant aperçus, il se fit une grande rumeur dans l'église; tout le monde criant au miracle. Mais un médecin, nommé Natalis, s'étant approché du religieux, lui ayant tâté le pouls, dit qu'il n'y avait point de miracle à cela, et que ce *n'était* qu'une maladie de ce moine, fort difficile à guérir. On l'enlève sur cela de l'autel, et on y en met un autre pour achever la messe, ainsi qu'il est ordonné par le rituel; mais à peine celui-ci a-t-il achevé l'oraison dominicale, que le voilà frappé du même saisissement, en sorte qu'il fallut aussi l'emporter. Cependant il fallait achever la messe; tous les moines effrayés osaient à peine regarder l'autel; enfin on en choisit un des plus vigoureux pour l'achever. L'opinion des médecins fut, à l'égard du premier, qu'il avait été surpris dans le moment d'une maladie qu'ils appellent *catalepsie*, et pour le second, que ce pouvait être un effet de la peur et de son imagination blessée. »

Cette affection, sans être très-commune, se rencontre encore assez souvent de nos jours pour que l'on ait l'occasion de l'observer.

Le 13 mai 1835 je fus appelé, sur les cinq heures de relevée, à un village nommé Tapotin, voisin de la ville où j'exerçais la médecine, pour porter des secours à la femme Quoniam, qui était tombée depuis quelque temps sans mouvement et sans connaissance dans le jardin de sa sœur chez qui elle était venue passer la journée. Je me rendis auprès de la malade que je trouvai par terre étendue sur le dos, les yeux fixes dirigés en haut, à moitié fermés, les pupilles dilatées, les membres inférieurs allongés, les supérieurs fléchis sur la poitrine et tous raides dans leur position ainsi que le tronc; il y avait insensibilité complète de la peau, que l'on pouvait pincer et tirailler sans que la femme Quoniam en témoignât la plus petite impression. Les carotides battaient avec une grande force, les veines jugulaires étaient gonflées, la tête, surtout vers le sommet, était très-chaude. La sœur de la malade me rapporta qu'au moment de sortir de la maison pour entrer dans le jardin, l'on parlait de la religion, que la femme Quoniam s'animait visiblement dans la discussion, lorsque arrivée au lieu où elle se trouvait, elle avait élevé les bras vers le ciel en prononçant quelques mots avec volubilité, puis était tombée raide comme elle était là.

Au milieu des phénomènes que présentait la cataleptique, on pouvait distinguer un afflux considérable, extraordinaire du sang vers le cerveau. Je pensai alors qu'une saignée ne pourrait que contrarier, détruire peut-être cet afflux sanguin, et sinon faire cesser l'état cataleptique, du moins diminuer les accidents, la raideur des membres, par exemple, qui rendait difficile le transport de la malade chez elle. Je pratiquai cette opération au bras droit avec beaucoup de difficulté à cause de sa position et de sa raideur. La saignée faite, il y eut une diminutioin sensible dans la rigidité des muscles, on fit asseoir la malade dans un fauteuil et on la transporta ainsi à son domicile, éloigné de là de vingt minutes. Après l'avoir fait placer convenablement dans son lit, je lui mis sur la tête une vessie remplie d'un mélange d'eau de fontaine et de sel de cuisine. La femme Quoniam reprit l'usage de ses sens dans la nuit, et le lendemain matin je la trouvai sans fièvre, se plaignant seulement d'être fatiguée et abattue; elle n'avait aucune souvenance de ce qui venait de lui arriver; elle se leva et passa la journée assez bien. Le soir de ce même jour elle s'entretint de religion avec une de ses amies qui vint lui faire une visite, et elle retomba dans l'état cataleptique. Je fus mandé près d'elle et je constatai cette fois l'existence de l'accès; mais cette fois le pouls était d'une force, d'une fréquence ordinaires; point de gonflement aux jugulaires, ni de battements extraordinaires aux carotides, comme dans la première attaque. La raideur tétanique était moindre; je me bornai à lui faire appliquer de nouveau sur la tête une vessie remplie du même mélange réfrigérant. Au bout de cinq heures elle reprit connaissance; le mercredi et le jeudi de la même semaine elle eut deux nouveaux accès de trois heures environ, combattus par les mêmes moyens; le dimanche suivant, nouvel accès de deux heures dans l'après-midi. Je vis la malade comme elle venait d'en être délivrée; elle me dit qu'elle était convaincue que la tisane et les autres remèdes que je lui prescrivais n'empêcheraient pas le retour de son mal, et que Dieu seul, par l'action du bienheureux Thomas Elie, pouvait l'en délivrer; qu'elle avait pris la résolution de partir dès le lendemain pour Biville. Je ne blâmai point son intention, seulement je l'engageai à différer son voyage de quelques jours; je lui représentai tout l'embarras dans lequel elle s'exposait à mettre les personnes qui l'accompagneraient si elle venait à être atteinte d'un accès pendant ce trajet long (dix lieues), difficile et pénible, puisqu'il se faisait dans un petit chariot non suspendu. Mes observations, ainsi que celles des personnes qui l'entouraient, ne changèrent

point sa résolution. Elle partit le lendemain matin pour Biville, où elle se rendit sans accident.
Elle alla prier pendant quatre ou cinq heures auprès du tombeau de Thomas Elie, puis revint chez
elle. La femme Quoniam n'a plus eu d'accès de
catalepsie depuis ce voyage.

Dans le courant du mois de juin dernier
(1845), je fus requis par M. le commissaire de po-
lice du quartier de la Chaussée-d'Antin à l'effet de
l'accompagner rue de l'Aqueduc, n° 6, où une
dame demeurant seule n'avait pas donné signe
de vie depuis deux jours. On craignait qu'elle
n'eût péri d'une mort subite ou violente : un ser-
rurier qui fut appelé força la porte, le commissaire et moi, ainsi que plusieurs personnes qui se
trouvèrent là, nous pûmes entrer et arriver jusqu'auprès de la dame X., qui sortait d'un accès
de catalepsie et que le grand bruit nécessaire
pour forcer sa porte avait réveillée. Elle avait
l'air hébété, sans souvenance aucune de ce qui
lui était arrivé depuis l'avant-veille au soir qu'elle
s'était mise au lit. Elle ne savait ni combien de
temps elle était restée sans connaissance ni comment elle y était tombée. Elle avait des pesanteurs de tête, des douleurs vives, avec difficulté
de mouvement dans les membres supérieurs; le
pouls était dur et fréquent, les carotides battaient

fortement, la circulation cérébrale était visiblement activée d'une manière extraordinaire. Je jugeai à propos de faire une saignée à cette femme qui était naturellement d'un fort tempérament. Elle nous raconta qu'étant âgée de quinze ans et habitant encore son village, elle avait été atteinte d'une légère indisposition durant laquelle elle était tombée subitement sans connaissance et sans mouvement. Cet état ayant persisté pendant trois jours, ses parents la crurent morte, et firent faire les dispositions pour son enterrement; elle se réveilla lorsqu'on la mettait dans la bière.

Il y a cinq ou six ans, elle habitait la rue de Rivoli; un samedi elle dit à son portier qu'elle partirait le lendemain de grand matin pour la campagne où elle devait rester plusieurs jours. Elle fut se coucher et s'endormit. Le troisième jour seulement elle se réveille, elle reprend ses sens et appelle à son secours. Un médecin qui fut mandé lui pratiqua une saignée, indiquée également par un engourdissement des membres supérieurs et une certaine congestion cérébrale. Il y a tout lieu de croire que les attaques que Mme X. eut rue de Rivoli et rue de l'Aqueduc étaient de la même nature que celle qu'elle avait éprouvée à l'âge de quinze ans et qui, par la perte de la connaissance, de la sensibilité, et par la raideur des membres, avait présenté les caractères de la catalepsie.

Un fait digne de remarque à l'occasion de cette maladie, c'est que dans la nuit qui suivit le jour où je donnais des soins à Mme X., rue de l'Aqueduc, cette personne se leva vers minuit, fit une visite à son propriétaire qui habitait la même maison au premier. Après être restée chez lui environ une demi-heure, elle fut reconduite jusque dans l'escalier qu'elle monta pour aller au troisième où elle demeurait. Dans la même nuit elle descendit sans lumière à la cave, mettre en ordre des bouteilles d'huile qu'elle avait reçues comme échantillons, puis elle était remontée chez elle où elle avait mis du charbon dans les fourneaux ainsi que quelques morceaux de papier devant servir à embraser le charbon. Manquant d'objets propres à faire du feu, elle n'avait pu allumer son fourneau. Le lendemain elle vit, par ce travail à la cave et dans sa cuisine, qu'elle s'était levée pendant la nuit, quoiqu'elle n'en conservât aucun souvenir.

Le désordre qui existait encore alors dans le cerveau ne produisait plus la catalepsie, mais le somnambulisme, affection qui a également son siége dans cet organe et qui, comme nous l'avons vu plus haut, est également fort digne de l'attention et de l'étude de ceux qui désirent connaître les phénomènes sains ou morbides que présente l'homme dans le cours de la vie.

De l'extase.

—

On dit qu'une personne est en extase lorsque, sous l'influence d'un sentiment de ravissement extrême, elle reste sans mouvement et plus ou moins complétement jnsensible à ce qui l'entoure. Des auteurs ont expliqué cet état du cerveau en l'attribuant à une accumulation (1), à un croupissement (2) du fluide nerveux dans cet organe. Pour nous, nous nous bornons à décrire l'extase dans ses symptômes sans en donner l'explication. Elle serait, comme celles qui existent déjà, fondée sur de pures suppositions, puisque aucun fait patent n'autorise de pareilles définitions.

L'extase diffère de la catalepsie en ce que dans la maladie qui précède il y a cessation complète des facultés intellectuelles, et que dans celle-ci il y a concentration de ces mêmes facultés sur un

(1) Cabanis.
(2) Tissot.

objet qui les occupe exclusivement. Cet objet est ordinairement de la plus grande importance pour le bonheur des personnes chez lesquelles il occasionne l'extase : l'idée de jouir un jour de la présence de Dieu dans le ciel, les élans d'amour divin qui accompagnent cette pensée, l'habitude de la méditation, la vie contemplative et ascétique, sont les causes les plus communes de ce phénomène, classé parmi les maladies, à cause du trouble qu'il amène dans les fonctions du corps.

Voici comment sainte Thérèse, qui fut sujette pendant longtemps à l'extase, en décrit les effets: « On éprouve, dit-elle, une sorte de sommeil des puissances de l'âme, de l'entendement, de la mémoire et de la volonté, dans lequel, encore qu'elles ne soient pas entièrement assoupies, elles ne savent comment elles opèrent; on éprouve une espèce de volupté qui ressemble à celle que pourrait sentir une personne agonisante ravie de mourir dans le sein de Dieu. L'âme ne sait alors ce qu'elle fait, elle ignore même si elle parle ou si elle se tait, si elle rit ou si elle pleure; c'est une heureuse *extravagance*, c'est une céleste *folie*, dans laquelle elle s'instruit de la véritable sagesse d'une manière qui la remplit d'une inconcevable consolation. Peu s'en faut alors qu'elle ne se sente entièrement défaillir; elle est comme évanouie, à peine peut-elle respirer ; toutes les forces corporelles sont si affaiblies qu'il lui faudrait faire un grand effort pour pouvoir remuer seulement les mains. Les yeux se ferment d'eux-mêmes, et, s'ils demeurent ouverts, ils ne peuvent pas distinguer les objets ni les assembler, parce que l'esprit n'agit point alors ; et si on parlait à cette personne, elle n'entendrait rien de ce qu'on lui dirait ; elle tâcherait en vain de parler, parce qu'elle ne saurait ni former ni prononcer une seule parole. Toutes les forces extérieures l'abandonnent, et celles de son âme s'augmentent pour pouvoir mieux posséder la gloire dont elle jouit. — Arrivée au plus haut degré de cet état, elle reprenait ensuite ses sens intérieurs, entendait Dieu ou Jésus-Christ ou les anges qui lui parlaient et tenaient avec elle des conversations suivies, dont elle rapporte plusieurs exemples. Après une demi-heure ou une heure d'un état analogue, elle sortait de ce ravissement et se trouvait tout en larmes, comme pour se plaindre, dit-elle, de voir lui échapper le bonheur dont elle avait joui. Quelquefois sentiment de faiblesse ou de fatigue, le plus souvent bien-être au physique comme au moral, d'autant plus marqué que l'accès avait été précédé de malaise et d'inquiétude; l'appétit nul ou peu prononcé. » (*Vie de sainte Thé-*

rèse écrite par elle-même, traduction d'Arnauld d'Andilly.)

Il y a, dans ce que sainte Thérèse rapporte plus haut de l'extase, quelque chose qui ne s'accorde pas avec l'observation. C'est lors qu'elle dit qu'après l'accès *il y a le plus souvent un bien-être au physique comme au moral, d'autant plus marqué que l'accès a été précédé de malaise et d'inquiétude.* Les extatiques sortant de leurs accès sont habituellement brisées dans toutes les parties du corps, elles accusent un grand mal de tête, avec une certaine confusion dans leurs idées. Sainte Thérèse offre par elle-même, comme extatique, quelque chose d'extraordinaire à noter si elle était telle qu'on la représente, c'est-à-dire d'une belle constitution, avec tous les signes de la santé; tandis que les femmes sujettes à l'extase sont toujours maigres, chétives, maladives, et à la longue finissent par être attaquées de quelque maladie occasionnée par les grandes fatigues qu'a produites chez elles la répétition des accès extatiques. J'ai donné des soins à une jeune personne, pensionnaire d'un couvent, pour un état de souffrance à peu près général, qu'elle attribuait aux ravissements, à l'extase qu'elle éprouvait à la lecture d'un livre de piété qui lui avait été donné par son confesseur. Etant convaincue que la cause de la perte de sa santé venait de là, elle avait d'elle-même cessé ces lectures, mais trop tard pour éviter la maladie pour laquelle je l'ai traitée. Une fois qu'une personne est tombée en extase sous l'influence d'une cause quelconque, elle y retombera très-facilement de nouveau; il est donc de toute nécessité d'éloigner ces causes, de déplacer des pensées trop fortement et trop longtemps fixées sur des sujets que l'on sait propres à produire l'extase. Les plaisirs que les personnes impressionnables, comme les extatiques, trouvent dans les voyages, sont un véritable garant du bon effet que ceux-ci doivent produire contre les accidents. C'est, à notre avis, le seul véritable remède à employer. Il agit physiquement et moralement; physiquement, en mettant le corps dans une situation favorable, c'est-à-dire, à l'action d'un air souvent renouvelé, à une nourriture nouvelle et variée; il agit moralement, en offrant aux yeux une foule d'objets plus ou moins curieux, mais toujours nouveaux, et qui se succèdent si rapidement que l'esprit n'a que le temps d'en être impressionné sans avoir celui de s'y appesantir. Il faut donc faire voyager les extatiques.

Du cauchemar (incube).

—

Le cauchemar est une véritable maladie du sommeil, appelée aussi *asthme nocturne*. Une personne qui a le cauchemar se sent horriblement suffoquée, elle croit qu'on lui presse impitoyablement la gorge, ou qu'elle a sur la poitrine un poids énorme ou une bête monstrueuse qui l'empêche de respirer. Elle se voit tomber dans un précipice d'une profondeur extraordinaire, elle est poursuivie par une bête féroce, un serpent, lorsqu'elle se sent dans l'impossibilité de s'éloigner. A ces idées effrayantes se joint un grand désir de se réveiller, d'appeler du secours, sans le pouvoir. L'accès finit ordinairement par le réveil en sursaut, et laisse après lui une impression de terreur, une pesanteur de tête, et une grande fatigue générale : il y a souvent des sueurs copieuses et un mouvement fébrile. Les personnes qui sont aux prises avec un cauchemar font quelques mouvements convulsifs faciles à reconnaître par un spectateur. On rapporte qu'un homme, bien portant d'ailleurs, qui éprouvait depuis deux mois des attaques de cauchemar toutes les fois qu'il lui arrivait de dormir sur le dos, fit coucher dans son lit un domestique ; aussitôt que celui-ci s'apercevait que son maître éprouvait une attaque de cauchemar, il le retournait sur le côté. Ce procédé ne manquait jamais de faire cesser l'accès sur-le-champ. Mme X., marchande de parapluies, rue Notre-Dame-de-Lorette, à Paris, est sujette à de fréquentes attaques de cauchemar, qui la fatiguent et même la rendent souffrante pendant plusieurs jours à la suite de ces accès. Elle a le sentiment, tout en dormant, qu'elle va en être prise. Alors elle peut, quoique avec beaucoup de difficultés, toucher un peu son mari qui s'empresse de la remuer et de lui parler pour la réveiller.

Ce sont ordinairement les personnes nerveuses ou dont la tête est fatiguée ou affaiblie, qui offrent des exemples de cette maladie. Des histoires de revenants, des contes effrayants rapportés devant des esprits faibles, sans instruction, peuvent donner lieu à des cauchemars. On aurait peine à croire à la vérité au fait que l'on va lire, s'il n'était consigné dans les Mémoires de la Faculté de médecine de Paris par le docteur Laurent, qui en a été témoin oculaire. Voici ce qu'il rapporte :

« Le premier bataillon de Latour-d'Auvergne, dont j'étais chirugien-major, se trouvant en garnison à Palmi en Calabre, reçut l'ordre de partir à minuit de cette résidence pour se rendre en toute diligence à Tropea, afin de s'opposer au débarquement d'une flottille ennemie qui menaçait ces parages. C'était au mois de juin. La troupe avait à parcourir près de quarante milles du pays ; elle partit à minuit et n'arriva à sa destination que vers sept heures du soir, ne s'étant reposée que peu de temps et ayant souffert considérablement de l'ardeur du soleil. Le soldat trouva en arrivant la soupe faite et les logements préparés. Comme le bataillon était venu du point le plus éloigné et était arrivé le dernier, on lui assigna la plus mauvaise caserne, et huit cents hommes furent placés dans une vieille abbaye abandonnée, qui dans les temps ordinaires n'en aurait logé que la moitié. Ils furent entassés par terre sur de la paille, sans couvertures ; ils ne purent par conséquent se déshabiller. Les habitants nous prévinrent que le bataillon ne pourrait conserver ce logement, parce que toutes les nuits il y revenait des esprits, et que déjà d'autres régiments en avaient éprouvé le malheureux effet. Nous ne fîmes que rire de leur crédulité ; mais quelle fut notre surprise d'entendre à minuit des cris épouvantables retentir en même temps dans tous les coins de la caserne, et de voir tous les soldats se précipiter dehors et fuir épouvantés ! Je les inter-

rogeai sur le sujet de leur terreur, et tous me ré-
pondirent que le diable habitait dans l'abbaye,
qu'ils l'avaient vu entrer par une ouverture de la
porte de leur chambre, sous la forme d'un très-
gros chien à longs poils noirs, qui s'était élancé
sur eux, leur avait passé sur la poitrine avec la
rapidité de l'éclair, et avait disparu par le côté
opposé de celui par lequel il s'était introduit.
Nous nous moquâmes de leur terreur panique,
et nous cherchâmes à leur prouver que ce phénomène dépendait d'une cause toute simple et toute
naturelle, et n'était qu'un effet de leur imagination trompée. Nous ne pûmes ni le leur persuader
ni les faire rentrer dans la caserne. Ils passèrent le
reste de la nuit dispersés sur le bord de la mer
et dans tous les coins de la ville. Le lendemain
j'interrogeai les sous-officiers et les plus vieux
soldats : ils se déclarèrent inaccessibles à toute espèce de crainte, et sans foi dans les revenants,
mais ils voulurent me persuader que la scène de
la caserne n'était pas un effet de l'imagination;
mais bien de la réalité, qu'ils avaient bien vu le
chien sur leur poitrine les étouffer. Nous séjour-
nâmes tout le jour à Tropea, et la ville étant pleine
de troupes, nous fûmes forcés de conserver le
même logement; mais nous ne pûmes y faire coucher les soldats qu'en leur promettant d'y pas-

ser la nuit avec eux. Je m'y rendis en effet à onze heures et demie du soir avec le chef de bataillon; les officiers s'étaient par curiosité dispersés dans chaque chambre. Nous ne pensions guère voir se renouveler la scène de la veille : les soldats, rassurés par la présence de leurs officiers qui veillaient, s'étaient livrés au sommeil, lorsque vers une heure du matin, et dans toutes les chambres à la fois, les mêmes cris de la veille se renouvelèrent, et les hommes qui avaient vu le même chien leur sauter de nouveau sur la poitrine, craignant d'en être étouffés, sortirent de la caserne pour ne plus y rentrer. Nous étions debout, bien éveillés, et au guet pour bien observer ce qui se passerait, et, comme on pense, nous ne vîmes rien paraître.

«La flottille ennemie ayant repris le large, nous retournâmes le lendemain à Palmi. Nous avons, depuis cet événement, parcouru le royaume de Naples dans tous les sens et dans toutes les saisons; nos soldats ont été souvent entassés de la même manière, et jamais ce phénomène ne s'est reproduit. »

Le cauchemar souvent répété fatigue et use le corps et dispose aux dérangements de l'esprit, à l'épilepsie, à l'apoplexie, à la mort subite. On a vu, sous l'influence d'un cauchemar, le cœur d'un anévrysmatique se briser et la mort s'ensuivre.

J'ai eu l'occasion d'observer ce fait sur un homme jeune encore, et dont l'affection du cœur était peu avancée.

Il est prudent d'empêcher le retour de ces accès destructeurs ; les voyages doivent être employés avantageusement pour cet effet.

De l'aliénation mentale.

—

Si un homme est atteint d'un délire général, qu'il déraisonne sur tous les objets dont il s'occupe, et cela dans une grande agitation, avec accès de fureur, on le dit frappé de cette espèce d'aliénation mentale appelée manie. Les maniaques sont toujours portés à agir, à détruire ; en voyant leur figure bouleversée, leurs yeux brillants, mobiles et enflammés, on dirait qu'il y a dans leur tête quelque excitateur malfaisant qui, leur ayant fait oublier toute loi, toute morale, toute affection, les pousse à faire le mal, Méchants, haïssant tout le monde, et hostiles à ceux qui les entourent, ils se portent fort souvent sur eux aux excès les plus terribles. La femme naguère la plus douce, la meilleure des mères de famille, atteinte de manie, n'épargne plus, dans sa fureur, son mari, ses enfants. Elle frappe, elle égorge, tout le temps qu'elle trouve à assouvir son besoin de détruire. Cette forme de l'aliénation mentale est rarement continue; elle se montre ordinairement par accès plus ou moins longs, qui se terminent par la résolution, le retour à la raison, ou bien par la démence. On appelle ainsi l'oblitération complète de l'intelligence. Une personne en démence ne perçoit plus convenablement les objets, n'en saisit plus les rapports et ne conserve pas un seul instant l'effet qu'ils produisent sur elle. Un maniaque dans sa fureur a des idées qui se lient encore, tandis que l'homme en démence articule des mots sans suite, sans rapports, ou il grogne sans cesse les mêmes mots, ou il pousse des cris de demi-heure en demi-heure, ou bien encore il rit sans cesse. Avec la perte de l'intelligence, il a en grande partie également cessé de sentir d'une manière normale les impressions que les corps extérieurs devraient faire sur le sien. Il supporte facilement, sans vêtements aucuns, le froid de nos hivers. Sa peau accuse alors une chaleur naturelle. Il se frappe violemment contre les murailles, il se fait d'énormes blessures sans donner le plus petit signe de douleur. On en a vu qui portaient l'insensibilité physique jusqu'à se mordre les doigts, ou bien à tourmenter, agrandir sans cesse une plaie saignante. Succédant souvent à la manie, plus rarement à la monomanie, et arrivant quelquefois subitement sans mal précurseur, cette affection est en général sans remède.

La monomanie, ou mélancolie avec délire partiel, est un état morbide dans lequel sont tombées les personnes qui parlent juste sur tous les objets dont elles s'occupent, mais cessent de voir selon la saine raison aussitôt qu'il est question de certains sujets de conversation, au nombre ordinairement d'un ou de deux. Leurs discours, à cette occasion, sont suivis; mais fondés sur des erreurs, sur de fausses perceptions. La manie, la perte de la raison complète a principalement sa source dans les facultés intellectuelles; la monomanie viendrait plutôt des facultés affectives bouleversées. L'on voit cependant des monomaniaques dont le désordre a pour cause le premier objet venu. Parmi ces fous, qui d'ailleurs en général se tiennent et se conduisent convenablement, on en voit qui déraisonnent aussitôt qu'ils parlent de poison, si leur monomanie a pour trait l'empoisonnement; ils délirent également lorsqu'il est question de religion si ce sujet est la cause de leur mal. On peut fréquenter longtemps un monomaniaque sans se douter qu'il est fou, l'occasion ne s'étant point présentée de toucher le sujet du délire. Il y en a cependant qui ne restent pas longtemps sans faire connaître leur idée fixe : l'un s'empresse de vous dire qu'il est devenu millionnaire par suite d'un heureux jeu de bourse, l'autre est général, empereur, Dieu, etc. A ce genre de folie il se joint souvent des hallucinations; ainsi, tel maniaque qui aime une personne croit quelquefois en reconnaître les traits sur un mur qu'il couvre de baisers; un autre, dans sa jalousie délirante, voit un rival partout, et des causes de son désespoir dans tout ce qui l'entoure.

M. Foville rapporte qu'étant à la tête de l'établissement des aliénés de la Seine-Inférieure, il y avait soigné un monomaniaque qui croyait avoir le diable dans le ventre. Cet homme chercha longtemps comment le diable pouvait y être entré, et finit par s'arrêter à l'idée que son père l'avait vendu au diable, par-devant notaire, moyennant la somme de 1,200 fr. Il est vrai, ajoute ce médecin, qu'avant de tomber malade, ce jeune homme avait accompagné son père chez un notaire où ils trouvèrent un étranger qui remit au père du

malade la somme de 1,200 fr., et disparut ensuite en cabriolet. C'était par un temps fort
chaud; le jeune homme prit, en sortant de l'é-
tude du notaire, quelques verres de mauvais cidre, éprouva dans le ventre des douleurs qui ne
l'ont pas quitté depuis; et c'est à cette occasion
qu'il a conçu l'idée d'avoir le diable dans le ventre. On trouve dans le *Dictionnaire de médecine
et de chirurgie pratiques* l'histoire d'une monomaniaque qui se plaignait sans cesse de douleurs
atroces dans le ventre, qu'elle disait lui être
occasionnées par une anguille vivant là aux dé-
pens de ses entrailles. Un médecin qui avait essayé, pendant plusieurs années, d'une infinité de
moyens de la guérir de sa cruelle monomanie,
lui proposa enfin de lui ouvrir le ventre et d'en
extraire l'animal qui lui causait ses tourments.
Elle accepta. Le chirurgien fit mettre une anguille
vivante dans les linges qui devaient servir au
pansement. Après avoir pris entre ses doigts une
portion de la peau du ventre de la malade, il la
plia et tira en avant, puis la transperça d'un
coup de bistouri qu'il tenait de l'autre main;
alors il saisit le linge qui contenait l'anguille, et,
sans que la malade s'en aperçût, il l'introduisit
dans la plaie en priant la patiente de l'en tirer
elle-même ; ce qu'elle exécuta à sa grande satis-

faction. Cette personne fut ainsi complétement guérie de sa monomanie.

Il ne nous reste plus, pour avoir relaté les principales divisions de l'aliénation mentale, qu'à parler de l'idiotie. Cet état est le même que la démence, avec cette différence qu'il est naturel à l'être chez lequel on l'observe, tandis qu'il est acquis dans l'autre espèce. On naît idiot, et la démence vient faire perdre la raison.

Les maladies mentales sont souvent accompagnées de désordres dans les mouvements; on le conçoit facilement, puisque la source des mouvements, la volonté qui y préside, sont dans le cerveau. Elles peuvent encore être compliquées d'hémiplégies, de paraplégies, etc.

Les climats froids donnent moins de fous que les climats tempérés, et ceux-ci également moins que les pays chauds; mais la civilisation, avec les efforts d'intelligence qu'elle nécessite, est en première ligne la cause de la démence, de la manie et de la monomanie. L'idiotie se trouve principalement dans les lieux bas et humides. Les saisons chaudes donnent naissance aux manies, et les saisons humides et brumeuses aux monomanies. L'influence de la lune paraît n'être pour rien dans le développement des maladies mentales, quoique pendant longtemps on ait cru le contraire. Les agitations générales qui ont lieu à certaines époques dans les établissements d'aliénés ne correspondent nullement à des phases de cet astre. Le tempérament sanguin est la constitution la plus fréquente chez les maniaques, et les monomaniaques sont le plus souvent d'un tempérament bilieux. Le tempérament lymphatique prédomine chez les idiots et les imbéciles.

Il y a plus de célibataires atteints de maladies mentales que de personnes mariées. En France, il y a plus de folles que de fous; le contraire existe en Allemagne.

M. X., receveur des contributions directes dans le département de la Manche, reçut un jour une lettre du préfet de ce département, qui lui demandait compte d'une somme par lui touchée, et dont il n'avait pas fait le placement selon le vœu de la loi. M. X., qui avait joui jusque-là d'une réputation d'exactitude et de probité à mériter de l'avancement, éprouva une vive et pénible émotion en prenant connaissance de la missive du préfet. Pendant huit jours il fut en proie aux plus sombres pensées, et peu à peu il arriva à se figurer qu'il était un homme perdu, ayant forfait à l'honneur. Il prit la résolution de se brûler la cervelle. Un dimanche, pendant que sa famille était à l'église, il fit ses dispositions pour se tuer d'un coup de fusil. Déjà il tenait à sa main la ficelle qu'il allait attacher à la languette de son arme, lorsqu'un de ses amis entra chez lui et y resta jusqu'au moment de se mettre à table. M. X., qui tenait à se tuer ce jour-là, dit en dînant qu'il était obligé de partir aussitôt après le repas pour Saint-Lô, où l'appelaient des affaires d'administration. En effet, il prit la diligence qui vint à passer, en promettant de revenir le lendemain. Son projet était de quitter la voiture dans le trajet et de mettre fin à ses jours avec des pistolets dont il s'était muni. Mais les voyageurs qui se trouvèrent en voiture avec lui étaient gais, une agréable conversation s'établit bientôt, et de là une espèce de société qui le mena vingt lieues plus loin qu'il ne devait aller. Pendant ce temps, la femme de M. X. avait été dans le bureau de son mari, et y avait vu son testament et quelques lignes qui lui apprenaient la triste fin qu'il avait déjà dû faire. Elle se livrait au plus grand désespoir, lorsqu'elle reçut une lettre dans laquelle son mari lui annonçait avoir changé de résolution, et qu'il allait s'embarquer pour l'Amérique, avec l'espérance de la revoir un jour, ainsi que ses enfants. Elle vint me faire part de sa triste position, et me pria d'aller à la recherche du fugitif dont j'étais le médecin. Je pris aussitôt la poste en me dirigeant vers la ville d'où était partie la lettre qu'il avait adressée à sa femme. Arrivé là, je pus acquérir la certitude qu'il avait gagné un port de mer où je me rendis le plus promptement qu'il me fut possible. Je l'y rejoignis sur le point de s'embarquer. Après l'avoir convaincu que ses affaires étaient arrangées et parfaitement en ordre, je le décidai à me suivre pour retourner dans sa famille, à laquelle je le rendis quatre jours après que je l'avais quittée. Son aventure fut connue de peu de monde, et il continua d'exercer les fonctions de percepteur pendant six ans. Au bout de ce temps, il est tombé dans une mélancolie profonde accompagnée de mouvements convulsifs très-appparents, et sous cette influence il s'est suicidé. Ce sont certainement les heureux effets des voyages qui firent abandonner à M. X. son premier projet de suicide. L'agréable compagnie qu'il trouva en voiture, la vue d'objets toujours nouveaux, l'arrachèrent à sa monomanie et finirent par lui faire encore une fois aimer la vie.

On trouve dans les auteurs beaucoup d'exemples d'aliénations mentales guéries par l'effet de voyages entrepris dans ce but sur terre ou sur mer.

M. Foville rapporte (1) que M. Esquirol lui a parlé d'un riche habitant des Pays-Bas, sujet à une folie intermittente dont les accès revenaient régulièrement à l'automne. M. Esquirol lui conseilla de faire, pendant quelques années, aux approches de cette saison et pendant sa durée, un voyage en Italie. Ce moyen réussit complétement. Il procura une guérison solide.

Les médecins de tous les temps et de tous les lieux ont pensé qu'il était bon de faire voyager les personnes atteintes de maladies mentales, lorsque ces dernières le permettent. Avant que la médecine fût une science, et dans ces temps où les remèdes étaient dictés par les vieillards ou les personnes les plus habiles à donner des conseils dans les maladies, on faisait voyager les aliénés. Avant l'origine de la médecine grecque, dans les temps de splendeur de l'ancienne Égypte, il y avait aux extrémités de cette contrée, deux temples dédiés à Saturne, où les mélancoliques avec délire se rendaient en foule chercher une guérison qu'ils y obtenaient souvent.

Quoique les voyages soient aussi des remèdes excellents pour rétablir l'ordre et l'harmonie dans les facultés intellectuelles, il y a cependant des

______

(1) *Dictionnaire de médecine et de chirurgie pratiques*, article ALIÉNATION MENTALE.

cas pour lesquels ils sont contraires aux personnes dont ces facultés sont troublées. C'est lorsque l'aliénation mentale tient à une irritation du cerveau occasionnée par une lésion de cet organe. Ici les excitants doivent être évités, et les voyages excitent, comme nous l'avons dit, le cerveau. En voici un exemple :

Un gendarme de la ville de Paris reçut sur la tête un coup de sabre, qui partagea le coronal en deux parties à peu près égales depuis la racine du nez jusqu'à la suture sagittale. La matière qui a succédé à cette plaie était enfoncée, les rebords de l'os divisé semblaient réunis seulement par des parties molles; quelques points fistuleux s'ouvrirent et se fermèrent de temps à autre sur le trajet de la blessure sans empêcher cet homme de faire exactement son service.

Deux ans s'étaient ainsi écoulés, lorsqu'au printemps de 1826, le blessé fut obligé de rester une journée entière exposé au soleil, et de se fatiguer beaucoup en servant d'ordonnance. Le lendemain il se plaignait de douleurs frontales, et ne put s'acquitter de ses devoirs ordinaires. Presque aussitôt il se persuade qu'il vient de passer à un conseil de guerre, et qu'il est condamné à être fusillé. Toutes les personnes qu'il voit rassemblées en certain nombre deviennent pour lui autant de soldats armés, chargés de son exécution. Il va même jusqu'à se préparer à subir son prétendu jugement, et ne sollicite d'autre grâce que celle de n'être point manqué. Conduit le troisième jour au Val-de-Grâce, les mêmes idées l'y poursuivent. Il n'est occupé, durant la journée de son entrée et la nuit suivante, qu'à commander le feu, prenant les autres malades et les infirmiers qui l'entourent pour le détachement chargé de son exécution. A la visite du matin, il dit au médecin et aux élèves qu'il sait ce qu'ils veulent; puis, plaçant la main sur son cœur, il se met dans la position d'un homme qui attend le dernier coup. Cependant il répond juste à toutes les questions, rappelle exactement ce qu'il a fait il y a plusieurs jours, et ne demande d'ailleurs que des choses raisonnables.

Guidé par les détails rapportés plus haut, on considère la maladie comme le résultat d'une irritation de la partie antérieure du cerveau. Quinze sangsues sont appliquées sur le front; les piqûres coulent abondamment pendant toute la journée. Le soir, le malade est tranquille; la raison renaît, et le surlendemain, il sort de l'hôpital pour reprendre aussitôt ses fonctions (1).

(1) Cette observation est tirée de l'excellent ouvrage sur les plaies de tête, par le docteur Gama, chirurgien en chef des armées.

Evidemment il y avait ici aliénation mentale tenant à une irritation cérébrale, à la guérison de laquelle les voyages auraient été nuisibles, comme dans tous les cas analogues.

MALADIES MENTALES.

Des hallucinations.

Parmi les personnes qui éprouvent de fausses impressions, c'est-à-dire qui croient voir, entendre, sentir, toucher, ou goûter des objets tout à fait imaginaires, les unes doivent la cause de ces phénomènes morbides à une altération de l'organe du sens qui perçoit et qui doit transmettre la sensation au cerveau; ces malades jugent alors eux-mêmes leur mal. L'un reconnaît que les propos injurieux dont il est poursuivi ne sont que le résultat d'un désordre de l'audition; il se bouche les oreilles et il n'entend plus rien. Un autre, qui a une affection de l'organe de la vue, ferme les yeux, et ne voit plus ces spectres effrayants qu'il aperçoit sans cesse autour de lui lorsqu'il a les yeux ouverts; dans ces cas, le cerveau est sain. Mais si ces fausses perceptions ont lieu lorsque les sens qui les procurent n'agissent point, si les malades entendent les oreilles étant bouchées, et voient, les yeux fermés, les objets de leurs tourments, il y a tout lieu de croire que les organes des sens ne sont point affectés, et il est certain que celui de l'intelligence est lui-même malade. Ceux qui sont alors poursuivis de ces hallucinations ne sont plus à même d'apprécier la valeur de ce qui les affecte. Ils ont perdu la raison.

M. J..., après avoir soutenu sa thèse de docteur en médecine à Paris, alla s'établir dans une petite ville de province. Sa clientelle, alors peu nombreuse, lui permit de consacrer la plus grande partie de son temps à l'étude de la littérature qu'il a toujours aimée. Il menait ainsi une vie sédentaire, lorsqu'il fut atteint d'une hallucination très-prononcée. Il croyait voir et entendre sur le seuil de sa fenêtre un petit chien aboyant constamment et d'une force à lui occasionner l'effet le plus pénible. Ces hallucinations n'étaient pas perpétuelles, elles revenaient à des intervalles plus ou moins éloignés; elles duraient depuis deux à trois jours jusqu'à quinze. Si M. J... recevait une visite qui lui fît une forte impression, alors qu'il était ainsi malade, il était tout entier à la conversation qui s'établissait, il cessait d'entendre le petit chien; mais si l'impression venait à cesser, il entendait de nouveau son tourment.

Dans ces circonstances il fut habiter son village où, dès en arrivant, on le consulta souvent et où il fut appelé à donner des soins aux malades des environs : il montait à peu près chaque jour à cheval. Au bout de quelque temps il n'entendit plus le petit chien. Je me suis entretenu plusieurs fois avec lui de sa maladie depuis qu'elle l'a quitté, il m'a assuré qu'il devait sa guérison aux voyages fréquents qu'il fit à la campagne étant malade.

Il est d'observation que tous les hallucinés, livrés à eux-mêmes, souffrent beaucoup plus dans le silence, la solitude, renfermés, que lorsqu'ils ont des sujets de distraction. On doit leur conseiller avec confiance les voyages, qui ne peuvent qu'avoir un bon résultat.

De la mélancolie.

On entend dans le monde, par le mot mélancolie, un état habituel de tristesse qui n'est point, à proprement parler, une maladie.—Il y a absence de souffrance et de douleurs. Les mélancoliques, sans avoir de cause de chagrin, ne prennent aucunes distractions et mènent une vie presque solitaire. Sans déraisonner sur quelque sujet que ce soit, ils imprègnent cependant leurs discours de la teinte de tristesse dont ils sont pénétrés. Cette disposition de l'âme est liée ordinairement à une constitution nerveuse, délicate, impressionnable. Elle est plus souvent observée chez les jeunes gens que chez les hommes faits, et rarement chez les femmes, où elle est alors d'une courte durée.

La mélancolie prolongée fatigue les organes et engendre des maladies nerveuses, des monomanies. Il importe donc d'y porter un remède prompt et efficace. On le trouve en faisant des voyages dans des pays élevés, où le ciel est beau et l'air vif. La tristesse habite les lieux bas et humides, les pays brumeux, comme l'Angleterre. Il sera bon d'éviter ces contrées, en voyageant pour chasser la mélancolie.

Du collapsus.

On donne le nom de collapsus à un état du cerveau dans lequel cet organe cesse momentanément de pouvoir exercer ses fonctions intellectuelles dans toute leur plénitude accoutumée.

Les individus qui en sont atteints se plaignent de ne plus pouvoir assembler leurs idées, la mémoire leur fait défaut, tout travail leur est impossible, quelquefois ils ne peuvent même suivre une conversation ayant pour sujet des choses qui leur sont ordinairement très-familières. Les travaux de cabinet, les méditations profondes sur des sujets propres à fatiguer l'esprit, l'abus des plaisirs sont les causes les plus communes du collapsus.

On classe ordinairement cette affection dans les maladies tenant à une cause de faiblesse et comme ayant besoin de stimulants pour être guérie. Je n'ai jamais observé de collapsus qui ait été de cette nature, et je ne pense pas qu'il en existe. De ce que beaucoup de personnes qui sont sous l'influence de ce mal disent qu'elles sont d'une faiblesse extrême, qu'elles sont incapables de tout travail intellectuel, qu'elles ne mangent et ne digèrent que difficilement, est-ce à dire pour cela que la maladie soit due à la faiblesse? De ce que celui qui a une gastrite aiguë ne digère point, faut-il en conclure qu'il a besoin de toniques? Le collapsus tient plutôt, selon moi, à un engorgement des vaisseaux du cerveau qui compriment et gênent cet organe; c'est un trop-plein occasionné par l'activité, le travail qui ont lieu dans cette partie, et la cause qui produit cet état peut bien être en même temps la cause de la faiblesse du reste du corps. Ainsi, les veilles prolongées, les travaux d'esprit surexcitent le cerveau et le débilitent, fatiguent les organes de la poitrine et du ventre.

Du reste, les médecins qui considèrent le collapsus comme une maladie due à la faiblesse, et qui ont ordonné des stimulants cérébraux pour la guérir, ont été bientôt forcés de les faire abandonner à leurs malades qui, sous l'influence de ces remèdes, venaient à éprouver des vertiges, des étourdissements, avant-coureurs d'une attaque d'apoplexie ou d'une désorganisation lente du cerveau. Les moyens les plus convenables pour faire disparaître le collapsus, sont la cessation de toute contention d'esprit et l'usage des promenades à la campagne. On doit, dans cette circonstance, s'abstenir des longs voyages qui ne feraient qu'augmenter l'afflux du sang au cerveau.

❖

De l'épilepsie, haut-mal, mal caduc.

Une personne pousse un cri, tombe sans connaissance en faisant des mouvements convulsifs;

l'écume lui sort par les coins de la bouche qu'elle ouvre pour laisser sortir la langue extraordinairement gonflée, et que les dents éraillent profondément au passage; la face devient livide sous l'influence d'une effrayante congestion qui a lieu vers la tête. La respiration étant suspendue, une asphyxie prochaine paraît inévitable, lorsque peu à peu la langue diminue de grosseur et rentre dans la bouche, l'air pénètre dans les poumons et tout le cortége des phénomènes effrayants disparaît pour faire place à un abattement, à une stupidité qui durent quelques heures ou quelques jours, puis la personne qui a éprouvé ces accidents reprend l'exercice de sa vie comme auparavant : elle a été atteinte du mal épileptique, de haut-mal. Si la durée de l'accès est d'une certaine longueur, un besoin impérieux de respirer fait faire des mouvements brusques à la poitrine, un peu d'air y pénètre avec grand bruit et est aussitôt rejeté avec des mucosités écumeuses; mais si la turgescence des parties continue, l'air ne peut point y entrer en quantité suffisante, alors l'épileptique, la figure livide, la langue remplissant la bouche, meurt asphyxié. On appelle accès épileptiformes ceux qui sont composés seulement de la perte de connaissance pendant moins d'une minute, avec relâchement de tous les muscles du

congestion sanguine qui a lieu vers le cerveau pendant les accès, et ils se sont fondés sur les épanchements sanguins et les traces de congestion sanguine rencontrés dans des cerveaux de personnes mortes pendant les accès. Mais comment alors expliquer les accès chez les épileptiques morts soit par accident, soit par l'effet d'une autre maladie, et chez lesquelles on ne trouve point de lésion dans l'organe cérébral? La cause de l'épilepsie est, à mon avis, dans un état morbide, une perturbation d'une partie du cerveau qui est ainsi affecté périodiquement, sans qu'il soit d'abord matériellement malade. C'est par suite de ce désordre convulsif que le sang y est attiré avec violence et qu'il y produit ces lésions anatomiques plus ou moins étendues et qui, venant à persister durant la vie du sujet, servent à expliquer les dérangements que l'on voit survenir dans les facultés intellectuelles de beaucoup d'épileptiques. L'afflux extraordinaire du sang au cerveau n'est point la cause, mais l'effet de l'épilepsie. J'ai traité des épileptiques dont l'état ne m'a point suggéré l'idée de leur faire une saignée; j'en ai vu d'autres dont les accès se prolongeaient tellement avec menace d'asphyxie, que je n'ai pu alors m'empêcher de recourir à cette opération.

M. ***, riche propriétaire, âgé d'environ cinquante ans, d'un tempérament sanguin, n'ayant jamais été malade, éprouvait, dans la dernière quinzaine de mai 1835, une pesanteur de tête, un assoupissement avec chaleur à la figure, dont il était incommodé. Il partit le 31 du même mois, de grand matin, pour se rendre à une foire qui se tenait à vingt kilomètres de chez lui. Il arriva vers six heures sur le champ de foire où j'arrivais également. En descendant de cheval, il tomba sur la tête. Je m'empressai de lui porter secours. Il avait la figure tuméfiée, violette, la langue noire, sortant de la bouche qu'elle remplissait outre mesure, le cou gonflé, les membres raides, le pouls dur et fréquent. Cet état se prolongeant, je lui fis une saignée au bras droit. Il me parut que la sortie du sang de la veine amena une diminution dans la turgescence des parties et qu'elle contribua à rappeler l'ordre dans les fonctions de la vie. Le malade ayant repris connaissance, hébété, étourdi, fut porté sous la tente d'un marchand. Il y était assis depuis quelques instants, lorsqu'il poussa un cri, se raidit et tomba par terre à la renverse sans connaissance : il avait une deuxième attaque d'épilepsie. L'accès me parut encore une fois trop se prolonger, les symptômes de l'asphyxie augmentant toujours, j'ouvris une veine du bras sur lequel je n'avais point opéré, et je crus encore une fois que la saignée favorisa le rétablissement de M. ***. A la suite de ce coup de mal il était, comme après le premier, hébété, étourdi, incapable de suivre une conversation ; la langue lui faisait mal, ayant été silonnée profondément par les dents en sortant de la bouche. Absence de fièvre, le pouls d'une force normale, et battant quatre-vingts pulsations par minute, le corps n'offrant aucun signe de paralysie. Je fis faire un lit à M. *** sous la tente où il était ; il y resta couché pendant environ six heures. Alors, après lui avoir fait prendre un bouillon, je conseillai à ses amis de le transporter à bras dans un fauteuil chez une voisine qui voulait bien le recevoir pour le reste du jour et la nuit suivante. Cela fut exécuté. Le convoi était arrivé au milieu de la foire qu'il avait fallu traverser, lorsque M. *** poussa un cri en se raidissant, et se jeta à terre malgré les hommes qui voulurent le retenir. Il était frappé d'un troisième coup de [...] Je lui fis mettre un mouchoir sur la figure [...] cacher à la vue de la foule qui nous en[...] e temps en temps, je relevais le mou[...] voi[...] la turgescence de la face était [...] Elle continuait, et trop long[...] ur le laisser sans secours : je craignais de nouveau l'asphyxie. Je levai les compresses qui étaient sur les plaies des saignées faites le matin et j'appliquai une bande par-dessus : le sang partit de nouveau des deux bras à la fois. Le rétablissement me parut s'opérer sous l'influence de la perte de sang. L'accès passé, le malade fut replacé dans le fauteuil et porté à la maison indiquée. On le mit dans un lit. Il resta, à la suite de ce dernier coup de mal, plus hébété qu'après les deux premières attaques ; il était dans un véritable état d'idiotisme, d'imbécillité, sans fièvre, et avec un pouls normal. Le lendemain, on le transporta chez lui en voiture sans acci-dent. Il fut encore une quinzaine de jours singu-lier, pusillanime au plus haut degré. Je lui fis prendre, pendant ce temps, une bonne nourri-ture, quelques verres de tisane faite avec des fleurs de tilleul et des feuilles d'oranger, et des pilules à base de valériane et d'oxyde de zinc Bien portant de corps, il recouvra ensuite l'exer-cice de ses facultés intellectuelles. M. *** avait l'habitude, depuis ces accidents, de me faire mander lorsqu'il se sentait la tête lourde et que la coloration de sa figure augmentait. Je lui fai-sais une bonne saignée, et il n'avait point d'atta-que. Je le saignai au commencement de mai 1841. Quinze jours après cette opération, M. ***

fit un voyage d'environ quatre-vingts kilomètres dans un cabriolet. En arrivant de ce voyage et en descendant de voiture, il pousse un cri et tombe à la renverse. Un médecin, qui demeurait près du lieu où il était tombé, est appelé; il accourt et trouve le malade sans connaissance, la langue hors la bouche, etc. Il fit comme j'avais fait dans pareille circonstance, il saigna M. *** qui retrouva bientôt sa raison. On le laissa une partie de la journée dans la maison où il avait été recueilli, puis il fut transporté chez lui dans un cabriolet. Le lendemain, il était bien portant. Depuis lors M. *** n'a plus entrepris de voyages, et n'a plus éprouvé de ces accidents.

Si une attaque d'épilepsie peut avoir lieu sans congestion sanguine vers le cerveau, dans le plus grand nombre des cas elle est accompagnée d'afflux de sang vers cette partie; alors il est prudent pour les épileptiques de ne jamais faire de voyages soit à pied, soit à cheval ou en voiture, car il est démontré que ces voyages excitent la masse cérébrale en y attirant le sang. L'on peut remarquer dans l'observation ci-dessus relatée que ce fut à l'occasion de voyages faits par M. X. que les attaques eurent lieu. On ne pourrait d'ailleurs, en voyageant, prendre toutes les précautions dont il convient d'entourer les personnes qui sont atteintes de la maladie qui nous occupe. Les épileptiques ne doivent jamais faire de promenades seuls dans des lieux où se trouvent des pièces d'eau, sur le bord des rivières. J'ai vu un épileptique noyé dans un ruisseau large d'un mètre et dans lequel l'eau avait dix centimètres de profondeur.

Il est prudent qu'un épileptique habite au rez-de-chaussée, qu'il ait un lit large et peu élevé, une chambre garnie de quelques meubles seulement, ayant des angles obtus. Les cheminées seront grillées, etc.

Congestion, hémorrhagie, apoplexie cérébrales; paralysie.

Notre cerveau, masse nerveuse, enveloppée par trois membranes, est renfermé dans une boîte osseuse (le crâne) qui le contient exactement. La membrane qui le recouvre immédiatement est un véritable lacis de vaisseaux sanguins très-déliés qui envoient des ramifications infinies dans la pulpe nerveuse elle-même. Tous ces vaisseaux sanguins ne sont que des expansions multiples de plusieurs grosses artères qui y apportent le sang, ou des veines, au moyen desquelles celui-ci retourne au cœur. Ainsi une pe-

tite masse de pulpe nerveuse pénétrée et entourée de beaucoup de vaisseaux sanguins, voilà le
principal foyer de notre vie, voilà la matière à
laquelle sont liés, pendant que nous vivons, nos
actes intellectuels et moraux. La nature lui a donné
un puissant abri contre les lésions qu'elle pourrait recevoir de l'extérieur ; mais sa mollesse, sa
structure si délicate, ses rapports avec beaucoup
de veines et d'artères, la rendent susceptible de
devenir le siége d'un grand nombre d'accidents.

La congestion sanguine y est plus facile et plus
dangereuse qu'ailleurs. Si, par une cause quelconque, le sang se porte en plus grande quantité qu'à l'ordinaire dans un organe de la poitrine ou du ventre, cet organe se laissera disten-
dre plus ou moins, et augmentera de volume.
Mais le cerveau, renfermé exactement dans sa
boîte osseuse, ne pourrait en faire autant. Il serait de suite gêné ; il y aurait *congestion* : légère,
elle produit la coloration de la face, des étourdissements, des saignements de nez, des pesanteurs de tête, enfin elle embarrasse et engourdit
l'organe de l'intelligence; plus forte, elle peut
suspendre ses fonctions par une espèce de compression. La matière cérébrale est alors pressée
dans sa texture par le gonflement des vaisseaux
sanguins, et en dehors par les parois de sa boîte

osseuse. Et le cerveau comprimé, il y a aussitôt perte de connaissance et de mouvement, assou-pissement profond; et si la compression conti-nue, la mort arrive. En parlant de la part que prend cet organe dans la production des actes intellectuels et moraux, nous avons rapporté l'expérience que fit Richerand sur une femme qui avait une portion du cerveau à nu. Trois fois il appuya sur cette portion, et trois fois il priva aussi-tôt cette femme de toute conscience d'elle-même, et la lui rendait en faisant cesser la compression.

Les nombreux vaisseaux sanguins du cerveau ont des parois plus minces, plus faibles que ceux des autres parties du corps. Le sang peut disten-dre et briser ces parois d'autant plus facilement que la masse cérébrale qui les avoisine ne peut leur donner qu'un soutien des plus faibles. Le sang y arrive directement du cœur qui l'y lance, sous certaines influences, avec une grande force. Il ne faut donc pas s'étonner de voir ces vais-seaux se déchirer, le sang se répandre dans la substance du cerveau, dans ses cavités ou à sa surface, et occasionner une hémorrhagie céré-brale. Lorsque celle-ci est subite et considérable, elle porte le nom d'*apoplexie*. Elle est mortelle si le sang épanché gêne, comprime ou brise la substance cérébrale suffisamment pour arrêter toutes les fonctions de cet organe. Il peut arriver que la lésion existe seulement dans une portion de l'encéphale qui préside à une de nos facultés, à celle de sentir ou de se mouvoir, par exemple; alors les malades en sont totalement privés. Si elle a son siége dans un des côtés du cerveau, il y a paralysie des membres du côté opposé. Certaines hémorrhagies cérébrales occasionnent la paralysie des deux membres abdominaux; d'autres fois, c'est toute une moitié du corps qui est privée de mouvement et de sensibilité. La perte de la faculté de mouvoir telle partie peut avoir lieu seule et la sensibilité y persister, et *vice versâ*. L'on voit aussi à la suite d'hémorrhagies cérébrales la mémoire se perdre, l'esprit, de remarquable qu'il était auparavant par son brillant et sa profondeur, devenir lourd et quelquefois nul, etc.

La congestion cérébrale s'observe chez les personnes de tous les âges; l'hémorrhagie cérébrale est rare jusqu'à 45 ans; mais depuis cet âge jusque dans la vieillesse la plus avancée, elle est très-commune et occasionne souvent la mort par l'apoplexie. A cette époque de la vie les parois des vaisseaux sanguins du cerveau sont plus fragiles, moins élastiques, moins propres à résister aux efforts du sang qui tend à les distendre.

Ces vaisseaux sont dans la condition de toutes les parties solides de notre corps, qui se dessèchent en vieillissant, et perdent des éléments propres à entretenir leur souplesse.

Les voyages, de quelque manière qu'on les fasse, excitent la circulation et portent le sang à la tête. Ils sont donc plus propres à favoriser la congestion et l'hémorrhagie cérébrales qu'à les empêcher. Les personnes qui ont quelque disposition à ces accidents doivent éviter de voyager, et si elles y sont forcées, elles doivent mettre en usage les précautions indiquées en pareil cas, les saignées, les bains, etc. Lorsqu'on a fait une centaine de lieues en poste et que l'on vient à prendre du repos, on éprouve des chaleurs à la figure, des pesanteurs de tête; quelquefois il semble qu'on est encore soumis aux oscillations, aux balancements et aux cahots de la voiture. Ce sont autant de symptômes d'une congestion cérébrale le plus souvent sans danger, mais qui, dans l'âge avancé, peut occasionner l'hémorrhagie et l'apoplexie. M. X., propriétaire aux environs de Nantes, d'où il était parti pour Paris avec ses quatre enfants, se trouve mal à l'aise en arrivant à Orléans. Il prend un verre d'eau sucrée, puis va s'asseoir sur un banc placé devant les bureaux de la diligence. Il y était depuis quelques instants lorsqu'il tombe frappé d'apoplexie. Elleviou, comédien célèbre, quitte Lyon et vient pour affaires à Paris : il tombe frappé d'hémorrhagie cérébrale en entrant à l'hôtel Colbert. M. T., propriétaire à Cherbourg, vient pour consulter les médecins de Paris sur sa santé : il meurt subitement en y arrivant, d'un épanchement de sang dans le cerveau.

Des céphalalgies.

Les céphalalgies, que l'on nomme communément *maux de tête,* sont une des affections qui se présentent le plus fréquemment à l'observation des médecins dans les grandes villes. On en conçoit facilement la raison, lorsqu'on se rappelle que plus un organe travaille, plus il est sujet à être malade ; et, dans les grandes cités, le cerveau, siége des céphalalgies, est soumis fort souvent à un exercice forcé pour une infinité de causes. L'amour des richesses, des honneurs, de la célébrité, ou le besoin de subvenir à une existence exigeante ou nécessiteuse, fatiguent la tête de beaucoup de personnes. Des veilles opiniâtres, une tension d'esprit longtemps prolongée, des impressions morales vives et fréquentes, et tout ce qui surexcite le cerveau, donnent lieu aux céphalalgies.

Les *maux de tête* peuvent être liés à un état morbide d'un organe plus ou moins éloigné du cerveau, et qui rejette, pour ainsi dire, ses souffrances sur lui. Ainsi l'estomac étant malade peut donner des maux de tête, etc., sans que la tête soit réellement le siége de la lésion. On dit alors que ce mal est symptomatique, en opposition avec celui qui, résultant d'une affection réelle de la tête, est désigné sous le nom d'idiopathique. Qu'ils soient de l'une ou de l'autre nature, ces maux varient dans leurs degrés, leurs symptômes, leur siége, leur marche, leur durée, leur terminaison et leur intensité. Ils affectent une foule de nuances diverses depuis la simple sensation de *pesanteur* jusqu'à celle de *térébration*. On voit des malades qui disent avoir une douleur semblable à celle qu'ils éprouveraient si on leur tenaillait la tête, si on la leur serrait fortement dans un lien ou dans un étau, etc. Cette maladie, qui occupe quelquefois toute l'étendue du cerveau, est souvent circonscrite au front, aux tempes, à l'occiput, etc., d'où les dénominations de céphalalgies frontale, temporale ou occipitale. Lorsqu'elle revient à des époques plus ou moins éloignées les unes des autres, on lui donne le nom de migraine. On a observé que certaines maladies de l'estomac et des intestins donnent lieu à la céphalalgie frontale, et que celles de l'appareil utérin occasionnent la céphalalgie occipitale.

La marche de ces maux est ordinairement fort longue ; ils sont rebelles à l'action des médicaments, ce qui n'est pas extraordinaire, puisqu'ils ont, le plus souvent, pris naissance dans les habitudes, le genre de vie des personnes qui y sont sujettes. Et tout le temps qu'on ne quitte pas ces habitudes, les médicaments ne peuvent agir avec avantage. On conçoit, dès lors, tout le profit que l'on peut tirer des voyages dans le traitement de ces affections, leur premier effet étant de rompre et de briser les habitudes de celui qui s'y soumet. Aussi chaque année, au retour de la belle saison, les hommes fatigués par de continuels et pénibles travaux d'esprit, vont chercher la santé en parcourant quelques contrées agréables. Deux ou trois mois de voyages sur terre ou sur mer suffisent ordinairement pour obtenir une guérison, surtout si l'on y joint l'emploi des médicaments appropriés.

Des névralgies générales.

—

Rien n'est plus commun dans la pratique que d'entendre dire : « J'ai mal aux nerfs, mes nerfs me font mal, j'ai les nerfs agacés. » Fatigués d'entendre parler ainsi des personnes excessivement impressionnables, beaucoup de médecins tiennent peu de compte de pareilles plaintes. La plus grande partie même considèrent ces affections comme des vapeurs, ou maladies vaporeuses sans fondement.

Nous n'avons que trop souvent l'occasion d'être appelés pour de fausses perceptions morbides, pour des impressions chimériques, qui n'ont leur siége que dans l'imagination, et qui cependant troublent la tranquillité des personnes chez lesquelles on les observe, et nous devons employer les remèdes physiques ou moraux qui sont aptes à ramener le calme où il a cessé d'exister. Pourquoi alors traiter légèrement, ou plutôt ne prendre nullement garde à ces maux de nerfs ou névralgies générales qui attaquent si fréquemment les personnes impressionnables, les gens du monde? Ne peut-on concevoir un malaise, une maladie même provenant d'un agacement ou d'une surexcitation nerveuse qui a été développée sous l'influence d'une affection morale ou physique?

Une personne qui a mal aux nerfs se sent la tête fatiguée, tout le corps plus sensible qu'à l'ordinaire ; elle éprouve quelquefois dans les jambes ou les bras des douleurs se rapprochant de celles qu'occasionnent les crampes. Elle ressent aussi un peu de douleur au creux de l'estomac, ou quelque difficulté à respirer. Son humeur est alors plus difficile, ses discours sont empreints d'une certaine irritation, facile à saisir. Cette *névralgie générale* est produite par les variations atmosphériques, les veilles prolongées, les fortes impressions morales sur les constitutions essentiellement nerveuses. La vie sédentaire et les travaux intellectuels y disposent considérablement. C'est une forme de souffrance du cerveau et des nerfs qui en partent.

Une fois que quelqu'un a été atteint d'une maladie nerveuse, la plus légère comme la plus forte, il est menacé d'en être attaqué de nouveau ; et, si les attaques se répètent longtemps, il devient excessivement difficile de les faire disparaître pour toujours. On le conçoit, puisque le mal prend sa source dans le tempérament et les habitudes du malade ; et les médicaments ne parviennent que fort rarement, s'ils y parviennent quelquefois, à changer les constitutions naturelles ou acquises. Ce n'est qu'en déplaçant ou faisant changer les habitudes, que l'on parvient à obtenir de pareilles modifications. On est convaincu de la justesse de ce raisonnement, en voyant les changements qui s'opèrent chez les animaux et les plantes que l'on prend dans une contrée pour les faire vivre dans un pays plus ou moins éloigné. Les animaux y changent de taille, de grosseur, de couleur et même de formes; il n'est pas jusqu'à leur moral qui n'offre des différences à la suite d'une émigration. Les plantes ligneuses des tropiques, cultivées chez nous, deviennent herbacées. L'homme doit certainement éprouver une pareille influence, qui est d'un grand secours dans le traitement des maladies qui exigent des modifications physiques.

Le tempérament nerveux exagéré, avec les maux qu'il entraîne, est un de ceux que les voyages changent le plus promptement. Il n'y a pas ici vice dans le sang ou dans les humeurs, il n'y a point de lésion organique, à proprement parler; c'est plutôt un état d'irritabilité de la substance nerveuse, qui reçoit trop vivement les impressions internes ou externes.

Les voyages, en ne permettant pas de s'appesantir longtemps sur une sensation reçue, parce qu'une autre vient lui succéder promptement, sont d'un effet excellent dans les affections nerveuses qui s'exaspèrent par une tension de l'esprit; et, comme ces affections sont liées souvent à une organisation qui a souffert, qui est affaiblie et même détériorée; les voyages, qui sont toniques, fortifiants, bienfaisants pour le corps, aident encore de cette manière à recouvrer la santé.

Tout le monde sait que le froid est l'ennemi des nerfs: on aura donc soin de faire voyager, pour les névralgies générales, dans des pays jouissant d'une température convenablement chaude, tels que le Midi de la France, l'Italie, l'Espagne, etc.

De la perte de la mémoire (amnésie).

—

La mémoire est un des plus beaux et des plus précieux attributs de l'homme; c'est la faculté merveilleuse de conserver dans l'esprit les impressions et les images des objets dont nos sens ont été frappés. Elle nous met à même de lier le passé au présent, de soumettre à notre méditation les actes de notre vie, de prendre une certaine part à ce que les générations passées ont fait de remarquable et de digne d'être rapporté pour servir d'exemple ou de modèle dans la pratique des vertus et dans l'emploi des sciences ou des arts. La mémoire est un des attributs nécessaires de l'esprit; l'enfant qui naît avec une inaptitude complète à en avoir est voué à un idiotisme sans remède. Il est à plaindre, mais ignorant la valeur de ce dont il est privé, il ne souffre pas comme l'homme qui, par suite d'une maladie, d'une blessure, ou bien encore d'une atonie du cerveau, se voit dépourvu de cette précieuse faculté; il se trouve dans un état d'isolement mental qui l'afflige considérablement. L'idiotisme est toujours accompagné de l'absence de la mémoire comme des autres facultés morales, et au fur et à mesure que cette malheureuse constitution se change, s'améliore, la mémoire donne des signes de son existence. Nous avons vu que le moyen propre à faire disparaître l'idiotisme, le crétinisme, était de déplacer les êtres qui en étaient atteints, de leur faire quitter les vallées où on les trouve et de les transporter sur les montagnes, de les soumettre à un régime tonique et fortifiant.

On voit des enfants qui, sans être déformés, sans avoir une tête idiote, manquent de mémoire presque complétement; mais en les examinant attentivement, on reconnaît qu'ils sont faibles dans leur constitution, et le cerveau, partageant cet état général, ne peut s'acquitter de cette fonction. Je suis le médecin d'une famille qui habite à Paris, rue Neuve-Saint-Augustin. Le père, la mère et trois des enfants sont tous dans une condition parfaite de santé, tant au physique qu'au moral. Un quatrième enfant, aujourd'hui âgé de huit ans, n'est point aussi favorablement traité de la nature. Il est né cependant bien conformé; il est assez fort pour son âge. A cinq ans il ne se rappelait rien, pas même les prénoms de ses frères et sœurs. Je l'examinai alors, et je lui trouvai la tête bien conformée; il répondait assez raisonnablement, pour un enfant, aux questions qu'on lui faisait. Ses mouvements étaient d'une lenteur remarquable; il avait de la répugnance pour courir, et ne pouvait se livrer à cet exercice que pendant un instant seulement. Je conseillai à son père de le faire sortir souvent, de l'envoyer dans une pension où il pourrait beaucoup jouer avec ses petits camarades, et de le mettre à un régime fortifiant. On suivit cet avis, et l'été dernier, après deux ans de ce genre de vie, il n'y avait point d'amélioration; il ne se rappelait pas le nom d'une seule des lettres de l'alphabet qu'on lui montrait chaque jour; il n'avait pris aucune force physique. Voyant cela, ses parents se décidèrent à le mettre dans une maison d'éducation que je leur indiquai en Normandie. Il y est depuis six mois, et le grand air a déjà produit sur lui d'heureux effets; il se souvient du nom de tous les pensionnaires de la maison, il connaît quelques lettres, il court et joue beaucoup. La faiblesse du cerveau va disparaître avec celle du corps; il restera à la campagne jusqu'à l'âge de quinze ou seize ans, puis on lui fera faire un voyage en Italie. Ces moyens l'arracheront à l'espèce d'idiotisme dont il était menacé.

On perd généralement la mémoire en avançant en âge; il est rare qu'on la conserve intégralement jusqu'à la fin de sa vie : elle commence à nous faillir peu à peu lorsque nous sommes arrivés à soixante-dix ans, quelquefois plus tôt, ou plus tard. L'homme avancé en âge présente cela de remarquable qu'il peut encore conserver la mémoire de ce qu'il a appris étant plus jeune, tandis qu'il a cessé d'être apte à garder le souvenir des récentes impressions. Un vieillard oublie ce qui lui est arrivé de remarquable l'année précédente et parle avec exactitude de sa jeunesse et même de son enfance. L'art ne peut rien contre un pareil accident, qui est un des signes de

la destruction complète qu'il n'est donné à personne d'éviter.

La perte de la mémoire peut arriver dans la
force de l'âge, par suite d'une affection morale,
d'une maladie, d'une blessure à la tête. Je connais une dame qui, lors de la mort de son mari,
éprouva une si grande peine qu'elle perdit la
mémoire de tous les substantifs; elle est obligée d'employer une périphrase pour désigner
une personne ou une chose. La peste qui dépeu-
pla presque entièrement Athènes, quatre cent
vingt-huit ans avant Jésus-Christ, et qui tua Pé-
riclès, a laissé dans l'histoire ce fait remarquable
que beaucoup des habitants qui échappèrent au
fléau restèrent frappés d'amnésie presque complète; ils avaient oublié l'usage des lettres et des
mots, les noms de leurs parents et même le leur.
Cette maladie peut encore survenir à la suite de
fièvres épidémiques, de paralysies, de saignées
abondantes, de chutes sur la tête, de l'abus des
plaisirs, comme des travaux intellectuels trop prolongés.

On lit dans les *Ephémérides des Curieux de la
nature*, année 1795, qu'un homme partant pour
la Grèce fut renversé de sa voiture par une violente secousse, et en même temps une boîte, peu
lourde cependant, lui tomba sur la tête; il ne

s'ensuivit ni douleur ni plaie des téguments, mais il perdit du coup totalement la mémoire; il ne se souvenait plus d'où il venait ni du but de son voyage; il ignora à l'instant dans quel jour de la semaine il était; il oublia également son propre nom, et ceux de sa femme, de ses enfants, de ses amis. On le remit en voiture pour le transporter chez lui. Au bout d'une demi-heure de cahots par un chemin très-pierreux, il guérit tout à coup. L'auteur de cette observation attribue la guérison aux secousses de la voiture. Il est certain que pour l'amnésie occasionnée par un accident ou une maladie, les voyages en voiture ne peuvent qu'être avantageux. Les ébranlements qu'éprouve le cerveau lors des secousses, le grand air, le changement de climat, doivent exciter l'organe de la pensée, lui redonner le ton, la force, qu'il perd dans ces maladies, et dont il a besoin pour s'acquitter de toutes ses fonctions.

Du bégayement.

—

Le bégayement est une infirmité qui consiste dans une difficulté plus ou moins grande d'articuler certains mots, certaines syllabes. Il présente une foule de nuances soit d'intensité, soit de caractère. On a voulu l'attribuer à des causes mécaniques. On a avancé qu'il tenait à l'impossibilité de faire toucher la langue au palais ou à un empêchement mécanique de l'entrée libre de l'air dans la poitrine, etc. On a encore soutenu qu'il était le résultat d'un engourdissement, d'un défaut de mobilité, de souplesse dans la langue, et une des preuves que l'on a avancées à l'appui de cette dernière opinion, c'est que les femmes qui parlent si facilement et qui sont capables de la plus grande volubilité de parole, ne bégayent que très-rarement; mais ces systèmes, comme tous ceux qui font provenir le bégayement d'une cause mécanique locale, tombent devant les objections que l'on peut leur faire. Si ces causes étaient mécaniques, elles seraient constantes et permanentes comme leurs effets. Cependant on voit des personnes qui ne bégayent pas le soir comme le matin, qui sont quelquefois plusieurs jours sans bégayer, qui bégayent davantage, ou moins ou pas du tout devant un public nombreux, qui ne donnent aucun signe de cette infirmité en chantant, en déclamant, en récitant des vers, etc. Elle provient véritablement du cerveau et probablement d'un défaut de ton, de tension de cet organe dans la production de la parole.

C'est ce qui explique comment on a vu des bègues s'en délivrer par la force de la volonté seule. Les voyages, qui ont une si grande action tonique sur le cerveau, doivent lui procurer une activité, une puissance qui pourraient lui manquer pour faire prononcer les syllabes nettement et sans hésitation. Parmi les moyens que Démosthène employa pour ne plus bégayer, on peut citer les promenades qu'il fit au bord de la mer lorsqu'elle était agitée, tâchant alors de dominer de sa voix le bruit des flots. L'air de la mer, la sensation imposante que sa vue produit toujours sur notre moral, sont très-capables d'aider à la disparition du bégayement.

De la surdité.

—

Lorsque la surdité est complète, on la nomme *cophos;* lorsqu'elle est incomplète, elle porte le nom de dureté de l'ouïe. Dans un grand nombre de cas, cette infirmité n'est que le symptôme d'une lésion matérielle des diverses parties qui constituent l'appareil auditif. Dans ces circonstances les voyages ne pourraient être indiqués que s'ils étaient favorables à la disparition de la cause morbide; ils seraient encore de nul effet sur la perte de l'ouïe qui survient avec la vieillesse. Mais la surdité plus ou moins complète peut s'observer à la suite de longues et fortes maladies, de fièvres typhoïdes, cérébrales, de grandes misères, d'une alimentation insuffisante, etc. Elle peut encore tenir à une constitution trop lymphatique, scrofuleuse ou scorbutique; alors il est bon de faire voyager les personnes ainsi affectées, plutôt en voiture qu'avec tout autre moyen de transport. Les cahotements et le bruit qui les accompagne toujours ont un effet remarquable et salutaire sur l'organe de l'audition. On a observé que certains sourds avaient l'oreille moins dure en voiture que lorsqu'ils étaient dans toute autre position. Sans doute qu'une partie de ce phénomène est due à l'effort d'attention qu'ils sont obligés de faire pour surmonter le bruit de la voiture.

De l'amaurose.

—

L'amaurose consiste dans la perte complète ou incomplète de la vue, avec immobilité de la pupille sans altération organique de l'œil. Il y a cessation de la faculté de percevoir les rayons lumineux. La perte de cette faculté est attribuée à une affection des organes internes de l'œil chargés de porter au cerveau les sensations qu'y ont produites les rayons lumineux. Cet état morbide peut être occasionné par une espèce de pléthore, par une trop grande affluence de sang et d'humeurs dans ces parties; alors les voyages ne sont propres qu'à entretenir ou augmenter les accidents. Il est encore produit par une grande faiblesse, un manque de ton de ces mêmes parties; dans ce cas, les voyages qui portent le sang à la tête sont un remède stimulant et tonique très-avantageux; ils devront être également conseillés aux personnes qui ont été frappées d'une cécité plus ou moins complète à la suite d'une forte émotion morale. Leur action bienfaisante sur l'organisation peut faire disparaître le bouleversement qui règne dans le cerveau et y rétablir l'ordre nécessaire pour qu'il perçoive toutes les sensations qui lui viennent du dehors.

De l'héméralopie.

On donne le nom d'héméralopie à une affection singulière qui consiste dans l'impossibilité de distinguer les objets avant le lever et après le coucher du soleil, avec cette particularité remarquable, que la perception commence avec l'apparition de cet astre et cesse aussitôt qu'il s'abaisse au-dessous de l'horizon, quelque brillants que soient les crépuscules. La vue est parfaite pendant tout le jour, malgré la présence de brouillards ou de nuages. Des individus ont dû à cette maladie la faculté de connaître l'instant précis où le soleil s'élève au-dessus ou s'abaisse au-dessous de l'horizon dans les temps les plus nébuleux et lorsque ce passage est inappréciable pour tous les autres hommes; mais le plus souvent les héméralopes éprouvent une diminution de la faculté de voir, qui se fait sentir le soir et le matin et dans les temps brumeux. Cette maladie est une espèce d'amaurose et a les mêmes causes. Il est donc nécessaire de s'assurer si elle tient à une faiblesse du cerveau : alors les voyages sont indiqués; dans le cas contraire, c'est-à-dire lorsque l'héméralopie a pour cause un travail inflammatoire, ils devront être défendus.

Des ophthalmies.

On désigne généralement par ce nom toutes les affections du globe de l'œil, accompagnées de la rougeur et du gonflement de la conjonctive. Parmi ces maladies que l'on rencontre si fréquemment, il y en a qui sont liées à la constitution des personnes qui en sont affectées. On emploierait alors, pendant longtemps, des médicaments appliqués sur le mal même, que l'on ne parviendrait pas à en obtenir la guérison, ou cette guérison ne serait que momentanée. L'ophthalmie peut être entretenue par une constitution scrofuleuse ou scorbutique, un tempérament lymphatique; dans ce cas il faut, pour enlever cette maladie de l'œil, changer ces constitutions, modifier ce tempérament. On y parvient très-rarement par l'action des remèdes seulement. Ainsi que nous l'avons déjà dit, le changement de lieu, l'habitation dans un séjour élevé, les voyages aident singulièrement à obtenir

cés modifications physiques et partant la guérison de l'oplithalmie.

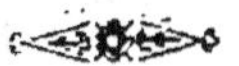

De l'hydrocéphalie.

On donne le nom d'hydrocéphalie à un amas
d'eau dans la cavité du crâne. Cette affection, qui
s'observe le plus souvent sur les enfants nouveau-
nés, empêche les os du crâne de se joindre. La
collection du liquide comprime la masse cérébrale, et si elle est considérable, elle tient dans
l'idiotisme les êtres qui en sont atteints. L'hydrocéphalie est en général rebelle à toute espèce de
médication, et la ponction du cerveau qui a été
pratiquée pour opérer la sortie du liquide qui y
était épanché n'a point donné de bons résultats.
Cependant lorsqu'il n'y a pour ainsi dire que
prédisposition à cette maladie ou qu'elle ne fait
que commencer fort légèrement, on a vu des
traitements réussir à l'enlever. Ces exemples de
guérison sont rares dans les villes et plus communes à la campagne où il y a moins d'hydro-
céphales, surtout sur les hauteurs, que dans les

villes. Pour avoir quelque espoir de réussir dans le traitement de cette affection, la première indication à remplir est de déplacer les malades, de les envoyer à la campagne dans des lieux élevés, de les faire voyager.

De la diplopie.

La diplopie est une erreur de la vue, par suite de laquelle un objet simple est vu double ou même multiple. Il y a plusieurs sortes de diplopies : les unes tiennent à une lésion organique de l'œil, les autres à une affection morbide du cerveau. Dans le premier cas, la maladie est due à une déformation de la cornée transparente qui rend la vision confuse d'un côté, tandis qu'elle reste nette du côté opposé. Elle est encore due à l'inégalité de force dans l'un et l'autre œil ; ce manque d'égalité peut être congénial ou acquis. L'ivresse, la frayeur, et les différentes commotions morales sont capables de développer cette affection, qui est la plupart du temps le précurseur de l'amaurose.

Les voyages ne peuvent être d'une grande utilité, lorsque la diplopie s'est développée sous l'influence de causes morales. Ils ne pourraient rien ou presque rien contre celle qui tiendrait à une lésion organique de l'œil.

CHAPITRE VII.

MALADIES DE LA POITRINE ET DES VOIES AÉRIENNES.

De la poitrine.

—

On donne généralement le nom de poitrine à la cavité située entre le cou et le ventre, dont elle est séparée par une cloison charnue appelée diaphragme. — Naturellement elle a la forme d'un cône, dont la grosse extrémité est en bas, mais elle présente chez beaucoup de nations la disposition contraire par suite de l'usage qu'on a de se serrer la partie inférieure. La poitrine est partagée en trois cavités distinctes, deux latérales, les plus grandes, destinées à loger les poumons, et une médiocre qui contient le cœur et les gros vaisseaux qui y arrivent ou en partent, ainsi que la partie inférieure de la trachée-artère, les bronches et l'œsophage. — Elle renferme donc des organes fort importants pour l'entretien de la vie. Ces organes, qui sont constamment en jeu, avaient besoin d'occuper une position telle qu'ils fussent suffisamment protégés contre l'action des corps extérieurs en même temps qu'ils eussent toute la liberté de mouvement qui leur est nécessaire pour l'accomplissement de leurs fonctions. La nature avait donc besoin de donner aux parois de la poitrine la solidité, la force de résistance et la mobilité, conditions difficiles à réunir. — Elle y a réussi, en ayant la précaution de rendre plus solides certaines parties plus exposées que les autres aux coups, aux chutes, etc. Pendant l'acte de la respiration, la poitrine éprouve des changements dans sa forme et dans son étendue. On voit alors cette cavité se dilater et se rétrécir alternativement, et les poumons qu'elle contient obéir d'une manière passive à ses mouvements. Ils sont alternativement dilatés et comprimés. — La poitrine peut se resserrer, 1° par l'élévation du diaphragme, cette cloison qui la sépare du ventre ; 2° par l'abaissement des côtes, qui s'exécute au moyen de muscles appropriés à cet usage. — Le diaphragme est lui-même une espèce de muscle plat qui obéit aux mouvements qui lui sont imprimés par la volonté.

En jetant un coup d'œil sur la poitrine à l'extérieur, on la trouve carrée, large et médiocrement charnue chez les individus sains et robustes. Les hommes qui travaillent beaucoup des bras, tels que les boulangers, les manœuvres, ont la poitrine plus musclée que le commun des hommes. Les cordonniers âgés ont tous l'os de la partie antérieure de la poitrine, renfoncé, déformé par la compression qu'ils y exercent chaque jour en faisant des chaussures.

On a bonne opinion de la santé d'une personne qui a la poitrine large et bien voûtée, parce qu'alors les poumons et le cœur peuvent y remplir leurs fonctions en toute liberté. C'est par la même raison que l'on craint l'asthme et la phthisie chez ceux qui présentent une disposition contraire, c'est-à-dire qui ont une poitrine resserrée et aplatie. — Les bossus vivent en général moins longtemps que les hommes bien conformés. Ils sont toujours asthmatiques et périssent ordinairement de maladies de poitrine. — Les côtes qui, dans l'état normal, jouent un grand rôle dans l'acte de la respiration par leur élévation et leur abaissement, cessent en grande partie d'exécuter ces mouvements lorsqu'on arrive dans un âge avancé, parce qu'une de leurs extrémités n'est plus alors mobile, et parce que les muscles qui les faisaient mouvoir ont perdu, comme ceux des autres parties du corps, beaucoup de leur force et de leur puissance.

Les organes contenus dans la cavité pectorale sont sujets à un grand nombre d'affections morbides toujours excessivement graves, parce qu'elles attaquent des parties dont les fonctions sont indispensables pour l'entretien de la vie.

MALADIES DU COEUR.

—

Des palpitations.

—

Le cœur de l'homme est un organe creux, divisé par des cloisons et des valvules nécessaires au mécanisme de la circulation, un des phénomènes les plus admirables de notre organisation. —Par une puissance inexplicable, qu'on a voulu souvent expliquer, le sang veineux revient de toutes les parties du corps au cœur, dans lequel il entre à droite au moyen de vaisseaux qui y aboutissent et sont appelés veines. De là, il se rend dans les poumons pour y subir l'action de l'air atmosphérique, puis retourne au cœur par des canaux qui s'ouvrent dans le côté gauche de cet organe. Dans le passage au milieu des poumons, par l'action de l'air atmosphérique le sang a

changé de nature. Avant d'y entrer il était très-
liquide, noir et impropre à la nutrition du corps :
en les quittant il est d'un rouge brillant, très-coa-
gulable ; c'est de la chair coulante. Le cœur alors
le projette avec force jusqu'aux extrémités les
plus éloignées, au moyen des canaux artériels qui
vont se perdre, en diminuant, au milieu des tissus. — Là, les veines naissent, se forment et reprennent le reste de ce sang artériel qui n'a point
été employé à la nutrition des organes ; elles le
reportent au cœur qui l'envoie vers les poumons
et ainsi de suite ; de sorte que le mouvement de
la circulation se fait dans un véritable cercle. —
Le cœur y joue un grand rôle, en ouvrant, en
dilatant ses parois pour y admettre le liquide,
puis en les resserrant, en les contractant pour
l'en faire sortir ; il fait pour ainsi dire les fonctions d'une pompe aspirante et foulante, sans laquelle la circulation cesserait, ainsi que la vie.
Il était donc d'un grand intérêt d'étudier ce
qui se passe lorsque le cœur exécute cette fonction. — L'oreille, approchée de l'endroit où il
est situé, a fait reconnaître un bruit, des battements qui accompagnent toujours, à l'état de
santé, ses dilatations et ses contractions. Chez les
enfants, qui ont besoin que le sang artériel aille
souvent se combiner avec les organes qui aug-

mentent, grandissent, les contractions du cœur sont plus fréquentes que chez l'homme fait, dont le corps ne s'assimile plus autant de substances nutritives. Il bat encore moins vite chez le vieillard, qui perd chaque jour de ses éléments constituants plutôt que d'en acquérir.

Dès les premiers temps de la conception jusqu'à la mort, le cœur ne cesse de remplir les fonctions entièrement nécessaires à l'entretien de la vie. — Il est soumis avec une rare délicatesse à l'influence nerveuse. On a voulu en faire le siége des passions et des affections morales, tant elles l'agitent. Un organe placé dans de telles conditions doit être très-sujet aux maladies. En effet, ses affections morbides sont fréquentes et nombreuses. Mais on éprouve une grande surprise en apprenant qu'elles ont été fort longtemps méconnues, puisqu'il faut arriver jusqu'à la renaissance des sciences et des lettres pour trouver des auteurs qui en parlent. Elles ont été beaucoup étudiées depuis, et aujourd'hui on peut les placer au nombre de celles dont l'histoire laisse le moins à désirer par suite des travaux de Corvisart, de Laënnec, de MM. Andral et Bouillaud.

Une des affections les plus communes du cœur sont les palpitations. Ce sont des battements de cet organe, tumultueux, forts et fréquents. Ils sont *sentis* par les personnes qui en sont atteintes, tandis que ceux qui ont lieu à l'état de santé ne le sont pas. Les palpitations peuvent être quelquefois tellement violentes qu'elles ébranlent non-seulement la région du cœur, mais encore tout le côté gauche de la poitrine et peuvent même s'étendre jusqu'à l'estomac. Alors on distingue à la vue les secousses que le cœur imprime aux parties qui l'avoisinent. — Il repousse brusquement la main que l'on applique sur les parois de la poitrine correspondant au lieu qu'il occupe. — Il y a souvent de l'irrégularité dans ces battements. Le bruit du cœur a plus de force pendant ces palpitations, on les entend quelquefois à distance; alors les malades les perçoivent également. Elles peuvent être accompagnées d'un bruit anormal, du bruit de soufflet, sans qu'il y ait pour cela de lésion organique. Elles sont quelquefois continues, et plus souvent venant par accès plus ou moins éloignés les uns des autres. Elles sont fréquemment accompagnées d'un malaise et d'une anxiété extrêmes.

Les palpitations, dégagées de toute espèce de lésion organique du cœur ou de ses enveloppes, reconnaissent pour cause la plus fréquente une trop grande impressionnabilité, une faiblesse générale, une pauvreté du sang, un *état anémique,*

chlorotique. Sous l'influence de ces causes premières, les plus simples émotions, les plus petites impressions, les occupations les moins fatigantes, le
seul travail de la digestion, développent des palpitations.

Dans ces cas, les voyages, en fortifiant le corps,
en rétablissant l'équilibre dans le système circulatoire, en diminuant la sensibilité morbide, seront excellents pour détruire les palpitations. Il
sera toujours prudent cependant d'y adjoindre
une médication appropriée ; c'est-à-dire que l'on
nourrira la personne qui en sera atteinte, avec des
viandes rôties ou grillées ; elle boira du vin de
Bordeaux coupé avec de l'eau ferrugineuse de
Vichy, de Spa, etc. ; de même celles de Plombières
prises à leur source auront un résultat très-avantageux. — Quant aux palpitations qui sont liées
à une lésion organique du cœur, il en sera question à propos de cette lésion.

De la cardite.

—

On appelle ainsi l'inflammation du tissu même
du cœur. A l'état aigu, cette affection guérit

rarement, et elle emporte promptement les malades, ou passe vite à l'état chronique. Sous cette dernière forme, cette lésion organique du cœur n'est pas facile à reconnaître sur l'homme vivant. M. le professeur Bouillaud est porté à croire qu'un état de *palpitement* continuel, plutôt que des palpitations prononcées, doit être considéré comme un des indices de cette maladie. Cette sorte d'agitation du cœur, indépendante de toute irritation aiguë ou chronique des autres viscères, augmente toutes les fois que les malades commettent le moindre excès de régime, se livrent à quelque exercice du corps un peu fatigant, ou éprouvent quelque émotion morale un peu vive.

La cardite chronique est une maladie fort grave, heureusement assez rare. Elle peut donner naissance à des ulcérations qui, en perforant le cœur, produisent une mort subite. Le plus souvent elle est la cause de l'épaississement et de l'induration de quelques parties du cœur; elle produit de fausses membranes qui embarrassent la circulation du sang, et donnent lieu à l'hypertrophie, à l'anévrysme, etc. La cardite a pour cause première l'inflammation; dans ce cas les saignées, les calmants, le régime sévère, l'abstinence, l'éloignement de toute cause excitante, sont indiqués; les voyages, par contre, doivent être strictement défendus, parce qu'ils sont excitants et toniques.

De l'hypertrophie.

Par suite d'un travail exagéré de nutrition, le cœur augmente de poids et de volume; de cent quatre-vingts à deux cents grammes qu'il pèse habituellement, il atteint trois cents à trois cent soixante grammes. Il est alors hypertrophié. Cette maladie, dans sa plus grande simplicité, gêne considérablement les personnes qui en sont atteintes; plus compliquée, elle est presque toujours une cause de mort. Le cœur, en augmentant de volume, gêne les parties qui l'entourent. Les cavités et l'ouverture des conduits qui s'y rendent, peuvent être diminuées, et ainsi empêcher la libre circulation du sang. On rencontre également des hypertrophies avec dilatation des cavités. Le travail qui se passe alors dans le cœur en change la nature. Il perd son élasticité, ses différentes parois s'unissent, se recoquillent, deviennent fibreuses, cartilagineuses et quelquefois osseuses, et finissent par être incapables de jouer le rôle qu'elles étaient appelées à remplir. Elles se brisent et il y a mort subite.

Une personne atteinte d'hypertrophie du cœur a le pouls plein, fort et vibrant. Elle éprouve un sentiment de battement général dans toutes les artères, et plus particulièrement dans le cerveau. Il y a gêne dans la respiration, vertiges, maux de tête, étourdissements, etc. Elle sent son cœur battre dans une étendue extraordinaire. Les voyages sont toujours contraires à ces maladies, pour lesquelles on ordonne avant tout un régime sévère, un repos absolu et l'absence complète de toute émotion. Cependant M. Cruveilhier, se rappelant combien est grande la quantité de sang qui pénètre les muscles, combien la circulation qui a lieu à travers des muscles agissants est plus considérable que celle qui se fait à travers des muscles dans l'état de repos, a pensé qu'il fallait faire faire des promenades à pied, lentes et continues, aux personnes affectées d'une hypertrophie du cœur, pour détourner ainsi de ce dernier organe la masse du sang qui se répandrait alors dans les muscles mis en mouvement. Nous croyons aux guérisons qu'il dit avoir obtenues par ce moyen guérisons d'hypertrophies qui avaient résisté aux saignées, aux sangsues, etc., et dont plusieurs avaient été regardées comme incurables.

Dè l'anévrysme du cœur.

—

L'anévrysme du cœur consiste dans la dilatation d'une ou de plusieurs des cavités de cet organe; il peut y avoir dilatation avec épaisseur normale ou épaississement des parois; le plus souvent, au contraire, la dilatation est accompagnée d'amincissement des mêmes parties. Le cœur, dans cette maladie toujours fort dangereuse, peut présenter un volume considérable, s'étendre dans la poitrine, changer de forme et de direction. Il se trouve alors quelquefois porté dans une direction transversale au lieu d'avoir sa pointe simplement dirigée un peu à gauche, comme dans l'état normal.

Une personne atteinte d'un anévrysme du cœur présente les symptômes suivants : les contractions du cœur ont un son plus clair et plus bruyant que dans l'état normal; ces contractions communiquent une faible impulsion aux parois de la poitrine. Un anévrysmatique a la figure livide, terreuse; il éprouve des étouffements, des crachements de sang. Les extrémités inférieures finissent par s'infiltrer. Lorsque l'anévrysme siége dans le ventricule droit, il y a fluctuation

des veines jugulaires, ou pouls veineux. L'anévrysme du ventricule gauche produit un étouffement plus considérable, une infiltration séreuse
plus marquée, des hémoptysies plus fréquentes, et
une teinte livide de la face plus prononcée.

Il est démontré aujourd'hui que toute espèce
de médication est incapable de guérir un anévrysme du cœur ; la seule ressource qu'il reste au
malade, c'est d'éviter les causes qui pourraient
l'augmenter. Tous les exercices sont funestes à
cette maladie ; aussi les voyages doivent être
évités avec le plus grand soin, comme tout ce qui
est susceptible d'exciter la circulation, les battements du cœur. L'histoire de cette maladie est
remplie de faits constatant que des voyages ont
occasionné l'ouverture du sac anévrysmal et
aussitôt la mort. Les comédiens, dont les émotions sont ordinairement vives et fréquentes, périssent anévrysmatiques ; nous ne citerons que
Molière et Talma. Il existe un fort grand danger
pour les personnes qui ont un anévrysme, ce
sont les rêves pénibles. Plus que le commun
des hommes elles sont sujettes à avoir des espèces
de cauchemars, sous l'influence desquels la circulation s'active, le cœur bat plus promptement et plus fortement. Elles se réveillent dans
une grande agitation qui leur est très-funeste.

Il n'est pas rare que dans ces circonstances le cœur se brise et que la mort subite arrive pendant le sommeil. J'ai vu périr ainsi un jeune homme de vingt-cinq ans, dont l'anévrysme ne l'avait pas encore empêché de vaquer à ses affaires ordinaires.

De l'hydropéricarde.

—

Le cœur placé au milieu de la poitrine, la pointe dirigée un peu à gauche, est logé dans une poche sans ouverture qui peut être le siége d'une accumulation d'eau, au milieu de laquelle il exécute alors péniblement ses mouvements. Cette espèce d'hydropisie, qui ne laisse que très-rarement des chances de guérison au malade, se fait remarquer par une grande difficulté de respirer au moindre mouvement, par l'impossibilité de respirer dans la position horizontale et autrement qu'étant un peu penché en avant; il y a des faiblesses fréquentes; le malade accuse avoir comme le cœur noyé. Le pouls est irrégulier, petit, rare; la figure est livide, il y a un sentiment de pesanteur à la région du cœur, qui est quelquefois plus bombée que celle de l'autre côté. En appli-

quant la main sur cette région, on sent des battements tumultueux, obscurs, comme à travers
un corps mou, ou plutôt un liquide placé entre
le cœur et les parois thoraciques qui rendent là
un son mat. Quand la maladie est ancienne les
extrémités des membres sont œdématiés; plus
rarement il existe une légère bouffissure à la partie antérieure et gauche de la poitrine; les battements se font sentir tantôt à droite, tantôt à gauche.

Lorsque l'épanchement est considérable, depuis un litre jusqu'à sept par exemple, les désordres qu'il occasionne doivent faire renoncer à
tout traitement actif; il n'y a pas de ressources.
Mais si l'on découvrait une hydropéricarde passive commençante, nous pensons que les promenades à pied, d'abord assez courtes, puis plus
longues, seraient indiquées; les voyages eux-mêmes, si le malade se trouvait bien des promenades, pourraient être essayés. Dans le plus grand
nombre des cas, l'hydropisie passive du péricarde
compte au nombre de ses causes productives une
nourriture peu succulente, pas assez nourrissante,
un air humide, lourd, les affections morales tristes,
dépressives; on échappe, en voyageant, à l'action
de ces causes morbides, et lorsqu'elles n'existent
plus, il y a tout lieu d'espérer que leurs effets
cessent également. Comme la *médication* ici

indiquée doit porter à la transpiration, les personnes atteintes d'une hydropéricarde doivent
faire leurs voyages préférablement dans les pays
chauds.

Maladies des poumons.

—

Le conduit par lequel nous respirons, arrive
à l'entrée de la poitrine, se divise en deux branches qui, en descendant dans les côtés de cette
cavité, se divisent encore en d'autres conduits,
qui eux-mêmes se subdivisent à l'infini et peuvent être pénétrés d'air jusque dans leurs plus petites ramifications. Il part du cœur une grosse
veine qui bientôt se subdivise en deux canaux,
dont l'un va au poumon gauche et l'autre au
poumon droit. Arrivée là, elle se divise encore de
manière à se perdre dans le tissu des poumons
dont elle devient une partie constituante. Elle y
apporte le sang noir, qui est ainsi répandu dans
toutes les parties de ces organes. Il y est soumis
à l'action de l'air arrivé par les petites ramifications des conduits respiratoires. C'est alors que
de sang noir, veineux, il devient rouge, artériel.
Il est aussitôt repris par des vaisseaux impercep-

tibles à leur naissance, puis plus grands, qui gagnent la direction du cœur où ils arrivent divisés seulement en quatre branches. Voilà les principaux éléments des poumons : le conduit respiratoire infiniment divisé, combiné avec des vaisseaux sanguins, également divisés à l'infini, venant du cœur. Ces éléments sont combinés avec du tissu cellulaire, des nerfs, des vaisseaux lymphatiques, des veines et des artères spécialement destinées à la nutrition de ces parties. Ainsi constitués, les poumons, dont la nature molle et spongieuse est connue de tout le monde, sont enveloppés, dans la poitrine qu'ils remplissent aux trois quarts, par une membrane appelée plèvre.

La respiration n'existe pas chez l'enfant encore dans le sein de sa mère ; ses poumons, réduits à une inaction complète, ne sont point pénétrés d'air ; ils ont une consistance dense qui ne leur permet pas de surnager lorsqu'on les plonge dans un liquide, ce qui, en médecine légale, sert à démontrer si un enfant a respiré ou non avant sa mort. Mais, dès la naissance, la respiration est un acte nécessaire à la vie, puisqu'elle a pour but de rendre notre sang noir, mélangé du produit de la digestion, apte à la nutrition de nos organes et à en faire partie. Comment ce phénomène s'opère-t-il ? Est-ce par l'action seule de l'air qu'aurait lieu ce changement de couleur; est-ce à cette seule cause qu'il faut attribuer l'augmentation de deux degrés de chaleur que prend le sang en passant dans les poumons? Des médecins ont soutenu cette opinion, en accordant à l'oxygène contenu dans l'air atmosphérique la vertu de vivifier ainsi le sang; de là même lui est venu le nom d'air vital. On a alors cherché à faire respirer aux personnes souffrant de la poitrine une atmosphère plus chargée d'oxygène; on est même allé jusqu'à faire respirer de ce gaz pur à des malades. Ces expériences n'ont pas réussi : on a reconnu que, pour qu'une atmosphère soit salutaire, il faut qu'elle ait toujours sa composition ordinaire; aussitôt qu'il y a trop ou trop peu d'oxygène, elle est malfaisante. Des essais tentés sur des animaux ont prouvé qu'il serait impossible de respirer pendant quelque temps de l'oxygène pur sans périr, ou du moins sans contracter une hémorrhagie ou une inflammation des poumons. L'action de l'air seule ne fait pas le changement qu'éprouve le sang en passant dans la poitrine, car alors elle entretiendrait seule la vie, qui ne finirait pas tout le temps que l'on ferait pénétrer ce gaz respirable dans les poumons. Ce phénomène s'exécute encore sous l'influence du système nerveux, ou du moins il en dépend considérablement, puisque si les nerfs qui du cerveau se rendent aux poumons viennent à être blessés ou malades, et ne peuvent plus y porter l'excitation, les poumons cessent de fonctionner, quoique ayant de l'air convenablement pour la respiration. Tout est lié dans notre organisation. Cependant il y a une liaison plus étroite, plus impérative pour l'entretien de la vie, entre ces derniers organes, le cerveau et le cœur, qu'entre les autres parties du corps. Il y a cessation de la vie aussitôt que le cœur n'envoie plus de sang aux poumons ou au cerveau, et dès que celui-ci ne leur imprime plus son action excitante, par les filets nerveux au moyen desquels il communique avec eux.

Le changement du sang noir en sang rouge, dans les poumons, est un acte vital et par conséquent inexplicable, qui s'exécute avec l'aide des lois de la physique et de la chimie, mais point par leurs lois seules. On sait seulement qu'il faut que nous soyons dans certaines conditions pour qu'il ait lieu, conditions que personne ne doit ignorer. Par chacune de nos inspirations, l'air qui entre dans notre poitrine se met en rapport avec notre sang dans une étendue considérable au moyen de l'infinie division des canaux aériens (1).

(1) Il est démontré que si toutes les dernières divisions des canaux aériens des poumons où l'air se rencontre avec le sang

On conçoit dès lors toute l'importance que nous devons mettre à vivre dans un pays sain, à habiter dans des lieux salubres, et à nous éloigner d'une atmosphère impure : on doit être encore étonné de ne pas voir plus de maladies provenant d'un mauvais air respiré. Il y en a peut-être plus que l'on ne pense, et un grand nombre de celles qu'on ne leur attribue pas devraient leur être reprochées. On conçoit encore la fréquence des affections des poumons eux-mêmes, qui sont toujours directement en contact avec l'air que nous respirons. C'est ainsi que les charbonniers, les chaudronniers, les cardeurs de matelas, etc., périssent toujours d'affections pulmonaires qu'ils ont gagnées dans leur profession.

De l'asphyxie.

L'asphyxie est la suspension des phénomènes de la respiration. Elle a lieu lorsque l'air respirable ne vient plus entretenir le jeu des poumons; le sang noir qui y arrive ne trouvant plus d'air qui le vivifie, s'en retourne au cœur, qui cesse

étaient ouvertes à côté les unes des autres, elles occuperaient une surface plus grande que celle de tout notre corps.

de battre à son arrivée. L'asphyxie s'opère encore lorsque l'on a une trop petite quantité d'un
air propre à la respiration, ou bien lorsqu'on
respire un air qui ne contient point assez d'oxygène. Alors le sang noir passe dans les poumons
sans être totalement vivifié, et s'en retourne
ainsi au cœur qu'il impressionne péniblement.
Cependant ce dernier le projette aux différents
organes d'où il revient sans les avoir nourris. Si
ce mouvement circulatoire se continue trop
longtemps, les poumons se fatiguent, et peu à peu
le cœur perd sa force, cesse de battre, et la mort
arrive par le manque d'excitant de la vie, par
l'absence de sang rouge. On donne encore le nom
d'asphyxie à l'empoisonnement occasionné par
des gaz délétères entrés dans notre sang par la
voie des poumons.

La première espèce d'asphyxie comprend celles
dont sont frappés ceux qui se noient, qui se pen-
dent ou qui se trouvent la poitrine trop compri-
mée pour respirer ; elle peut encore arriver
à des personnes renfermées dans un endroit trop
étroit pour contenir assez d'air respirable ou
un air assez souvent renouvelé. En voici un
exemple qui a été inséré par M. Percy dans le
Journal de Médecine (tome XX, page 382), et
qu'il a extrait de l'histoire des guerres des An-

glais dans l'Indoustan : « Cent quarante-six personnes furent renfermées dans une chambre de vingt pieds carrés, qui n'avait d'autre ouverture que deux petites fenêtres donnant sur une galerie. Les premiers effets éprouvés par ces malheureux furent une sueur abondante et continuelle, une soif insupportable. A cette soif succédèrent de grandes douleurs de poitrine et une difficulté de respirer approchant de la suffocation. Ils essayèrent plusieurs moyens pour être moins à l'étroit et se procurer de l'air; ils ôtèrent leurs habits, agitèrent l'air avec leurs chapeaux, et prirent enfin le parti de se mettre à genoux tous ensemble et de se relever simultanément au bout de quelques instants. Ils eurent recours trois fois dans une heure à cet expédient, et chaque fois plusieurs d'entre eux, manquant de forces, tombèrent et furent foulés aux pieds par leurs compagnons. Ils demandèrent de l'eau : on leur en donna; mais, se disputant pour s'en procurer, les plus faibles furent renversés et succombèrent bientôt après. Ils étaient tous dévorés d'une fièvre qui redoublait à chaque instant. Pendant la cinquième heure de leur réclusion, tous ceux qui restaient encore en vie et qui n'avaient pas respiré aux fenêtres un air infect, étaient tombés dans une stupidité léthargique

15

ou dans un affreux délire. On se battit deux fois pour approcher des fenêtres, et enfin, après huit heures environ de détention, on ouvrit les portes de la prison et il n'en sortit vivants que vingt-trois hommes dans l'état le plus déplorable, et portant sur leur visage l'empreinte de la mort à laquelle ils venaient d'échapper. »

De tout temps on a attribué au manque d'air l'état de pâleur, de mauvaise santé qui caractérise les habitants des grandes villes. On observera encore longtemps de pareils inconvénients si l'on continue à construire les habitations telles qu'on les fait aujourd'hui. Les pièces des appartements subissent la loi commune de l'exiguité du terrain où s'entassent une foule de petites pièces d'autant moins aérées qu'elles se trouvent dans des étages plus inférieurs. L'on voit à Paris des logements où chaque locataire n'a guère qu'une à deux toises cubes d'air à respirer; et d'après les calculs de physique, l'on sait qu'un aussi faible volume d'air est presque incompatible avec la vie. De là cet instinct qui porte tous les habitants des villes à profiter du plus petit instant de liberté pour aller dans la campagne respirer l'air réparateur en quantité suffisante; de là cet empressement des gens du monde à voyager à l'époque de la belle saison.

Il nous reste encore à parler de la troisième espèce d'asphyxie, celle occasionnée par des gaz délétères. Les ouvriers qui travaillent à certaines professions y sont très-exposés : tels sont les égoutiers. Nous entendons souvent parler d'asphyxies volontaires ou involontaires arrivées par la vapeur du charbon, qui contient une grande quantité de gaz acide carbonique; des exemples d'une mort ainsi arrivée ne sont que trop communs. En voici un assez curieux, je pense, pour être rapporté :

Il y a quelques années, deux personnes âgées, l'homme et la femme, occupaient un petit appartement, au troisième étage, dans le quartier Montmartre. Un matin, on les trouva sans vie dans leur lit, ne portant aucune trace de violence. Le docteur Ollivier (d'Angers) fut appelé à donner son avis sur le genre de mort qui aurait pu les faire succomber. Pour arriver à le découvrir, il fit placer dans la même chambre plusieurs lapins vivants. Le lendemain matin, on les trouva morts. Des chimistes furent chargés d'analyser une portion d'air pris dans cette chambre; ils trouvèrent que c'était du gaz acide carbonique sans oxygène. Il y avait au-dessus du logement de ces victimes un fabricant de bijouterie dont la forge communiquait par un tuyau dans la cheminée commune. Les vapeurs du charbon de bois qui y était employé, arrivées dans la cheminée, obéissaient aux lois de la pesanteur : celles plus légères que l'air montaient, et celles plus pesantes, le gaz acide carbonique, par exemple, descendaient et venaient tomber dans la chambre immédiatement au-dessous, qu'elles remplirent de manière à en asphyxier les habitants.

Mme X*** occupait, il y a quelques années, rue du Faubourg-Saint-Honoré, un appartement faisant partie d'un hôtel occupé seulement par des locataires riches. Il n'y avait point, près de là, de manufactures ni de boutiques contenant des produits qui pussent altérer l'air. Cependant Mme X***, qui sortait peu, se plaignit, vers le milieu d'un hiver, de malaises, de dérangements dans sa santé, qu'elle sentait s'en aller. Elle éprouvait de temps en temps des accidents que son médecin calmait au moyen de médicaments ; mais ils se reproduisaient toujours, et Mme X*** dépérissait sans cesse. Le docteur crut remarquer dans les maux de sa malade des symptômes d'un empoisonnement lent, et il lui en fit part ; mais elle ne put y ajouter foi : ses gens lui étaient tous dévoués, la propreté de sa cuisinière lui était connue depuis plusieurs années. Cependant, sur les instances de son médecin, elle redoubla de précautions pour les aliments qu'elle prit. Les accidents n'en eurent pas moins leur cours habituel. On ne savait plus à quoi les attribuer, lorsque le hasard mit sur la voie de la vérité. Mme X*** jeta, un matin, les yeux sur un verre rempli d'eau pure, qu'elle avait, depuis la veille au soir, dans la chambre à coucher où elle se tenait presque toujours. Elle remarqua qu'il existait à la surface de l'eau une poussière qui n'aurait pas dû s'y trouver. Elle n'y toucha point, et la montra à son médecin, qui fit analyser le contenu du verre. On y trouva de l'arsenic. D'où provenait-il? Mme X*** était, nous le répétons, sûre de ses gens. Cette découverte mettait la maison entière dans de grandes inquiétudes. On plaça, un soir, au même endroit, un verre rempli d'eau reconnue pure de tout mélange. Le lendemain matin, on y trouva encore la même poussière arsénicale. Après avoir beaucoup cherché, l'on découvrit que Mme X*** respirait dans sa chambre un air vicié par une grande quantité de vapeurs arsenicales, dont une portion allait se condenser sur le verre d'eau, et que ces vapeurs s'étaient dégagées dans la combustion des bougies dont elle se servait. L'arsenic ainsi produit avait été employé dans leur fabrication pour procurer une flamme plus blanche. La cause du mal étant connue, fut éloignée, et Mme X*** n'éprouva plus d'accidents. Elle alla passer quelque temps à la campagne, où sa santé se rétablit promptement. On conçoit que le grand air, les voyages puissent singulièrement favoriser le rétablissement des personnes qui ont souffert, dont la santé a été profondément altérée par une asphyxie, pour avoir respiré un gaz seulement impropre à la respiration, ou bien capable d'avoir introduit dans le torrent circulatoire un principe destructeur, un véritable poison.

De l'hémoptysie ou crachement de sang.

On a donné le nom d'hémoptysie à une hémorrhagie des poumons, qui consiste dans une expectoration sanguine, variable en quantité. Les poumons sont pénétrés d'une infinité de vaisseaux sanguins ; ils sont constamment exposés à l'action des vicissitudes nombreuses de l'air atmosphérique. Ils sont soumis à des efforts violents dans l'action de chanter, de parler longtemps, de jouer de certains instruments. Dans les émotions morales, par suite de l'action cérébrale, ils deviennent facilement le siége d'une congestion sanguine; il n'est donc pas étonnant de voir ces organes être le siége d'hémorrhagies. Leur faible tissu laisse échapper à sa surface un sang rouge, écumeux, et cela par exhalation, comme dans le saignement de nez. L'hémoptysie est une affection fort grave. Répétée souvent, elle dispose à la phthisie pulmonaire, et les personnes qui en ont été atteintes ont infiniment de peine à s'en délivrer totalement. Elle a été divisée en active et passive, c'est-à-dire en hémoptysie par excès de sang et d'irritation dans les poumons, et en hémoptysie par faiblesse des organes pulmonaires, qui laissent échapper le sang comme il sort, chez les personnes faibles, par la membrane muqueuse du nez. Ces divisions doivent être faites, sans doute; mais lorsqu'on voit des auteurs dignes de foi rapporter qu'ils ont toujours traité et guéri leurs hémoptysiques avec des excitants, cela donne, pour la pratique, une idée de la valeur de pareilles divisions; les maladies ne tiennent pas seulement leur existence d'un surcroît de force ou d'un état de faiblesse. Il se passe autre chose dans le travail morbide de l'hémoptysie, qui doit être, d'après mon expérience, traitée avec le moins de saignées possible, et un régime plutôt tonique que débilitant; il est bien entendu que l'on doit toujours tenir compte de l'état général, s'il y a maladie, fièvre, ou absence de tout malaise; et, dans tous les cas, il faut éviter ce qui peut produire et entretenir cet accident. Le célèbre Grétry n'avait point encore atteint l'âge de la puberté, lorsqu'il cracha du sang en abondance, à l'issue d'un concert où il avait chanté fort haut un air de Galuppi. Ce crachement de sang a persisté jusqu'à sa mort. Il s'exaspérait surtout à chaque production que le malade mettait au jour. Grétry croyait sa guérison possible en renonçant au travail de la composition; mais rien ne pouvait l'arrêter, pas même, disait-il, la crainte de payer de sa vie le plaisir de se livrer à son goût pour l'étude. Le docteur Tronchin, qui a laissé de si honorables souvenirs, ayant paru surpris de ce que les moyens curatifs qu'il avait conseillés n'avaient point eu de succès, demanda au musicien quel genre de vie il menait. « Je lis et relis vingt fois les paroles que je veux peindre avec des sons, répondit-il; il me faut plusieurs jours pour échauffer ma tête; enfin je perds l'appétit, mes yeux s'enflamment, l'imagination se monte; alors je fais un opéra en trois semaines ou un mois. — O Ciel! laissez votre musique, dit Tronchin, ou vous ne guérirez pas. » Le grand génie, ainsi malade, a cru devoir donner des conseils aux personnes atteintes comme lui d'hémoptysie : « Ne vous faites jamais saigner pendant l'hémorrhagie sans la plus grande nécessité ; j'ai craché jusqu'à six ou huit palettes de sang dans différents accès, qui revenaient périodiquement deux fois par jour et deux fois par nuit. Tout se calmait à la fois, en buvant un peu d'orgeat, dans l'eau de graine de lin... Après le dernier accès, je restai deux fois vingt-quatre heures couché sur le dos, sans parler et sans remuer. » Et il ajoute plus loin : « La saignée, en affaiblissant les vaisseaux, prépare à de nouvelles hémorrhagies. »

Les voyages, qui doivent être classés parmi les agents thérapeutiques excitants, sont de la plus grande utilité pour les personnes sujettes aux crachements de sang. Ils donnent du ton aux organes pulmonaires, comme aux autres parties du corps ; ils arrachent les malades à leurs occupations, à des pensées, à des affections qui ont pu être la cause du mal ; et, en voyageant dans des pays chauds, la peau devient le siége d'un grand travail perspiratoire, qui fait diminuer singulièrement celui des poumons, et aide à la guérison des hémoptysies. Par contre, il faut se garder de se diriger vers des contrées plus froides que celle que l'on habite, lorsque l'on craché du sang. Le froid, en resserrant les pores de la peau, fait diminuer la transpiration, dispose les organes intérieurs, les poumons principalement, à la congestion, augmente leurs sécrétions, et cela ne ferait que donner un surcroît d'activité à une hémorrhagie pulmonaire. Le royaume de Naples a, de tous les temps, été le pays où, des différentes contrées de l'Europe, les hémoptysiques se rendent pour obtenir leur guérison. Nous avons connaissance des nombreuses cures qui s'y opèrent de nos jours, et nous ne ferons qu'engager les personnes affectées de la maladie dont nous traitons à aller y chercher la santé. Dans les hémoptysies simples, sans complication, je pense qu'il serait avantageux de s'y rendre, tantôt par mer, tantôt par terre. Ici les effets d'une courte navigation seraient favorables et viendraient en aide. Comme, de toutes les maladies, l'hémorrhagie pulmonaire est la plus sujette à des récidives, il est bon de voyager quelque temps encore après avoir cessé de cracher du sang. Deux ou trois mois passés en voyage, après la guérison, me semblent nécessaires pour la consolider. Elle sera encore complétée par l'usage de certaines eaux minérales prises à leur source, telles que celles de Baden-Baden, de Barèges, de Bonne, etc.

De l'angine de poitrine.

—

Une personne est atteinte d'angine de poitrine lorsqu'elle ressent une douleur vive, anxieuse et constrictive de la poitrine, fixée le plus ordinairement vers la partie inférieure du sternum, se portant presque constamment à gauche, et très-rarement des deux côtés à la fois, s'étendant le long du cou jusqu'à l'articulation de la mâchoire inférieure dont elle gêne les mouvements, puis dans le dos, l'épaule, la partie interne du bras jusqu'au coude, quelquefois même jusqu'au poignet et aux doigts. Cette maladie règne à l'extérieur sur le trajet de plusieurs filets nerveux, ce qui empêche les mouvements où ces nerfs se distribuent. A l'intérieur l'air ne peut pas entrer dans les poumons dont le jeu est comme paralysé; alors les malades font toutes sortes d'efforts pour respirer; ils lèvent les bras en l'air, se suspendent par les mains à des objets plus élevés qu'eux, ils sont dans une anxiété extrême, le corps est tout couvert de sueur. Si ces accès se prolongent trop, ils emportent les malades qui périssent du manque d'air, d'une véritable asphyxie.

L'angine de poitrine est une affection qui doit

sa naissance aux influences atmosphériques; elle est plus fréquente en hiver qu'en été, dans les pays froids et humides que dans les pays méridionaux; elle se développe sous l'influence des passions violentes, des affections tristes de l'âme, etc.

L'on voit par cet exposé que les voyages sont bons pour combattre cette maladie. Comme elle est plus commune dans les pays froids qu'ailleurs, on voyagera dans le Midi pour en obtenir plus sûrement la guérison.

De l'asthme.

L'asthme est une affection spasmodique des poumons qui occasionne une oppression ordinairement continuelle, et produit des accès de suffocation d'une fréquence et d'une intensité variées. C'est ordinairement pendant la nuit que ces accès sont le plus pénibles. Les malades ne peuvent respirer qu'étant debout ou assis à une croisée ouverte pour prendre de l'air qu'ils respirent en produisant un certain sifflement; ils éprouvent un resserrement de poitrine et articulent les mots avec une grande difficulté; leur visage est ordinairement pâle, quelquefois gonflé et rouge, l'expectoration est difficile, le pouls rarement fébrile. L'auscultation et la percussion de la poitrine n'indiquent rien de spécial.

Les principales causes de l'asthme sont le plus souvent une action fâcheuse de l'atmosphère sur la poitrine, le froid, l'humidité, les impressions morales pénibles, etc. On lit dans le *Dictionnaire de Médecine et de Chirurgie pratiques* qu'un jeune officier, se portant bien, éprouva en 1814 une impression morale très-vive en voyant les troupes étrangères occuper Paris. Il ressentit sur-le-champ beaucoup de malaise, et sa respiration devint difficile. Il eut la nuit un violent accès d'asthme. Les nuits suivantes furent aussi pénibles, et ce ne fut qu'après quinze jours que les accidents diminuèrent d'intensité. Corvisart fut consulté et n'aperçut aucun signe de lésion organique. Le malade alla passer l'hiver dans le midi de la France et se rétablit entièrement.

Le plus souvent les remèdes ne sont bons dans cette maladie que pour en modérer les accès, aussi voit-on tant de personnes rester asthmatiques jusqu'à la fin de leurs jours. Pour guérir cette affection, il faut profiter de l'exemple que nous venons de rapporter, et aller dans les pays méridionaux en chercher la guérison.

Quant à l'asthme qui est le résultat d'une maladie de poitrine, d'un trop grand embonpoint, de l'obésité, ce sont ces affections que l'on doit traiter pour le voir disparaître.

De la pneumonie.

La pneumonie est l'inflammation des poumons; à l'état aigu elle demande une médication très-active, et force toujours les malades à garder le lit. Elle guérit, ou enlève les malades en quelques jours, ou passe à l'état chronique. L'inflammation chronique des poumons, qui peut également se développer sans avoir été précédée de la période aiguë, est une affection fort grave. Confondue souvent par les gens du monde avec un rhume, on la néglige, mais enfin elle occasionne une fatigue, un travail morbide qui forcent, souvent trop tard, les personnes qui en sont atteintes à recourir aux conseils des médecins.

Les symptômes de cette maladie consistent dans une petite toux sèche qui revient ou s'exaspère tous les soirs, ou vers le milieu de la nuit, et s'accompagne, aux mêmes heures, d'un peu d'oppression, d'une augmentation de chaleur à la peau, principalement à la paume des mains; il y a un peu de moiteur sur tout le corps, quelquefois sur certaines parties seulement, la poitrine ou les jambes. Chaque journée se passe bien, et le soir ou la nuit la même scène recommence. A mesure que l'affection fait des progrès, les symptômes prennent de l'intensité, surtout lorsque le repas du soir a été un peu fort; la toux devient quinteuse, elle est suivie d'expectoration muqueuse plus abondante, et mêlée de quelques stries de sang; elle peut occasionner des soulèvements d'estomac, même des vomissements; enfin le teint prend une couleur jaune paille ou de feuille morte, le malade maigrit, tombe dans le marasme et enfle aux pieds, plus rarement aux mains, et meurt souvent tout à coup. La maladie peut repasser à l'état aigu pour donner ce dernier résultat, qui est alors excessivement prompt.

Outre ces symptômes qui font reconnaître facilement une pneumonie chronique, le stéthoscope et la percussion fournissent d'autres signes, qui sont : l'absence du murmure respiratoire et le son mat des parois de la poitrine.

C'est vraiment par les moyens hygiéniques que l'on arrive à guérir la pneumonie chronique; les malades sont presque toujours trop faibles pour supporter un régime sévère et un traitement énergique. Parmi les indications hygiéniques, les principales sont de prémunir le malade contre les influences des variations atmosphériques, et de le tenir éloigné du froid qui, ainsi que nous l'avons dit, diminue la transpiration de la peau et augmente le travail pulmomaire. Les personnes atteintes de pneumonie chronique se trouveront donc bien sous un ciel modérément chaud. Le midi de la France et de l'Italie sont très-propres à aider ce rétablissement par leur température douce, salutaire; et les sujets de distraction qu'on y trouve dissiperont les terreurs des malades atteints de ces longues affections de poitrine qui les épouvantent par la crainte d'être phthisiques et de ne pas guérir. Si ces voyages n'ont point toujours eu les résultats favorables qu'on en attendait, c'est que fort souvent on les avait fait entreprendre trop tard aux malades, qui étaient arrivés à un état de dépérissement ou de faiblesse qui ne leur permettait plus de se déplacer. Les voyages, dans ce cas, ne font qu'aggraver le mal. Il est difficile de rapporter toutes les causes qui doivent empêcher de voyager quelqu'un atteint de pneumonie chronique ; il faut pour cela se régler sur la manière dont les fonctions digestives se font, sur l'impressionnabilité physique

du malade et sur les désordres dans les fonctions
de la respiration. On doit faire rester chez elle
une personne qui ne mange presque pas, sur laquelle la plus petite fraîcheur renouvelle un accès de toux, et dont les poumons sont hépatisés
dans une grande étendue. Elle ne trouverait pas
dans les voyages une foule de ces choses qui lui
sont maintenant indispensables pour sa vie; il
serait impossible de la préserver en route de ces
courants d'air et de ces fraîcheurs qui lui sont si
funestes.

Quelques courtes promenades sur mer ont été
conseillées avec raison ; il n'en est point de même
de l'exercice à cheval. L'équitation, à mon avis,
est entièrement contraire à la guérison de la
pneumonie chronique. Dans cet exercice les
poumons prennent de l'activité; le sang tend
à se concentrer vers ces organes; il s'y porte en
plus grande abondance et donne lieu à une congestion qu'il faut éviter.

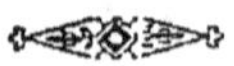

De l'hydropisie (œdème) des poumons.

L'hydropisie des poumons est fort commune,
quoique peu connue; elle consiste dans une

infiltration d'eau du tissu pulmonaire. Les personnes atteintes d'hydropisie générale (anasarque) ou d'hydropisie ascite finissent presque toujours leur vie par une infiltration pulmonaire. On dit alors que l'hydropisie est montée dans la poitrine. De même qu'après les fièvres gastriques, putrides et tremblantes, il survient une infiltration des membres inférieurs et du ventre; de même, après les pneumonies, les organes de la respiration sont souvent le siége d'un dépôt de sérosité plus ou moins grand qui s'accumule entre les vésicules aériennes. Cet accident se remarque surtout chez les pneumoniques qui ont été fortement saignés durant le cours de leur maladie.

L'œdème du poumon se reconnaît à une forte oppression, à une gêne de la respiration avec une toux légère et une expectoration presque aqueuse et plus ou moins abondante. Ces symptômes s'observent avec l'absence de tout signe appartenant à une autre maladie des poumons; seulement le bruit respiratoire est, au stéthoscope, d'une faiblesse qui étonne en voyant les efforts que fait le malade pour respirer; il y a un peu de râle souscrépitant.

Cette maladie doit être reconnue avec attention, surtout lorsqu'elle succède à une pneumonie; car, en la prenant pour un reste de la maladie première, on peut saigner le malade et le conduire à la mort; la saignée ici est toujours très-malfaisante si elle n'est mortelle.

En rappelant vers d'autres parties et à l'extérieur cette eau qui s'est amassée dans la poitrine et qui met si promptement les jours d'un malade en danger, on fait ce qui est indiqué par la saine raison ; et on y parvient en donnant une cause d'excitation, d'exhalation aux intestins par des purgatifs, et en appelant à la peau un travail actif que l'on obtient en allant dans les pays chauds passer quelques mois.

Les eaux sulfureuses de Barèges, de Cauterets, consolident les guérisons difficiles à enlever complétement.

Du catarrhe pulmonaire (bronchite).

On donne le nom de catarrhe aux affections des bronches, ces divisions du canal aérien qui se distribuent dans les poumons.

Les catarrhes ont pris différents noms selon la forme et l'intensité avec lesquels ils se sont présentés à l'observation.

On appelle ordinairement rhumes, ces catarrhes aigus avec de la toux, de l'enrouement et quelquefois du mal de tête, qui durent depuis quelques jours jusqu'à deux ou trois semaines. Passé ce délai, ils prennent le nom de catarrhes chroniques ; on les dit *muqueux* si les malades expectorent des crachats visqueux et plus ou moins opaques ; *pituiteux*, s'ils sont accompagnés d'une abondante expectoration incolore, transparente et filante, spumeuse à la surface. Un catarrhe est sec lorsqu'il y a toux sans expectoration. Toutes ces formes de maladies des canaux respiratoires, en persistant malgré l'administration des remèdes, finissent très-souvent par ébranler le parenchyme pulmonaire et faire naître une pneumonie ou développer une phthisie, lorsque par elles-mêmes elles n'épuisent point le malade et ne le conduisent point à la consomption.

Quoiqu'il soit en général assez facile de distinguer une affection catarrhale d'une maladie du poumon, il y a des cas qui sont très-obscurs pour le praticien le mieux exercé à se servir du stéthoscope. Chez un homme atteint d'un ancien catarrhe, le tissu pulmonaire lui-même peut se prendre presque insensiblement et à l'insu du médecin, qui ne reconnaît le mal que lorsqu'il est trop tard pour y porter remède. Si les médicaments et

les précautions hygiéniques n'ont que peu d'action
sur un catarrhe déjà ancien ; si le malade maigrit
et perd l'appétit, rien n'est mieux indiqué que
de l'envoyer dans un pays chaud, tel que le midi
de la France ou l'Italie. Ce climat aura une heureuse influence sur son corps, l'air qu'il respirera
alors, d'une température plus douce et plus sup-
portable pour les voies aériennes, le travail de la
transpiration qui, comme nous l'avons déjà dit,
s'établit sous ces latitudes, favoriseront singulièrement la résolution des maladies des voies aériennes.

De la coqueluche.

—

La coqueluche est une variété du catarrhe pulmonaire caractérisée par des quintes de toux violentes interrompues par une inspiration très-sui-
vie et terminée par des vomissements glaireux.
Quoique cette maladie atteigne parfois les adultes,
ainsi que j'ai été à même de l'observer, elle frappe
cependant le plus ordinairement les enfants entre
la première et la seconde dentition. Elle est essentiellement épidémique et s'observe plutôt dans
les pays froids et humides que dans les contrées
chaudes et sèches.

Un enfant atteint de la coqueluche tousse dans les premiers temps comme s'il n'avait qu'un simple rhume. Il a un peu de malaise, de pesanteur à la tête, et même de la fièvre qui s'accroît par degrés au fur et à mesure que la toux augmente et devient douloureuse. Au bout de huit à dix jours celle-ci prend la forme quinteuse, les accès ont lieu trois ou quatre fois par jour, puis d'heure en heure et même plus souvent. Entre ces accès, l'enfant est gai, sans abattement, sans faiblesse, sans fièvre. Il demande à manger peu d'instants après avoir vidé son estomac par les secousses que lui a occasionnées la quinte de toux. Jusqu'ici on n'a encore affaire qu'à un simple catarrhe sans lésion grave, et l'enfant peut guérir. C'est alors qu'il est important de le déplacer, de le soustraire à cette influence épidémique qui entretient le mal comme elle l'a occasionné. Il faut, on le conçoit, de grands efforts de la nature aidée des médicaments pour guérir un malade d'une affection qui vient d'une influence morbide, toujours là, puisqu'elle pèse de nouveau chaque jour sur ceux qui y sont exposés. Le moyen le plus prompt, le plus sûr pour arriver à une guérison est, nous le répétons, de faire changer de lieu, de pays, l'enfant qui est atteint de la coqueluche ; autrement le mal fait encore des progrès, et, comme on ne le voit que trop souvent, il a de la fièvre qui se rallume plus fortément le soir ; il devient abattu, triste, et maigrit rapidement. Il y a alors coexistence de quelque complication grave, d'une pneumonie, d'une inflammation d'estomac ou des intestins, ou bien encore d'une phthisie pulmonaire, dont la coqueluche a décidé le développement. Arrivé à ce degré de maladie, l'enfant trouve rarement des forces pour y résister.

De la phthisie pulmonaire.

On donne le nom de phthisie à une maladie qui a son siége dans les poumons ; des corps le plus souvent arrondis, d'un volume variable depuis celui d'un grain de millet jusqu'à celui d'une orange ordinaire, jaunâtres, opaques, très-friables, d'une densité analogue à celle des fromages les plus fermes, sans trace d'organisation, disséminés ou réunis en masses plus ou moins fortes, tels sont les tubercules qui constituent la phthisie. Ces corps, par leur présence et leur accroissement, gênent, puis désorganisent le tissu pulmonaire ; eux-mêmes finissent par se liquéfier et se tourner en une espèce de pus crémeux, qui se fait jour à travers les bronches et est expulsé. Il se forme à leur place des vides, des excavations, proportionnés à l'étendue qu'ils occupaient. On a vu des poumons réduits à une espèce de coque dont les parois avaient à peine quelques lignes d'épaisseur. Tout l'intérieur avait été détruit par la présence des tubercules qui eux-mêmes avaient fini par se fondre et s'en aller en pus. Ce travail destructeur ne peut s'opérer sans porter atteinte à la vie des personnes chez lesquelles il se passe. Les canaux aérifères sont d'abord comprimés, puis détruits; l'air ne peut plus se mettre en contact avec le sang dans une assez grande étendue pour le vivifier entièrement; ce liquide restant à la sortie des poumons, comme à son entrée, impropre à la réparation des organes, ceux-ci finissent par ne plus pouvoir fonctionner.

Ces accidents sont annoncés par une toux plus ou moins vive et toujours opiniâtre, ordinairement sèche le soir; le matin elle est accompagnée d'expectoration. Lorsque les tubercules ne font que de naître, cette expectoration est souvent pituiteuse, mousseuse : plus avancés, ils occasionsent une toux catarrhale, avec l'expectoration qui lui est propre; on observe alors souvent dans les crachats des stries de sang et comme un mélange de pus. Des hémoptysies apparaissent de temps en temps, il y a de l'oppression revenant principalement le soir, des douleurs passagères et rares dans les divers points de la poitrine et en particulier entre les deux épaules. Des sueurs visqueuses, grasses, couvrent certaines parties du corps, telles que le cou, la poitrine, les épaules et quelquefois toutes ces parties en même temps. Ces sueurs se déclarent le soir au moment où le malade s'endort; et lorsqu'elles sont déposées en certaine quantité depuis quelque temps sur une partie, celle-ci se refroidit et communique un sentiment de fraîcheur qui fait revenir la toux. Les phthisiques ont de fréquentes diarrhées, des extinctions de voix, des lassitudes et des douleurs dans les jambes. Hors le temps des sueurs, on leur trouve la peau sèche et aride et le pouls fréquent. Les masses de tubercules empêchant l'entrée de l'air à l'endroit où ils se trouvent, on y rencontre de la matité, comme on n'y entend point ce murmure respiratoire régnant partout ailleurs. Les parois de la poitrine peuvent aussi devenir sonores à un degré inusité. Ce signe annonce un vide complet dans une grande étendue, vide qui ne peut exister que lorsqu'une certaine partie des poumons a été entraînée en suppuration avec la masse tuberculeuse.

La phthisie attaque principalement les hommes de vingt à trente ans, à formes grêles, d'une constitution délicate, à poitrine déprimée sous les clavicules, et qui viennent à tousser sans cause connue, et chez lesquels la toux persiste au delà du terme ordinaire d'un *rhume*.

On a donné trois périodes à la phthisie : dans la première, les tubercules sont à l'état de crudité; dans la seconde, à l'état de ramollissement ; dans la troisième, ce dernier désordre est accompagné de l'ulcération du tissu pulmonaire. Mais cette marche est rarement suivie; le plus souvent on reconnaît réellement la nature de la maladie lorsqu'elle est arrivée au deuxième degré.

La durée de la phthisie est très-variable. L'on voit des personnes qui sont emportées par ce mal en trois mois, deux mois, et même un mois après l'apparition des premiers symptômes ; cependant sa longueur est en général plutôt d'un an à deux ans. On a vu des phthisiques n'arriver au terme fatal qu'après dix, vingt et même trente ans.

On se demande dans le monde et parmi les médecins, si la phthisie est curable. Bayle, un des médecins qui se sont le plus spécialement et le plus savamment occupés de cette affection, ne l'admettait pas, mais il croyait à la possibilité d'une très-longue prolongation de cette maladie. Laënnec et

un grand nombre d'autres médecins célèbres pensent que la phthisie est susceptible d'être guérie,
mais seulement lorsque les tubercules sont ramollis; il est pour eux démontré que ces produits
à l'état de crudité ne peuvent être enlevés, qu'ils
tendent sans cesse à grossir et à se ramollir; il est,
selon eux, impossible à l'art de leur faire faire un
pas rétrograde, et l'on doit s'estimer heureux d'enrayer quelquefois leur marche rapide; mais il y a
des faits patents qui prouvent que l'on peut porter une caverne, un bourbier de pus dans la poitrine, et guérir. A la tête de ces faits, il faut placer
ceux si clairs et si précis, consignés dans l'ouvrage
de Laënnec sur l'auscultation médiate. On y voit
la description de trois cas d'ulcères du poumon
guéris par leur transformation en fistules demi-
cartilagineuses; chez un des sujets qui portaient
cette guérison, on trouva un deuxième ulcère
non guéri et qui avait en outre des tubercules
crus. On lit encore dans le même ouvrage une
histoire de phthisie pulmonaire guérie par
la transformation de l'excavation ulcéreuse en
fistule, une autre observation de cicatrice celluleuse ancienne dans le poumon, chez un homme
mort d'une pleurésie chronique et d'une péritonite
aiguë, et un cas de cicatrice fibro-cartilagineuse
ancienne dans un poumon chez un homme mort

de pneumonie. Ces observations sont rapportées avec le plus grand soin et dans tous leurs détails; elles prouvent que les tubercules du poumon ne sont pas dans tous les cas une cause
nécessaire et inévitable de mort, et qu'après que
leur ramollissement a formé dans l'intérieur du
poumon une cavité ulcéreuse, la guérison peut
avoir lieu de deux manières : ou par la conversion
de l'ulcère en une fistule tapissée, comme toutes
celles qui peuvent exister sans compromettre la
santé générale, par une membrane tout à fait
analogue aux tissus naturels de l'économie; ou
par une cicatrice plus ou moins parfaite et de
nature celluleuse fibro-cartilagineuse ou demi-
cartilagineuse. De pareils faits doivent rappeler
l'espérance de guérir dans l'esprit d'un grand
nombre de phthisiques qui se croient voués à
une mort prochaine. La possibilité de la guérison
étant prouvée, il s'agit de trouver les moyens d'y
arriver. Si l'on passe en revue les causes qui produisent la phthisie pulmonaire, on observe à leur
tête le froid humide : on rencontre beaucoup
plus de personnes atteintes de ce mal dans les
pays où règne une grande humité qu'ailleurs.
Ainsi, il y a beaucoup plus de phthisiques dans
les pays du Nord que dans les contrées méridionales. Ce fait a été constaté en Europe, comme en

Amérique : on en compte un plus grand nombre en Angleterre et en Hollande que dans les autres parties de l'Europe; on en trouve plus en France, et surtout au centre et au nord de ce pays, qu'en Espagne et en Italie. Les hommes qui passent d'un climat dans un autre dont la température est plus froide deviennent très-aisément phthisiques. Les régiments français, lors de nos guerres de la République et de l'Empire, fournissaient en Hollande beaucoup plus de phthisiques qu'en Espagne et en Italie. Cette affection éclate le plus souvent dans la saison froide et humide, et ralentit souvent sa marche au contraire pendant l'été, tant que les tubercules du moins sont à l'état de crudité. Dans les grandes villes, elle sévit principalement sur les habitants des rues sombres, étroites et humides. La mauvaise alimentation, celle surtout qui se compose exclusivement de farineux, de laitage, de végétaux aqueux, de mauvais pain et de mauvais fruits avec une boisson habituelle d'eaux de neige fondue, ou chargées de sulfate de chaux, provoque également le développement des tubercules pulmonaires. Une alimentation insuffisante produit le même effet. Un fait qui éclaire considérablement sur les causes productrices de cette maladie, c'est que les animaux herbivores contractent des tubercules beaucoup plus fréquemment et beaucoup plus facilement que les carnivores, chez lesquels il est rare d'en rencontrer, et difficile d'en faire naître. On y parvient principalement sur ceux des pays chauds que l'on transporte dans les pays froids. C'est à cette action destructive que succombent presque tous les animaux venant du Midi et renfermés au Jardin des Plantes ; les singes, qui ne sont pas carnivores, périssent beaucoup plus vite que les lions et les tigres.

On cite encore comme propre à développer la phthisie, la respiration prolongée d'un air non renouvelé. Ainsi l'on trouve beaucoup de phthisiques chez les individus forcés d'habiter en trop grand nombre dans des chambres basses et étroites, de travailler dans des ateliers mal ventilés, trop petits pour la quantié d'ouvriers qu'on y entasse. Le défaut d'insolation, ou le séjour dans un lieu sombre, produit le même effet en étiolant en quelque sorte les individus. La plupart des lapins qu'on élève dans des tonneaux sont remplis de tubercules ; presque toutes les vaches des nourrisseurs de Paris meurent de phthisie, et il n'est pas jusqu'aux oiseaux de volière qui n'en éprouvent les mêmes effets morbides. Il paraît démontré que la matière tuberculeuse vient d'un sang vicié, qui la dépose ainsi en passant dans les poumons. La phthisie est donc en principe un vice du sang, il est tout simple de penser alors qu'elle peut être héréditaire, que le germe en est donné du père au fils, lequel germe se développe plus facilement dans certaines conditions de la vie, que nous avons relatées plus haut.

La connaissance des causes qui favorisent le développement de cette maladie nous met sur la voie du traitement qu'il faut employer pour en empêcher le développement et en obtenir la guérison, qui est, comme nous l'avons vu, très-possible. La première indication à remplir par un phthisique ou par celui qui est menacé de le devenir, est d'éviter l'action prolongée du froid humide, de quitter son pays pour aller passer quelque temps en voyageant dans des contrées plus chaudes. Ces voyages ne se font jamais trop tôt et fort souvent trop tard. Si le malade était tombé dans un degré de faiblesse et de mauvais état excessivement prononcés, il serait raisonnable de le traiter chez lui et d'attendre que sa position permît de le laisser partir. En agissant ainsi on obtient des guérisons. Laënnec, dans son ouvrage déjà cité, a rapporté le fait suivant : «M. G..., Anglais, détenu à Paris comme prisonnier de guerre, âgé d'environ trente-six ans, d'une haute stature, d'une assez forte constitution, d'un tempérament

lymphatico-sanguin, éprouva au commencement de septembre 1813 une hémoptysie assez
abondante, suivie d'abord d'une toux sèche,
et, au bout de quelques semaines, de l'expectoration de crachats jaunes et puriformes. A
ces symptômes se joignait une fièvre hectique
bien prononcée, une dyspnée considérable et des
sueurs nocturnes abondantes. L'amaigrissement
faisait des progrès rapides et les joues diminuaient
dans la même proportion. Sa poitrine résonnait
bien dans toute son étendue, excepté sous la clavicule et sous l'aisselle droites. L'hémoptysie re-
paraissait de temps en temps, mais avec une
abondance médiocre. Dans le courant de décembre il se manifesta un dérangement de corps qui
ne fut modéré qu'avec beaucoup de peine par l'o-
pium et les substances gommeuses. Au commencement de janvier le malade était arrivé à un
état de marasme tel qu'on pouvait s'attendre
chaque jour à le voir succomber. Bayle et Hallé,
qui le virent en consultation, portèrent, ainsi
que moi, ce jugement.

« Le 15 janvier 1814, le malade éprouva
une quinte de toux plus forte qu'à l'ordinaire, et après avoir rendu quelques crachats
de sang presque pur, il expectora une masse
de consistance ferme et de la forme d'une

petite noisette. Je fis laver cette masse et je vis qu'elle était composée de deux substances très-distinctes; l'une était jaune, opaque, de consistance de fromage, un peu friable, mais cependant assez ferme. Cette matière, qui formait à peu près les trois quarts de la masse, était facile à reconnaître au premier coup d'œil pour un tubercule qui avait éprouvé un premier degré de ramollissement. L'autre substance était grisâtre, demi-transparente, très-ferme en certains points, molle, flasque et rougeâtre dans d'autres, et ressemblait entièrement à un petit morceau de tissu pulmonaire en partie imprégné ou infiltré de la matière grise des tubercules commençants, dans l'état d'endurcissement, enfin que l'on rencontre autour des masses tuberculeuses un peu volumineuses et des excavations ulcéreuses. D'après cet accident et l'état général du malade, je ne doutai pas qu'il ne dût succomber dans quelques jours et peut-être dans quelques heures. L'amaigrissement était porté au dernier degré, et depuis près de trois semaines le malade ne pouvait plus se soutenir sur ses jambes, même quelques instants. Sa pesanteur spécifique était tellement diminuée à cette époque, quoiqu'il eût près de six pieds, qu'un homme de force moyenne a pu le transporter sans peine sur les deux mains tendues, et sans l'embrasser, de son fauteuil à son lit.

« Il resta dans le même état jusqu'à la fin de janvier. Au commencement de février les sueurs et le dérangement de corps cessèrent spontanément, et, contre toute espérance, l'expectoration diminua considérablement ; le pouls, qui jusqu'alors passait habituellement cent vingt pulsations, tomba à quatre-vingt-dix ; l'appétit, nul depuis le commencement de la maladie, reparut peu de jours après ; le malade put faire quelques pas dans sa chambre ; bientôt l'amaigrissement diminua, et vers la fin du mois tout annonçait une véritable convalescence. Dans le courant de mars la toux cessa entièrement, l'embonpoint revint graduellement, les moules reprirent leurs formes, le malade put monter à cheval et même faire d'assez longues courses. Au commencement d'avril il était rétabli.

« Depuis cette époque, M. G. a presque toujours voyagé ; il a parcouru successivement la France, l'Italie et l'Allemagne, revenant de temps en temps à Paris ou à Londres, en changeant ainsi de climat, quelquefois d'une manière brusque ; ayant une vie assez sobre, assez régulière, mais se laissant entraîner de temps en temps à des parties de plaisir que, parmi ses compatriotes, les hommes de bonne compagnie ne s'interdisent pas toujours, et qu'en France on appellerait des orgies; il n'a pas éprouvé la moindre rechute et il ne tousse jamais.

« Se trouvant à Paris au mois de mars 1818, il me consulta de nouveau pour une légère affection bilieuse. Je profitai de l'occasion pour examiner sa poitrine à l'aide du stéthoscope : je trouvai que la respiration était beaucoup moins sensible dans tout le sommet du poumon droit, jusqu'à la hauteur de la troisième côte, que dans le reste de la poitrine. Cette partie cependant résonne aussi bien que le côté opposé, et il n'y a point de pectoriloquie. D'après ces signes, je pense que l'excavation d'où est sorti le fragment de tubercule décrit ci-dessus, a été remplacée par une cicatrice cellulaire ou fibrocartilagineuse. L'absence totale de la toux, de la dyspnée et de l'expectoration depuis si longtemps, ne permet guère de soupçonner qu'il puisse exister chez lui d'autres tubercules, et je pense en conséquence qu'il est parfaitement guéri. En 1824 il a été examiné à Rome par le docteur Clarke, médecin anglais qui y exerce la médecine avec beaucoup de distinction, et qui l'a reconnu pour le sujet de l'observation que l'on vient de lire. Je l'ai revu moi-même dans le cours de la même année, et je l'ai trouvé dans le même état qu'en 1818. Voilà un cas de guérison à domicile bien confirmée et consolidée par les voyages. »

Si l'on traite des phthisiques trop souffrants pour pouvoir voyager, il est bon de ne pas perdre patience et de ne pas discontinuer de les entourer de soins et d'encouragements. Si on ne leur procure point toujours la santé, il est possible du moins de leur prolonger la vie de quelques années, et c'est beaucoup même pour des malades.

Dans le courant de l'année 1834 je fus appelé pour donner des soins à une demoiselle Duquesnoy, demeurant à Valognes, où j'exerçais alors la médecine. Cette personne, âgée d'environ soixante-cinq ans, était rachitique; elle avait été très-souvent obligée, me dit-elle, de prendre de la tisane pour une toux à laquelle elle était sujette depuis son enfance. Lorsque je la vis pour la première fois, elle toussait avec une expectoration sanguinolente; elle était oppressée, le pouls donnait quatre-vingt-dix fortes pulsations par minute. La partie supérieure droite de la poitrine, sous la clavicule, fuurnissait un son mat; le murmure respiratoire ne s'y faisait point entendre dans une certaine étendue. Autour de cette partie sans

bruit on observait un râle crépitant très-prononcé. Je diagnostiquai une inflammation du
poumon droit avec la présence d'une masse tuberculeuse. J'ordonnai des médicaments prescrits
en pareille circonstance. Le lendemain je fus
mandé en toute hâte pour aller voir cette malade. Je la trouvai dans l'état le plus alarmant :
assise sur son séant, elle avait mille peines à se
débarrasser de crachats puriformes très-collants,
que sa garde allait lui chercher jusqu'au fond de
la bouche. Le pouls battait cent-vingt pulsations
par minute. La respiration était très-gênée. Les
personnes qui l'entouraient la croyaient à l'agonie. Mlle D., qui se trouvait à cet instant chez
elle, et qui, comme dame de charité, voit beaucoup de malades, me dit qu'elle la supposait à son
dernier moment, tant était fort le râle qui occupait tout le conduit aérien. Je fis venir promptement une potion, dans laquelle j'avais prescrit
cinq centigrammes de kermès minéral. Dès la
troisième cuillerée que l'on put faire avaler à la
malade, il y eut des vomissements qui se conti-
nuèrent pendant une demi-heure. La matière
des vomissements, jaune, verdâtre, fut évaluée
par les assistants à un litre ; elle était composée
de matière tuberculeuse à l'état de putréfaction.
Mlle Duquesnoy éprouva un grand soulagement

après cette crise. La poitrine auscultée le lendemain était sonore avec du gargouillement à l'endroit où elle avait présenté de la matité avant les vomissements. J'y supposai une vaste caverne tuberculeuse. Les jours suivants la malade cracha beaucoup de matières purulentes ; cependant ces crachats diminuèrent considérablement. Je lui fis donner à manger aussitôt que la fièvre diminua un peu (il ne faut pas attendre dans ce cas qu'il y ait absence de fièvre pour donner des aliments... on attendrait trop longtemps); elle reprit un peu de forces, elle put se lever, et puis se promener dans sa chambre. Elle crachait toujours du pus, ce qui me forçait à ne lui permettre de sortir que dans le milieu du jour, et lorsque le temps était doux. Cependant son état maladif la privait depuis plusieurs mois d'aller remplir ses devoirs religieux, lorsqu'un matin elle fut entendre une messe basse. Elle rentra chez elle avec des frissons, des malaises, et cracha du sang. L'impression du froid qu'elle avait éprouvé dans l'église lui avait occasionné une hémoptysie qui céda à l'action des remèdes au bout de deux ou trois jours. Cette malade mit par la suite une grande prudence dans ses sorties ; cependant elle fut encore deux fois atteinte d'hémoptysie qu'elle gagna à l'église, à des époques éloignées. Etant

fort contrariée de ne pouvoir y aller, elle chercha et trouva un moyen, selon elle, d'entendre la
messe sans compromettre sa santé. Elle prit
un logement au couvent des Augustines de Valognes, où elle pouvait, de ce logement, entrer
dans une tribune de la chapelle de cette com-
munauté. Un matin, après être restée dans cette
tribune le temps voulu pour entendre une grand'-
messe, elle rentra chez elle si souffrante, qu'elle
se coucha. Je fus la voir dans la soirée, et je la
trouvai atteinte d'une pneumonie du côté droit,
dont elle mourut quatre ou cinq jours après. Il
est hors de doute que si cette personne ne se fût
pas exposée au froid qui chaque fois lui rouvrait
la plaie qu'elle portait dans la poitrine, elle aurait pu vivre encore plusieurs années.

Quant aux malades qui sont en état de voyager, le séjour, en hiver, de Nice, de Pise, de
Rome et d'Hyères, leur sera favorable. Durant
la saison de l'été, les phthisiques au premier degré se trouveront bien de faire une excursion aux
eaux de Spa, et ceux du second degré devront se
diriger vers celles de Barèges. Prises à l'intérieur
et en bains, celles-ci ont une action tonique qui
favorise le rétablissement des forces et la cicatrisation des plaies qui existent dans les poumons.

Les phthisiques au premier degré pourront

seuls être soumis à l'action des voyages sur mer, et avec de grandes précautions, après avoir d'abord essayé de l'effet qu'aura produit sur eux l'air maritime. Quant aux phthisiques des deuxième et troisième degrés, il me paraît démontré qu'il est impossible de les faire embarquer sans les exposer à un redoublement dans leurs maux. L'air de la mer pourrait seulement leur être favorable en consolidant un rétablissement bien confirmé. Les guérisons des phthisiques aux deuxième et troisième degrés, que l'on a dit avoir été obtenues par ce moyen, n'étaient, sans aucun doute, que des catarrhes pulmonaires ou des bronchites que l'on avait confondus avec la phthisie.

On a longtemps débattu à l'Académie de médecine la question de savoir s'il fallait suivre l'avis de plusieurs médecins qui conseillaient d'envoyer nos phthisiques à Alger, dans l'espérance qu'ils y trouveraient la santé. Les praticiens qui faisaient cette proposition se fondaient sur ce qu'il n'y avait point de phthisiques dans cette ville, et sur ce que son degré de température, son voisinage de la mer Méditerranée, enfin son climat, devaient être favorables pour guérir une pareille affection. Une des raisons qui, je pense, ont fait rejeter ce projet, était le voyage sur mer, indispensable pour s'y rendre, et qui, aux yeux d'un grand nombre de membres de la savante Académie, doit être funeste aux phthisies confirmées. Je crois de plus que le séjour d'Alger aurait pu aggraver l'état de plusieurs malades. De ce qu'il n'y a point de phthisiques dans un endroit, il ne faut pas en conclure que la phthisie y serait guérie. La première pensée et la plus raisonnable qui doive nous venir dans ce cas, est que s'il n'y en a pas dans telle localité, c'est qu'ils ne peuvent y subsister, c'est qu'il y a quelque chose qui leur est contraire ; et si l'on n'en trouve point sur la côte nord algérienne, c'est qu'il y règne un air trop vif qui ne leur permet pas d'y vivre, lequel air ferait également beaucoup de mal à ceux qui iaient le respirer. On voit des phthisiques dans tous les climats en plus ou moins grande quantité ; il y en a en Italie, à Naples, seulement dans des proportions beaucoup inférieures à celles que l'on trouve ailleurs. Il serait impossible de rencontrer un phthisique sur la butte Montmartre, à moins qu'il ne l'habitât depuis quelque temps, parce qu'il y succomberait bientôt ; et nul médecin ne sera d'avis d'engager une personne atteinte de l'affection qui nous occupe à aller y faire sa demeure dans l'intérêt de sa santé. De même le séjour d'Alger n'est nullement favorable au rétablissement des phthisiques; surtout de ceux atteints du deuxième et du troisième dégré. Cependant l'air y est fort sain, très-fortifiant, jamais d'une chaleur excessive sur le rivage. Une excursion sur la côte nord d'Afrique ne peut faire que du bien aux personnes dont l'état de santé leur permet d'être embarquées pendant douze à quinze jours; mais elle occasionnerait de graves accidents à celles qui porteraient des tubercules dans les poumons, à l'état de ramollissement ou de suppuration, et à plus forte raison lorsque le poumon serait lui-même ulcéré.

Nous disions tout à l'heure que l'on ne rencontre point de phthisiques sur les lieux très-élevés, parce que l'air vif qui y règne ne leur permet point d'y exister. Cependant des médecins rapportent que des personnes attaquées de cette terrible affection ont trouvé leur salut dans l'habitation des montagnes. Ces malades étaient, disent-ils, des individus dont l'habitude du corps était lymphatique ou qui avaient résidé précédemment, et pendant longtemps, dans des lieux bas, humides et marécageux. Ils étaient porteurs de phthisies scorbutiques, contractées par une longue navigation dans des climats humides, et qui ont cédé à l'action de l'air pur des montagnes. Ils éprouvaient, en arrivant dans un pays élevé, montueux et aride, un malaise général assez grand, un resserrement et des douleurs plus fortes dans la poitrine, phénomènes morbides qu'il fallait combattre par une médication appropriée.

Il est probable que les personnes dont il est ici question n'étaient point atteintes de phthisie, mais tout simplement d'une affection scorbutique ou d'une détérioration générale qui les avait mises dans une grande faiblesse, à laquelle on doit attribuer les accidents qu'elles ont éprouvés en arrivant sur les montagnes, lesquels accidents se sont calmés par suite de l'habitude de vivre dans un air vif, que certainement un phthisique au deuxième degré n'eût pas supporté.

Mme veuve Richard, fabricant de bijouterie, rue Saint-Martin, à Paris, a parmi ses fils un jeune homme de vingt-deux ans qui est phthisique. Depuis plusieurs années il tousse beaucoup dans la journée et davantage encore pendant la nuit. Il expectore considérablement ; il est sans cesse dans une transpiration extraordinaire lorsqu'il est couché. Petit et maigre, il trouve encore cependant assez de force pour faire son état. L'année dernière, sa mère pensa que la mauvaise santé de son fils pouvait tenir au manque d'air et d'exercice dans lequel il se trouvait d'un bout de l'année à l'autre. Elle fut consulter un médecin pour lui demander s'il ne serait pas avantageux pour son fils d'aller habiter Montmartre, où il trouverait un air vif, et en y demeurant, il aurait une assez longue course à faire chaque jour pour venir à son atelier, rue Saint-Martin, ce qui lui procurerait un exercice salutaire. D'après l'avis du docteur, Mme Richard prit un logement, pour elle et son fils malade, sur le versant sud-est de la butte Montmartre. Le jeune homme n'y fut pas un mois sans perdre son appétit, sans voir sa toux augmenter ainsi que ses sueurs nocturnes. Il eut des coliques, des insomnies, de la fièvre. Appelé à lui donner des soins, je calmai ces accidents en lui faisant garder la chambre, et par le moyen de quelques médicaments. Mais aussitôt qu'il sortit de nouveau, il fut encore une fois plus malade. Ayant bien examiné la cause de cette rechute, je crus reconnaître qu'elle venait de l'air trop vif que ce jeune homme respirait à Montmartre. Je conseillai à la mère de retourner habiter la rue Saint-Martin, où son fils retrouverait, sinon la santé, du moins une existence plus calme qu'à Montmartre, où il était exposé à mourir. Mme Richard n'écouta point d'abord mon conseil; elle resta encore deux mois dans sa nouvelle demeure. Mais enfin, voyant son fils perdre toute son énergie, et ne plus quitter le lit chaque jour qu'à deux ou trois heures de relevée, elle alla reprendre son ancien domicile, où son enfant a retrouvé assez de force pour continuer son état. Il tousse, crache et transpire toujours beaucoup, mais il n'a plus les accidents qu'il éprouvait à Montmartre.

Il y a peu de temps, l'Académie de Médecine de Paris a eu à s'occuper de plusieurs rapports qui lui ont été faits constatant l'absence de la phthisie dans les lieux où règnent d'une manière endémique les fièvres intermittentes. Elle a consacré plusieurs séances à discuter la valeur et le parti que l'on pouvait tirer des observations constatant qu'à Rochefort, dans les marais qui avoisinent Strasbourg, lieux où les fièvres tremblantes sont endémiques, on trouve fort peu de cas de mort occasionnée par la phthisie. Lors même que ce fait serait démontré d'une manière évidente, on n'en devrait pas conclure que ces lieux marécageux seraient avantageux à habiter par les phthisiques, pour leur rétablissement. Il y a un ensemble dans notre constitution, qui fait qu'une chose qui agit d'une manière fâcheuse sur une partie de notre corps ne doit pas avoir de vertus curatives sur l'autre, surtout lorsque, comme dans ce cas, l'action a lieu par l'air qu'on respire, et la nature des substances dont on se nourrit. Il y a peu de phthisiques dans ces contrées où la mort frappe les habitants par des affections continuelles des organes du ventre. Ce n'est pas extraordinaire : un pays ne serait pas habitable, si, par son climat, il attaquait tous les organes de l'homme à la fois. Dans ces contrées évidemment malsaines, il faut être né avec une bonne constitution pour y vivre ; et les enfants phthisiques ne peuvent résister aux agents destructeurs qui viennent les assaillir dès leur entrée dans le monde. Voilà pourquoi on n'y trouve pas de phthisiques, et non parce que ce pays est un préservatif contre cette maladie.

Nous ne pouvons terminer cet article, sans parler de la contagion de la phthisie pulmonaire. La plupart des médecins de notre siècle n'admettent point qu'elle soit possible. Cependant quelques hommes de grand mérite, tels que Morton, Morgagni, Valsalva, etc., sont d'avis que cette maladie peut être gagnée par la contagion. Ils ont eu l'occasion, disent-ils, d'observer que des parents, des époux, s'étaient communiqué la phthisie en habitant le même logement, ou se servant des mêmes habits. Des domestiques d'une excellente constitution l'ont, dit-on, contractée en donnant des soins à leurs maîtres qui en étaient atteints.

M. Roche rapporte qu'il a vu une femme jeune, forte et bien constituée, devenir phthisique pendant qu'elle prodiguait ses soins à son mari, phthisique lui-même, et succomber à cette maladie peu de mois après lui; elle avait continué de partager son lit jusqu'à une époque très-avancée de la maladie. M. Hatin jeune a vu des cas analogues se reproduire si souvent, qu'il n'hésite pas à croire que la phthisie puisse se communiquer de cette manière. S'il est une circonstance où la phthisie doive se communiquer par la contagion, c'est lorsqu'un individu couche pendant plusieurs mois avec un phthisique; qu'il respire l'air vicié par le malade, et qu'il est chaque nuit mouillé par sa sueur. J'ai été le médecin d'une dame dont le mari est évidemment phthisique. Cette dame jouit habituellement d'une excellente santé; elle est d'un tempérament sanguin, prononcé d'une manière rare dans son sexe. Elle m'a rapporté qu'elle a été obligée de cesser de partager le lit de son mari, parce que la partie de son corps qui le touchait pendant son sommeil était toujours, le matin, recouverte de taches de rougeur, d'élevures, qu'elle attribuait à la transpiration dans laquelle était habituellement son mari lorsqu'il était couché. Elle avait acquis la preuve que telle était bien la cause de ces élevures, en observant qu'elles étaient plus nombreuses lorsque son mari, par suite d'un rhume ou d'un refroidissement, transpirait davantage. Le docteur Maygrier dit avoir été témoin d'un fait qui prouverait la contagion de la phthisie d'une manière décisive : un homme, en faisant une visite à un pulmonique, s'aperçoit de l'odeur fade et de la vapeur piquante, irritante, qui s'élèvent du crachoir d'un phthisique, atteint de l'espèce dite ulcéreuse : il est bientôt pris d'accidents semblables et graves du côté de la poitrine; et en peu de temps sa femme est également saisie de la même maladie ; mais seule elle y succombe.

Si l'on n'admet point que la phthisie soit contagieuse par une espèce de virus, de miasme pestilentiel, on ne peut nier que les malades qui en sont atteints ne sécrètent une humeur évidemment irritante et visqueuse, que leur haleine ne soit chargée d'une odeur putride, qui doivent avoir une action fâcheuse sur les personnes qui sont à même d'en être pénétrées. Cette action varie, sans doute, dans sa puissance sur les personnes, selon la force de leur constitution. Et si ma cliente dont le mari était phthisique n'a gagné que des élevures en couchant avec lui, elle doit attribuer ce résultat à la force de sa constitution, qui lui a permis de résister à des accidents plus fâcheux, tels que ceux de la phthisie, qu'auraient éprouvés des femmes plus faibles qu'elle. Elle m'a dit, du reste, que pendant les maladies que faisait assez fréquemment son mari dans les premiers temps de son mariage, elle avait été obligée de coucher seule, et qu'elle avait cru remarquer qu'elle se portait alors mieux que lorsqu'elle partageait son lit. Peut-être, ajoutait-elle, ces élevures que je gagnais avec lui, me faisaient-elles trop penser à ma santé, et me portaient-elles à la supposer menacée d'un trouble ou même un peu dérangée.

En Espagne, en Italie, on croit généralement que la phthisie pulmonaire peut se transmettre par le toucher, par l'air, et même par les vêtements, par l'intermédiaire des objets de laine, de soie, de coton et de plume, qui ont servi à un phthisique. Aussi y brûle-t-on tous ses effets, lorsqu'il vient à mourir.

Quoi qu'il en soit de ce point de médecine, je pense qu'il est prudent de ne point coucher avec un phthisique, pas même dans sa chambre, et de ne point se servir de ses vêtements ni de son linge. Les personnes chargées de le soigner doivent surtout éviter de s'exposer à recevoir l'impression de son haleine, comme celle de la vapeur que peuvent exhaler ses crachats, et même sa peau, toujours couverte d'un enduit âcre, irritant, tenace et visqueux. Elles auront soin de ne point trop s'approcher de sa figure en le soignant, et de prendre toutes les précautions que la propreté exige, après l'avoir touché et lorsqu'elles viennent de lui rendre quelque service. Elles devront le tenir toujours dans du linge très-souvent renouvelé ; les fenêtres de son appartement seront tenues ouvertes chaque jour pendant un temps plus ou moins long, selon la température du dehors, afin que l'air entre pour purifier l'atmosphère malfaisante qui règne autour de lui.

De la pleurésie.

On donne le nom de pleurésie à l'inflammation de l'une ou des deux membranes connues sous le nom de plèvres, qui revêtent l'intérieur de la poitrine et se replient sur les organes contenus dans cette cavité. Par suite du contact qu'elles ont avec les poumons, il arrive fort souvent que ces derniers sont également malades lorsque la plèvre qui les touche le devient : rien de plus commun que les pleuro-pneumonies, ou l'inflammation de la plèvre et du poumon réunie. La pleurésie aiguë est une maladie qui réclame le plus promptement possible les secours de la médecine ; en quelques jours, elle occasionne la mort ou des ravages contre lesquels le traitement le mieux entendu peut rester impuissant. Elle passe fort souvent à l'état chronique. La pleurésie chronique succédant ainsi à l'aiguë, ou bien ayant pris cette forme dès les premiers temps de son existence, est une des affections morbides qui entraînent le plus de monde au tombeau. Elle fait les premiers ravages, sans que le malade en souffre beaucoup. Il garde rarement le lit ; il se croit seulement indisposé, et continue à vaquer à ses affaires, à mener le même genre de vie, seulement avec un peu de malaise. Cependant, il tousse toujours un peu ; il maigrit, sa face devient jaune paille ; il est fatigué d'un froid presque continuel aux extrémités inférieures, pendant qu'il se sent une certaine chaleur au corps, dont la peau est plutôt aride que froide. Le pouls est petit, et susceptible de s'accélérer à la plus faible émotion et sous l'influence du moindre travail. Le médecin reconnaît facilement une pleurésie chronique au son extrêmement mat que donne la poitrine du côté où elle a son siége, car elle n'existe ordinairement que d'un seul côté. Ce son mat a lieu depuis la clavicule jusqu'aux dernières fausses côtes. Il y a, dans cette étendue, absence complète du bruit respiratoire et de son vocal, excepté en arrière, sur les côtés de la colonne vertébrale et à la division des bronches, où s'entendent la voix et la respiration, comme si elles passaient dans un tube.

Aussitôt que la plèvre est malade, elle sécrète de l'eau d'une manière extraordinaire, comme la membrane du nez en produit beaucoup lorsqu'elle est irritée, dans le commencement d'un coryza. Ce liquide sécrété par la plèvre tombe dans la cavité pectorale, qu'il remplit plus ou moins complétement, puis comprime le poumon, dont on n'entend plus alors le bruit respiratoire. Cette membrane elle-même finit par changer de nature, par s'ulcérer et produire du pus. Lorsque la pleurésie est fort avancée, les malades ayant ainsi un des côtés de la poitrine plein d'eau, ne peuvent trouver de repos qu'étant couchés sur le côté malade, parce que, tournés sur celui qui est sain, la masse du liquide pèse dessus et l'empéche de fonctionner. La suffocation est imminente, parce que l'épanchement en augmentant toujours finit par refouler le poumon sain du côté opposé qui, à lui seul, entretient la respiration. Poussé lui-même par une collection pleurétique siégeant dans le côté gauche, on a vu le cœur donner les signes de ses battements sous les côtes du côté droit. Le pleurétique finit par ne pouvoir respirer qu'étant debout ou sur son séant. La maladie, arrivée à un tel degré, est ordinairement mortelle. J'ai eu l'occasion d'observer un cas de guérison de pleurésie bien remarquable, à cause de sa rareté. Dans le courant de l'année 1838, je fus appelé auprès d'une dame, âgée d'environ cinquante ans, qui souffrait dans la poitrine. Je l'examinai attentivement, et je reconnus que le côté droit était comme aplati. Les côtes n'y étaient pas si bombées que de l'autre côté. En les mesurant à leur naissance dans le dos jusqu'à leur terminaison à la partie moyenne et antérieure de la poitrine, je les trouvai plus courtes que celles du côté opposé. Je percutai cette partie plate, elle me donna un son mat. L'oreille, appliquée contre elle, n'entendait aucun bruit. Le poumon droit n'existait donc plus, et avait été détruit par une maladie antérieure ; les côtes, ne contenant plus rien dans leur concavité, étaient revenues vers la ligne droite. Cette femme me dit qu'elle n'avait plus de santé depuis qu'elle avait eu une longue et forte pleurésie, il y avait une dizaine d'années ; qu'elle était toujours oppressée et sujette aux rhumes. Cela donne une idée des grands désordres organiques qu'une personne peut supporter sans en mourir. Perdre ainsi la moitié de ses poumons !

Comme nous l'avons dit au commencement de cet article, la pleurésie chronique commence toujours par une marche lente, cachée, et souvent accompagnée de quelques dérangements dans les fonctions de l'estomac ou des intestins, qui attirent l'attention des malades et des médecins, et font négliger ou méconnaître l'affection principale, la maladie de la plèvre. Le point de côté, qui existe presque toujours et avec une violence cruelle, dans la pleurésie aiguë, manque le plus souvent dans la pleurésie chronique. Il n'y a réellement que le médecin faisant usage de la percussion et de l'auscultation, qui soit à même de la reconnaître à l'épanchement d'eau qui existe dans la poitrine, aux signes que cet épanchement fournit.

On devra s'empresser d'envoyer dans le Midi de la France ou en Italie, toute personne porteur d'une affection chronique de la plèvre. On a remarqué que cette maladie se trouvait beaucoup plus souvent dans les pays froids, bas et humides, que dans les contrées méridionales, où elle guérit facilement, parce que la chaleur, le grand air, sec et chaud, favorisent singulièrement la résorption du liquide épanché, et disposent la plèvre à ne plus en produire d'une manière anormale. Les voyages sur terre, joints aux précautions d'entourer le malade de la tête aux pieds avec des vêtements de flanelle, de lui faire des frictions journellement sur tout le corps, aident beaucoup les pleurétiques à se délivrer d'une affection qui leur est fort souvent funeste en restant chez eux.

De la pleurodynie.

—

On désigne par le nom de pleurodynie une affection rhumatismale d'un ou de plusieurs des muscles de la poitrine. On la reconnaît à une douleur locale subite, vive, lancinante, pongitive, augmentant par la pression, par les mouvements du corps, par la toux et par l'acte de la respiration. Cette maladie survient souvent lorsqu'un rhumatisme cesse de se faire sentir dans une autre partie du corps. Les causes qui la produisent sont les saisons froides et humides, les changements de température, l'habitation des lieux humides, l'impression d'une pluie froide au moment où le corps est en sueur. Lorsqu'elle est aiguë elle cède ordinairement en quelques jours à l'action des médicaments ; mais lorsqu'elle passe à l'état chronique ou qu'elle a apparu sous cette forme, elle peut persister des mois et même des années, comme toutes les affections rhumatismales. Alors elle sera combattue plus avantageusement dans le Midi, dans un climat plus chaud que celui qu'habite ordinairement le malade : les bains de Barèges pris sur les lieux en favoriseront la guérison.

La pleurodynie ou fausse pleurésie ne peut être confondue avec la vraie pleurésie, quoique fort souvent il y ait douleur de côté dans les deux cas, mais dans la pleurodynie la poitrine résonne d'une manière normale, le bruit respiratoire s'y fait entendre partout ; il y a souvent absence de toux, de fièvre. Il y a ici douleur, sensibilité des parois thoraciques, phénomènes qui n'existent pas dans la pleurésie proprement dite.

De l'hydrothorax.

—

C'est le nom que l'on donne à l'hydropisie de la plèvre. Sans que cette membrane soit aucunement malade ou douloureuse, une collection d'eau se forme, s'établit dans un des côtés de la poitrine. On dit qu'elle est due tantôt à une trop grande sécrétion, tantôt à un défaut d'absorption de cette membrane. Elle peut encore reconnaître pour cause première un obstacle au cours du sang dans le cœur, ou dans les gros vaisseaux qui en partent. Cette maladie diffère peu dans sa manière d'être de l'épanchement fréquent dans la plèvre à la suite d'une pleurésie; elle annonce, comme celle-ci, sa présence par une matité des parois de la poitrine, et l'absence du bruit respiratoire dans la région qu'elle occupe. Souvent le liquide a dilaté le côté qui le contient; il est plus bombé, plus volumineux que l'autre. Les espaces intercostaux sont agrandis, et l'on parvient quelquefois à développer le phénomène de la fluctuation.

Les médicaments agissent rarement avec succès sur cette maladie. L'opération qui consiste à faire une ouverture entre les côtes pour donner issue au liquide entraîne fort souvent la mort. On n'a donc plus que les ressources de la nature. Lorsqu'elle délivre quelqu'un d'une pareille affection, c'est toujours par une augmentation de sécrétion, soit par les intestins ou par la peau, quelquefois par les poumons. Dans tous les cas, les sécrétions par la peau sont les moins dangereuses à exciter; une douce chaleur est alors nécessaire ; l'éloignement de toute humidité, du froid, est indispensable à celui qui veut être dans de bonnes conditions pour se rétablir. Des voyages dans le Midi de la France et en Italie seront donc ici avantageux, si le malade n'est point trop épuisé pour les entreprendre. Les secousses que l'on éprouve à bord d'un bâtiment, les vomissements que la mer agitée occasionne quelquefois, pourraient être favorables à la cure de cette affection ; mais il ne faudrait faire embarquer une personne portant un hydrothorax, que dans les temps de grande chaleur, et pour une demi-journée seulement, parce que l'air de la mer est contraire à la transpiration, qui est ici nécessaire pour une heureuse terminaison de la maladie.

Du pneumothorax.

—

On donne le nom de pneumothorax à une maladie produite par des gaz réunis sous un certain volume dans les plèvres. Ces gaz sont tantôt inodores, tantôt fétides, exhalant une odeur analogue à celle de l'hydrogène sulfuré. La quantité de ces gaz est telle qu'ils refoulent quelque-

fois les poumons vers leur racine et qu'ils disten-
dent d'une manière très-sensible les parois de la
poitrine. Les côtes en sont écartées, et les espaces qui se trouvent entr'elles font saillie et les
dépassent. Il y a des médecins qui nient l'existence des vents dans la poitrine; rien n'est cependant mieux démontré par les travaux de Laënnec,
et de M. Andral particulièrement. Ces gaz peuvent être produits, à la suite des maladies du poumon ou de la plèvre, par la décomposition de
quelque liquide qui se tourne en fluide aériforme. Le pneumothorax est également occasionné par de l'air atmosphérique qui pénètre
dans la cavité pectorale à travers des ramifications
bronchiques détruites par suite d'une phthisie
pulmonaire. Enfin on a constaté la présence d'un
fluide aériforme dans la cavité de la plèvre, sans
qu'il y ait ici solution de continuité, ni altération
visible de cette membrane, ni autre épanchement quelconque dans cette cavité.

On reconnaît l'existence de cette maladie aux
signes suivants : le côté contenant des gaz résonne parfaitement, et donne même quelquefois
un son extraordinaire plus fort que celui produit sur une poitrine saine. Le bruit respiratoire
ne s'entend point, comme cela se fait lorsque l'air
est contenu dans les vésicules des poumons : lors-

que le pneumothorax est joint à un épanchement, les mêmes signes existent, seulement les
parties les plus déclives, contenant la collection
du liquide épanché, donnent un son mat. Lorsque l'air vient du dehors par une ouverture fis-
tuleuse à travers le poumon, on a, avec les symptômes ci-dessus, le tintement métallique ou la
résonnance amphorique.

Que le pneumothorax soit ou non compliqué
de lésions organiques, les médicaments, comme
dans la pleurésie chronique, auront une action
d'autant plus favorable sur ce mal, que le sujet
sera dans des conditions favorables pour en obtenir l'absorption : conditions que l'on trouve
dans les contrées méridionales, en Italie. Rien
ne contre-indique ici les voyages sur terre; ils
sont toniques et fortifiants, ils relèvent les forces du malade affaibli par de longues souffrances. On doit, en les faisant, éviter la mer; l'air
qu'on respire sur ses bords, ou étant embarqué,
éloigne plutôt la transpiration qu'il ne la favorise,
et dans le pneumothorax il est toujours nécessaire
de l'entretenir. Si cette affection était liée à une
plaie du poumon, les vomissements qui pourraient arriver seraient capables d'irriter cette
plaie, de l'augmenter, ou d'empêcher sa marche
vers la cicatrisation.

De la laryngite (angine laryngée).

Dans la partie supérieure du conduit que parcourt l'air qui va de la bouche aux poumons, il existe un organe plus prononcé chez l'homme que chez la femme, auquel on a donné le nom de larynx : on le voit à la région antérieure du cou, où il n'est recouvert que par la peau et quelques muscles. C'est une portion de tuyau cylindrique, composé de pièces cartilagineuses mobiles, de muscles, etc., qui servent à la production de la voix. Exposé au contact continuel de l'air, ressentant le premier l'influence de ses qualités irritantes, soumis à l'action des variations atmosphériques, du froid, de la chaleur, de l'humidité, le larynx est sujet à un grand nombre de maladies : la membrane qui le tapisse est douée d'une grande sensibilité ; elle est susceptible de s'enflammer facilement, de se gonfler, de s'épaissir, et d'obstruer ainsi le petit conduit qui la traverse et d'empêcher l'entrée de l'air dans la poitrine. Animé par des filets nerveux qui lui viennent du cerveau, il en reçoit directement les impressions qui le rendent apte à agir par la volonté de l'homme, et à contracter également des maladies, telles que la paralysie, l'aphonie complète,

par l'action seule d'une influence quelquefois
morbide du cerveau.

Parmi les maladies qui attaquent le plus fréquemment le larynx, on distingue l'inflammation
de la membrane qui le tapisse. C'est l'angine laryngée de beaucoup d'auteurs. On reconnaît une
laryngite à l'altération de la voix, qui devient
rauque, voilée, grave d'abord, puis aiguë, éteinte
même. Lorsque l'air ne peut plus passer à cause
du rétrécissement considérable du petit conduit,
il y a sentiment de gêne, d'embarras et de douleur
au larynx, sensibilité extraordinaire développée
dans cette partie, toux venant de là, incommode,
douloureuse; d'abord sèche et sans matière, elle
est bientôt accompagnée d'une expectoration
muqueuse, transparente, puis opaque, puis pu-
rulente. L'entrée de l'air dans la poitrine est difficile, la déglutition est très-douloureuse, il y a
des accès de suffocation. A la mort des personnes qui succombent à une maladie du larynx, on trouve cet organe tout désorganisé par
le travail inflammatoire; il est le siége de dépôts
purulents etc. Cette terminaison funeste arrive
à la suite des accidents que je viens de décrire,
et qui ont lieu dans un court espace de temps;
ou bien la laryngite ne marche pas si rapidement; elle prend la forme chronique. Le malade

reste enroué ou est frappé d'aphonie; il tousse souvent, il crache des mucosités purulentes, il maigrit, ses fonctions digestives se troublent, il a de la fièvre, le soir le pouls est fréquent. On le dit alors atteint de phthisie laryngée.

Dans certains cas, par l'effet de l'inflammation, l'intérieur du larynx produit de fausses membranes plus ou moins adhérentes, qui obstruent ce canal, et empêchent l'air d'y passer pour aller dans les poumons alimenter la respiration. On a donné à cette forme de maladie le nom de croup. C'est principalement sur les enfants que sévit cette terrible affection, plutôt en hiver qu'en été. Elle est plus commune dans les pays bas et humides que sur les montagnes où l'air est vif et sec; on l'observe plus souvent dans le Nord que dans le Midi. Elle est presque toujours épidémique.

Les enfants atteints du croup commencent par être dans un état fébrile simple et marqué par des frissonnements répétés, la chaleur de la peau, la dureté du pouls, la bouffissure de la face, la blancheur de la langue, la tristesse et l'accablement : puis viennent les accidents locaux; la voix est enrouée, grêle, tremblante, la toux vient par quintes suivies d'étouffement et de strangulation, à la fin la respiration devient sifflante, souvent accompagnée d'un râle bruyant mais passager;

la voix est alors totalement éteinte, le petit malade n'a plus de force, il se tient la tête rejetée en arrière, de temps en temps on voit qu'il fait avec ses côtes les plus grands efforts pour respirer, pour inspirer un peu d'air dans sa poitrine. Voyant l'inutilité de pareilles tentatives, il se désole et s'agite d'une manière désespérée, il entre dans une convulsion qui l'étouffe; ou bien, après ces vains efforts pour respirer, il est pris d'un assoupissement profond dans lequel le pouls disparaît, le cœur cesse de battre, et la mort arrive. Ce terme fatal est annoncé par un refroidissement général du corps, plus marqué aux pieds, aux mains, et à la face.

La première condition à remplir pour arriver à la guérison du croup est de soustraire les enfants qui en sont atteints, aux causes qui y ont donné lieu. S'ils sont dans un logement humide, sans air et sans soleil, on devra les transporter dans un endroit où ils pourront jouir de ces précieux excitateurs de la vie. On éloignera les petits malades des lieux où ce fléau règne d'une manière épidémique, et l'on enverra passer quelque temps dans le Midi ceux qui ne se rétabliront point complétement, qui présenteront toujours un certain embarras dans le larynx, qui y souffriront de temps en temps, ou qui auront des at-

teintes de croup plus ou moins fréquentes. On
obtiendra dans ces contrées leur guérison solide
beaucoup plus promptement et plus sûrement
qu'en les traitant chez eux. Quant à la laryngite
proprement dite, et dont il a été question avant
le croup, comme il est d'observation qu'elle est
également beaucoup plus commune dans les
pays froids et humides que dans le Midi, il est
certain que les personnes qui en seront affectées
trouveront dans cette dernière contrée des chances de guérison très-réelles et très-précieuses. C'est
du midi de la France et de l'Italie que nous
viennent ces hommes avec un larynx solidement
et heureusement organisé, dont les cordes vo-
cales vibrent d'une manière si nette et si mélodieuse; un climat froid et humide ne produira
que fort rarement un bon chanteur, qui toujours
gagnera de la force et du talent, en allant se soumettre à l'heureuse influence d'un ciel pur, et
d'un climat sec et modérément chaud. Croyons
que ce qui est bon ici pour le corps en santé
servira à son rétablissement s'il est malade.

De l'aphonie (extinction de la voix).

L'aphonie consiste dans l'impuissance de produire des sons. Cette maladie peut reconnaître une infinité de causes : les blessures du larynx, organe productif de la voix, la paralysie des nerfs qui unissent cet organe au cerveau, et l'action d'avoir trop chanté, trop parlé, comme les grandes et fortes maladies, peuvent donner lieu à cet accident. Les affections morbides qui frappent certains autres organes du corps sont susceptibles d'occasionner l'aphonie par sympathie sur le larynx. Une passion vive, une frayeur subite, l'immersion d'une partie du corps dans l'eau froide, des boissons glacées, certaines décoctions de plantes, telles que celles du datura stramonium, sont capables de donner une extinction de voix complète. Le célèbre nosographe Sauvage rapporte le fait curieux de plusieurs voleurs de Montpellier qui avaient trouvé le moyen de rendre muets, par aphonie, ceux qu'ils voulaient dépouiller, en leur faisant boire du vin dans lequel ils faisaient infuser des plantes de stramonium. Le même fait a été observé récemment à Paris, et dans un cas à peu près analogue.

Lorsque l'aphonie tient à une destruction partielle du larynx, il n'y a pas de moyens assez puissants pour enlever cette affection; mais lorsqu'elle est produite directement par les causes que nous avons rapportées, si elle ne disparaît par l'action des médicaments employés ordinairement, il est certain que le climat du midi de la France et de l'Italie sera très-avantageux pour en obtenir la guérison. C'est par des voyages faits dans ces contrées que les artistes, fatigués par un trop long et trop pénible exercice du chant, vont respirer un air réparateur qui leur donne encore cette voix mélodieuse, trésor admirable qu'ils avaient perdu. Ces guérisons s'obtiennent d'une part directement par l'effet de l'air inspiré qui va porter son action bienfaisante sur l'organe de la voix, et de l'autre, par l'influence des voyages sur le corps en général, sur le cerveau, d'où partent des filets nerveux qui, en allant aux organes de la respiration, envoient deux ramifications animer le larynx.

Du goître.

Immédiatement au-dessous du larynx, à la partie antérieure du cou, nous avons sous la peau un corps d'une forme et d'une construction glandulaire, que l'on nomme glande thyroïde. On la reconnaît facilement en touchant cette partie du cou où elle forme deux petits corps, séparés l'un de l'autre par un petit espace. A l'état normal, on ne reconnaît point, par la simple vue, la présence de ce corps; mais lorsqu'il devient malade, qu'il s'hypertrophie, qu'il grossit, il fait, au-devant du cou, une saillie fort désagréable, qui est très-incommode, et peut même mettre en danger les jours de la personne qui porte un pareil fardeau.

On attribue à beaucoup de causes la production de cette maladie; et, parmi celles qu'on lui a assignées, les plus constantes et qui ne sont point révoquées en doute, sont l'habitation de certains lieux et l'usage de certaines eaux. Ainsi, les lieux bas et humides, où donne un soleil assez chaud, où les vents n'arrivent point facilement à cause des montagnes environnantes, sont les plus favorables au développement du goître. Tous les âges peuvent en être atteints; mais l'enfance et la jeunesse y sont plus exposées. Des efforts pour lever des fardeaux, des cris et des contractions violentes des muscles, les émotions vives et les chagrins, font naître le goître. L'hérédité est la cause principale et la plus fréquente de cette infirmité, qui est en général très-lente dans sa marche. Peu à peu la glande thyroïde grossit, et ce n'est que lorsqu'elle a atteint déjà un certain développement, que le malade s'en aperçoit. Ce développement peut quelquefois, au lieu de prendre une direction vers la peau, se diriger vers les parties profondes du cou ; alors, il occasionne une grande gêne dans la respiration et la déglutition. Sa dégénérescence en cancer n'est pas excessivement rare. Tous les moyens que l'on emploie contre ce mal dans les grandes villes, sont à peu près de nul effet. Les cas de goître y sont, du reste, fort rares. Dans les contrées où cette maladie est endémique, on ne réussit guère à la faire disparaître qu'en déplaçant les personnes qui désirent se faire traiter. On y a observé que les enfants porteurs de goître commençant, et que l'on envoyait dans un autre pays, y guérissaient avec les seules puissances de la nature. Il sera donc avantageux d'employer le déplacement pour une personne porteur d'une glande thyroïde hypertrophiée, lorsqu'on voudra la délivrer de cette désagréable et quelquefois funeste incommodité. On aura soin d'éviter les pays humides. Les bords de la mer pourront être très-salutaires pour en obtenir la résolution.

De l'amygdalite, esquinancie.

—

On donne le nom d'amygdalite, d'esquinancie,

d'angine tonsillaire, à l'inflammation des amygdales. Ce sont deux corps d'une forme olivaire, occupant la partie latérale de l'isthme du gosier; sans faire partie du conduit que parcourt l'air pour le rendre aux poumons, ces glandes sont toujours frappées, dans l'acte de la respiration, des gaz qui l'alimentent. Soumises ainsi aux influences atmosphériques, avec une nature spongieuse, elles sont fort souvent le siége de plusieurs maladies qui viennent, dans le plus grand nombre des cas, de l'impression du froid, surtout lorsque le corps est échauffé. Les enfants et les femmes, plus aptes à être atteints d'amygdalites que les hommes, gagnent ce mal quelquefois en mettant un instant les mains dans l'eau froide, ou bien en ayant un léger refroidissement aux pieds, à la gorge, causé par l'air humide ou chargé de vapeurs irritantes. Des boissons trop chaudes, l'usage d'aliments âcres, l'abus des liqueurs, des stimulants, produisent l'angine tonsillaire.

Elle se déclare par un frisson violent, qui dure peu, pour faire place à une forte chaleur qui s'empare de tout le corps. Le pouls s'accélère. Il survient de la soif, des nausées et une céphalalgie plus ou moins forte. Puis vient une sueur abondante, accompagnée d'un brisement général de tous les membres. Le malade a de la peine

à avaler; la bouche est amère et la langue recouverte d'un enduit limoneux ou saumâtre; la luette
est pendante; les amygdales en totalité ou en
partie sont d'un rouge vif et tuméfiées. L'articulation des sons est pénible et parfois tout à fait
impossible; enfin lorsque le gonflement de ces
deux glandes est considérable, il existe très-
souvent une très-grande gêne de la respiration,
et le malade éprouve de temps en temps des me-
naces de suffocation.

Ces accidents cèdent ordinairement aux pres-
criptions médicales; mais, lorsqu'une personne
en a été une fois atteinte, elle a la disposition la
plus grande à en être prise de nouveau. Les maux
de gorge se renouvellent de temps en temps, et
enfin les amygdales ne cessent plus d'être le siége
d'un travail morbide. Entre les attaques, elles
restent engorgées, et cet engorgement donne à la
voix un timbre rauque, guttural, qui est souvent
très-prononcé. Si on ne fait point attention à cet
état de choses, si on ne prend aucunes précautions hygiéniques ou pharmaceutiques pour le
faire disparaître, des changements plus graves surviennent sous l'influence des causes morbides qui
agissent sur ces organes, tels qu'un écart de régime, un refroidissement, etc. Ceux-ci deviennent
le siége d'abcès, de kystes hydatiques, de dépôts

calcaires. Ils changent de nature dans leur texture ; ils s'hypertrophient, ils se durcissent, et quelquefois dégénèrent en matière cancéreuse.

Le froid humide est une des causes les plus fréquentes de cette maladie et de sa ténacité. On voit dans les grandes villes et les pays bas et humides, où il règne ordinairement, des personnes qui ont presque toujours mal à la gorge, malgré les soins, les précautions hygiéniques qu'elles prennent et les traitements les plus rationnels auxquels elles se sont soumises. Le seul moyen qu'il y ait pour elles d'obtenir une guérison, c'est de se soustraire à ce froid humide en allant passer quelques mois dans le midi de la France ou en Italie. L'air de la mer, une fois que l'inflammation des amygdales est tombée et lorsqu'elles ne sont qu'engorgées, pourrait être favorable pour leur retour à l'état normal.

CHAPITRE VIII.

MALADIES DES ORGANES CONTENUS DANS LE VENTRE.

Affections morbides de l'estomac.

—

Avant d'entrer dans le détail de ces maladies, nous allons jeter un coup d'œil sur cet organe de la digestion et sur ses importantes fonctions. C'est dans l'estomac que les aliments subissent ce grand travail qui les décompose en une substance appelée *chyme*, laquelle substance, après avoir été soumise dans les intestins à une espèce d'épuration, est absorbée et portée dans le sang, lequel est ensuite approprié aux différentes parties du corps. C'est donc en définitive pour former ce sang, appelé à remplacer celui qui est pris par chaque organe, que l'alimentation est nécessaire. Comme il entre dans notre constitution des solides et des fluides, nous avons besoin d'*aliments* sous ces deux formes.

Les aliments sont toutes les substances solides ou liquides qui, déposées dans l'estomac, cèdent à son action digérante et peuvent être ensuite assimilées à nos organes; les aliments diffèrent des *médicaments*, qui étant introduits dans l'appareil digestif, loin de céder à son action, la modifient et la troublent. Les aliments sont toujours des substances végétales ou animales; les minéraux, excepté l'eau, sont trop éloignés de notre nature pour y être assimilés. Ceux qui se rencontrent dans notre organisation sont plutôt déposés au milieu de nos tissus que combinés avec eux. Un grand nombre de végétaux et la chair de beaucoup d'animaux peuvent nous servir de nourriture; notre instinct nous éclaire dans le choix que nous devons faire à cette occasion, mais avec moins de sûreté cependant que ne font les êtres privés de raison. Cela tient sans aucun doute à notre état de civilisation, qui nous a ainsi enlevé un puissant moyen de conservation; puisque les hommes à l'état sauvage ne mangeraient pas une substance vénéneuse. Les animaux, que nous tenons en domesticité ont perdu également un peu de cet instinct. Ils prennent, dans cette condition, des aliments qu'il refuseraient s'ils avaient conservé leur liberté. Mais l'homme civilisé porte à un degré malheureusement beaucoup plus étendu l'incapacité de reconnaître si une chose lui est salutaire ou non. Ce n'est que par l'expérience, par des

épreuves, des essais qu'il s'en assure, et quelquefois sa santé est compromise lorsqu'il sait à
quoi s'en tenir.

Nous avons parlé dans le chapitre 1er de toute
l'importance des aliments pour notre organisation, nous n'y reviendrons pas ; nous dirons
seulement qu'ils offrent une grande différence,
selon qu'on les prend dans le règne végétal, ou
que l'on se nourrit de substances animales ; ces
dernières contiennent beaucoup plus de principes nourriciers, calment la faim pour plus longtemps et sous un volume beaucoup plus petit que
les premiers ne pourraient le faire. Les animaux
carnivores restent facilement vingt-quatre heures
sans prendre de nourriture, les herbivores sont
forcés de manger à tout instant pour arriver à
soutenir leur vie, avec la masse de végétaux qu'ils
dépensent. — L'homme, par sa nature et son organisation, est omnivore ; il a besoin d'avoir ainsi
une latitude immense pour son alimentation : il
ne pourrait, sans inconvénient, se restreindre à un
et même à quelques mets du même règne. Il faut
qu'il prenne ces derniers dans le règne animal et
le règne végétal, afin de réveiller sans cesse la
sensibilité de son estomac qui, plus nerveux que
robuste, est bientôt émoussé, blasé, si on lui présente toujours le même aliment. C'est pour cette

raison que les mets doivent être préparés, assaisonnés de manière à le flatter par leur forme, leur odeur et leur goût. Les sens de la vue, de l'odorat et du goût ont une sympathie extraordinairement grande avec l'estomac. Ils lui procurent des facultés digestives réelles. Tout le monde a été à même d'éprouver que l'on mange toujours avec appétit lorsqu'on est à une table servie avec luxe, et qu'un repas ainsi pris incommode rarement. Les hommes ont en général l'appareil digestif d'autant plus puissant, qu'on les observe plus loin des tropiques; ici, quelques fruits, un peu de fécule, avec de l'eau pour boisson, suffisent à leur nutrition. Les habitants du Nord ont un impérieux besoin d'une nourriture animale et en grande quantité. Ils ne peuvent supporter l'abstinence. — Un Russe périrait le troisième jour d'un régime qu'un Français, dans les mêmes conditions, supporterait une semaine, et l'Arabe, des années entières. Les hommes des extrémités polaires ont des organes digestifs qui, comme les autres parties du corps, sont privés de sensibilité et de susceptibilité; ils tolèrent volontiers des substances qui nous tueraient infailliblement; ils boivent un litre d'esprit-de-vin, comme ils avalent la même quantité d'huile de poisson. Ainsi, plus on avance des pôles vers l'équateur, plus les facultés digestives sont faibles; plus on est sensible, impressionnable, moins on a l'estomac solide. Ces remarques font faire d'importantes réflexions sur le mode de traitement que l'on doit employer pour guérir les maladies dont cet organe est affecté, mode de traitement qui doit varier ainsi d'après la sensibilité, d'après le tempérament des malades.

Quoique les substances animales ou végétales dont l'homme se nourrit habituellement, contiennent toujours de l'eau ou des sucs aqueux, il a besoin de prendre une certaine autre portion de liquides qui sont destinés à entrer dans la composition de nos organes, pour remplacer la quantité qui se perd chaque jour par les différents effets physiologiques. Ce besoin de liquides se fait sentir par un sentiment de sécheresse de la gorge, par une ardeur du gosier, auquel sentiment on a donné le nom de soif. Les boissons se prennent encore avec l'intention d'étendre les aliments dans l'estomac et d'en faciliter la digestion. Préparées de différentes manières, elles varient dans leurs vertus. Elles sont simplement des délayants, ou plus souvent des excitants de l'estomac, de vrais toniques. Une boisson peut être un médicament; dans ce cas, elle résiste à l'estomac et lui cause des perturbations qui le forcent à s'en débarrasser promptement. Telles sont les eaux laxatives, purgatives, etc.—L'eau simple a été la première et la seule boisson de l'homme, comme elle est celle de tous les autres animaux. Mais il s'en est bientôt, par art, procuré plusieurs autres, qui, avec la qualité de désaltérer, possèdent, comme nous venons de le dire, celle de donner du ton et de la force à l'estomac. Tels sont le vin, la bière, le cidre, l'eau-de-vie plus ou moins étendue d'eau, etc.—Des médecins naturalistes se récrient contre de pareilles inventions, contre de tels produits, en leur attribuant une très-grande part dans les maux qui accablent l'humanité. Ils se fondent, dans leurs récriminations, sur ce que l'eau est la seule boisson donnée à l'homme par la nature, et que ceux qui en boivent exclusivement ne sont jamais malades. Je serais de leur avis, si l'homme était lui-même toujours dans cet état de nature première qui lui fut donné; mais comme par suite des temps et à cause de ses mœurs, de sa civilisation , il présente de grandes différences dans sa force d'organisation et dans ses fonctions physiologiques avec celles qu'il avait alors, il est tout naturel de penser qu'il a besoin d'autres boissons que celles qui, dans leur état de simplicité comme le sien, lui ont suffi dans un temps. Il est plus juste d'admettre aujourd'hui que le vin, les liqueurs alcooliques et les autres préparations fermentées qui se trouvent dans les pays civilisés sont devenus les boissons les plus naturelles aux hommes qui y habitent. Tout en étanchant la soif, elles soutiennent et fortifient leurs organes affaiblis par leur état même de civilisation, service que l'eau ne pourrait leur rendre. Quant à la santé des buveurs d'eau, elle n'est pas à envier. Les boissons ainsi que les aliments, préparés par la mastication, se rendent, par un conduit appelé œsophage, dans l'estomac. Ce dernier organe, placé dans le ventre, est séparé de la poitrine par la cloison musculeuse appelée diaphragme. Il a chez l'homme la forme d'une cornemuse à deux ouvertures, l'une pour recevoir les aliments, et l'autre pour les laisser passer dans les intestins, lorsqu'ils ont subi la modification digestive. Il est situé à la partie inférieure de la poitrine, à un endroit offrant ordinairement une dépression, et appelé *creux de l'estomac*, épigastre, qu'il occupe entièrement. Il s'étend un peu du côté droit et beaucoup du côté gauche, à la même hauteur que l'épigastre. Il est en travers, ayant sa grosse extrémité, qui est arrondie, à gauche, et sa petite extrémité à droite. La première, où se trouve l'orifice cardiaque par où arrivent les aliments, est un peu plus haute que celle de droite, où est l'ouverture des intestins, et que l'on appelle pylore. Ce dernier orifice est muni en dedans d'un bourrelet circulaire, que l'on appelle valvule du pylore. L'estomac, qui doit décomposer des substances très-solides, n'a cependant lui-même ses parois formées que d'une membrane muqueuse, au-dessous de laquelle se trouve une petite couche de fibres charnues, puis une peau mince comme celle qui, dans certaines brûlures, recouvre les cloches. Voilà, avec un peu de tissu cellulaire, des vaisseaux sanguins et quelques filets nerveux, l'organisation des parois de cet organe important. Leur épaisseur totale réunie est de quelques millimètres. L'ampleur de ce viscère varie beaucoup. Les personnes qui mangent considérablement ont un grand estomac ; celles qui se nourrissent avec une petite quantité d'aliments, l'ont infiniment plus petit. Chez les convalescents qui ont supporté une longue diète, il est réduit à une capacité qui quelquefois admettrait à peine le poing d'un homme ; tandis que, dans sa grandeur naturelle, normale, il pourrait contenir deux litres de liquide.

C'est dans cet organe que la digestion a lieu,

sous l'influence d'un principe vital et avec un mécanisme fort compliqué. Nous sommes avertis du besoin que nous avons de prendre des aliments, par une sensation intérieure qu'on appelle *faim*. C'est un sentiment de plaisir, lorsqu'on le satisfait ; il devient une véritable douleur, quand on ne se rend point à ses instances. Cette sensation, qui porte aussi le nom d'appétit quand elle se fait modérément sentir, éclate ordinairement lorsque l'estomac est vide, lorsque les organes réclament des sucs réparateurs pour les pertes qu'ils ont faites. L'appétit varie selon les âges ; il est toujours fortement prononcé dans l'enfance et la jeunesse, époques de la vie où toutes les parties du corps prennent un grand accroissement, tout en subissant des pertes continuelles dans de nombreux et fréquents exercices. Il se conserve bien chez l'adulte ; il languit et disparaît même assez souvent chez les vieillards. Les hommes doués d'un tempérament sanguin ou bilieux ont en général un plus grand appétit et digèrent beaucoup mieux que ceux dont la constitution est lymphatique ou nerveuse. Sur les montagnes, au milieu d'un air vif, la faim est plus impérieuse que dans les lieux bas et humides.

Aussitôt que nous avons introduit un aliment dans notre estomac, et par conséquent avant qu'il soit digéré, le sentiment de la faim cesse pour un instant et n'est plus que de l'appétit. A l'arrivée de chaque portion de substance alimentaire, cet organe se contracte et l'entoure complétement ; il se distend et se relâche seulement pour admettre les suivantes, qu'il loge ainsi jusqu'à ce que la distension soit portée aussi loin qu'elle peut aller. Par cette distension, il augmente de volume, et occupe alors une plus grande place dans le ventre ; il peut même descendre, chez les grands mangeurs, plus bas que l'ombilic. Une fois les aliments rassemblés dans l'estomac, ils y sont retenus par une valvule, que nous avons dit exister à l'ouverture qui communique avec les intestins; et, pour sortir par l'ouverture cardiaque (par où ils sont entrés), il faudrait qu'ils remontassent contre leur propre poids, et puis cette ouverture est pour ainsi dire effacée par suite du changement de position qu'a éprouvé ce viscère en se distendant. Ils ne peuvent donc sortir de cette cavité que par des efforts difficiles, extraordinaires de ce dernier côté. De l'autre, il faut qu'ils aient été soumis à l'acte de la chymification, avant que le pylore leur permette de pénétrer dans les intestins. Comment s'opère ce phénomène important? Il a été expliqué de plusieurs manières. Sans les rapporter, sans les discuter, nous nous bornerons à rappeler ce qui se passe dans cet acte, que les uns ont dit chimique, d'autres mécanique, les uns vital, les autres le résultat de tous ces agents à la fois.

Lorsque l'estomac est rempli, depuis environ une heure, d'une certaine quantité d'aliments, la portion pylorique, celle qui se continue avec les intestins, se resserre, et repousse les substances qui y sont vers l'autre extrémité. Cette portion, ainsi libre et vide par suite de sa contraction, se dilate, et admet seulement la quantité d'aliments déjà chymifiés venant de l'autre extrémité; puis elle se contracte de nouveau sur la portion qu'elle a admise, et se distend encore pour recevoir ce qui se présente chymifié. Ce mouvement de contraction et de dilatation augmente par degrés en énergie, et s'étend bientôt à tout l'estomac, qui est ainsi soumis à de véritables oscillations. La décomposition des aliments commence dans l'extrémité gauche de ce viscère, et à la surface du bol alimentaire qui est pénétrée d'abord par les sucs gastriques. Ainsi décomposée, la nourriture que l'on a prise présente toujours, n'importe sa nature première, une substance homogène, pultacée, grisâtre, d'une fluidité visqueuse, d'une saveur douceâtre, fade, légèrement acide : c'est le *chyme*. Lorsque, dans les mouvements d'oscillation de l'estomac, ce chyme vient à toucher l'orifice qui va dans les intestins, la valvule que nous avons dit exister là s'ouvre et le laisse entrer dans le canal intestinal; si par hasard une substance non encore chymifiée venait près de cette ouverture, un instinct vital ferait aussitôt contracter la valvule, qui l'empêcherait de passer, ou ce ne serait qu'après beaucoup d'essais tentés par cette substance, qu'après s'y être présentée une infinité de fois, et qu'elle aurait habitué, pour ainsi dire, la valvule à sa présence, qu'elle serait admise. Il arrive cependant que le pylore laisse passer volontiers dans le canal intestinal des substances inertes; c'est qu'il semble reconnaître qu'il n'y a rien à en tirer. Il laisse aussi franchir rapidement ce passage aux purgatifs, aux laxatifs, aux poisons; il paraît encore ici savoir que ces derniers sont des agents destructeurs, et qu'il est urgent pour le corps de s'en débarrasser le plus promptement possible.

Les mets d'un repas ne passent point dans les intestins selon l'ordre où ils ont été pris. Ce sont ceux qui ont cédé les premiers à l'action de l'estomac. Il s'en trouve parmi eux qui y cèdent dès leur entrée dans ce viscère; il peut s'en rencontrer qui y résistent un jour, deux jours, huit jours.

Richerand rapporte, dans sa *Physiologie*, qu'un homme, employé dans une administration, mangea du melon un dimanche à son dîner. Le dimanche suivant, étant à se promener sur un des boulevards, il fut pris d'un léger mal de cœur ; il entra dans un café où, après avoir pris un verre d'eau sucrée, il rendit, par le vomissement, la portion de melon qu'il avait prise huit jours auparavant. Elle était intacte et bien la même, puisqu'il n'en avait point mangé depuis cette époque. Pendant les huit jours qu'il eut ce melon dans l'estomac, il ne manqua point d'appétit, et les digestions se firent comme à l'ordinaire ; les aliments qu'il prit passèrent par-dessus cette portion de melon. Il est probable que les malaises qui suivent quelquefois un repas proviennent de la présence dans l'estomac de quelque portion de substance alimentaire qui résiste aux forces digestives.

Ainsi que nous l'avons dit, certains aliments commencent, dès leur entrée dans l'estomac, à subir la transmutation digestive ; ce sont, en général, les substances végétales qui se conduisent ainsi ; les corps gras, surtout les plus nourrissants, sont d'une digestion plus difficile. Ainsi, une tasse de bouillon, un consommé, est plus indigeste que du pain ou du poisson cuit. Les médecins qui, dans les convalescences des irritations du tube digestif, ordonnent pour premiers aliments à leurs malades des substances grasses, donnent une preuve évidente de leur ignorance ou de leur mépris des lois physiologiques. Tel convalescent digère facilement un peu de poulet, du pain, du poisson cuit dans l'eau, qui a une digestion pénible après avoir pris un *consommé*. Ce sont des règles générales, auxquelles fait exception la nature de certaines personnes qui ne peuvent faire maigre deux jours de suite sans être incommodées, soit d'une grosse toux, soit d'un dérangement d'entrailles.

Mais quel peut être l'agent de la digestion stomacale, de la chymification ? Des médecins ont voulu en faire une action mécanique. Selon eux, les aliments étaient soumis à une forte trituration devenaient une espèce d'émulsion faite dans l'estomac qui, à leurs yeux, est un véritable mortier d'apothicaire. Ils s'appuyaient sur le fait des oiseaux gallinacés dont le gésier, qui est leur estomac, fait subir aux substances alimentaires une forte pression en les digérant. Réaumur leur ayant fait avaler des tubes solides pleins de grains, les trouva entièrement brisés au sortir du gésier. Ces médecins s'appuyaient encore sur ce que l'on rencontre toujours dans l'estomac des oiseaux de petits cailloux, qui servent sans doute à effectuer la trituration. Pénétré de tels principes, un docteur voulait faire de l'estomac un véritable moulin ; un autre lui attribuait une force compressive de 700 kilogrammes. Pour détruire tout cet échafaudage, il suffit de dire que l'on voit la digestion s'opérer chez les animaux avec la plus légère compression. Après cette théorie, dite des mécaniciens, vint celle des chimistes, qui supposaient l'acte de la chymification une simple opération chimique, de l'espèce de celles qui se passent sous nos yeux dans les laboratoires, et que nous expliquons par les lois générales de la composition et de la décomposition des corps. Ces expérimentateurs ont soutenu, les uns qu'elle était une véritable putréfaction, une macération, une fermentation, une élixation, une dissolution des aliments. La chaleur et l'humidité qui règnent dans l'estomac sont, disaient quelques-uns, fort aptes à produire la putréfaction des substances qui y sont abandonnées. Il faut avouer que cette putréfaction arriverait ici plus rapidement qu'elle n'a lieu ordinairement. Ce système n'est pas soutenable. On a vu des personnes, par suite d'indisposition, de maladies, vomir leurs aliments à moitié digérés, lesquels n'avaient aucun des caractères de la putréfaction. Le célèbre *Haller* croyait à la *macération*, qui est une espèce de putréfaction et qui ne peut être également admise, parce qu'il faut à cette opération beaucoup plus de temps pour s'opérer que n'en met ordinairement la digestion à s'effectuer.

On a voulu expliquer la chymification par une fermentation, c'est-à-dire par une réaction chimique des principes alimentaires les uns sur les autres. On a supposé alors qu'il y avait toujours dans l'estomac un reste de la digestion précédente, un *levain* qui favorisait ce travail chimique; ici encore on faisait de l'estomac un vase inerte. Mais cette manière de voir n'a pu également ment résister aux arguments qui lui ont été faits, et qui sont les mêmes que ceux adressés au dernier système de Spallanzani que nous allons voir un peu plus loin.

Hippocrate supposait que la digestion était une véritable *coction*, une cuisson réelle des aliments. Cette hypothèse a été soutenue depuis lui par beaucoup de médecins qui s'appuyaient sur ce que dans l'acte de la chymification la chaleur de l'estomac est augmentée, que cette chymification est plus rapide dans les animaux à sang chaud que dans ceux à sang froid, qu'elle est favorisée par une chaleur artificielle, que le froid la trouble et l'empêche d'avoir lieu. Spallanzani, qui pensait ainsi, a fait digérer, dit-il, des aliments à l'estomac de morts dont il entretenait la chaleur. Comment croire à la coction des aliments dans l'estomac, sans que ce dernier organe soit attaqué? On connaît la chaleur habituelle qui est nécessaire pour cuire les substances dont nous nous nourrissons. Comment se ferait-il qu'elle épargnât, dans la digestion, le réservoir gastrique? Mais bientôt après, ce dernier observateur, peu satisfait du système d'Hippocrate, qu'il avait d'abord adopté, trouva un autre moyen d'expliquer la chymification ; il l'attribua aux *sucs gastriques* seulement, et pour avoir les preuves de ce fait, il fit avaler à des animaux de petits tubes remplis d'aliments, et présentant dans leur longueur plusieurs trous par où pouvaient pénétrer ces *sucs gastriques*. Il répéta ces expériences sur lui-même. Il mit des aliments mâchés dans des tubes de bois également percés, qu'il avala; mais ces tubes lui ayant causé des douleurs, il leur substitua de petits sacs en toile remplis de la même substance que les tubes, il les retira de son estomac après qu'ils y avaient séjourné un certain temps, et il s'assura en les ouvrant que les aliments y étaient digérés, sans que ces sacs présentassent d'ouverture : ce qui prouvait, selon lui, que la digestion était l'effet d'un suc qui avait pénétré à travers les pores des sacs. Plus tard le même physiologiste parvint à retirer de l'estomac des sucs gastriques qu'il combina avec des aliments dans un tube de verre. Il plaça ce tube sous son aisselle et l'y assujettit afin qu'il fût exposé à l'impression d'une chaleur naturelle. Il rapporte qu'au bout de douze à quinze heures les aliments soumis à cette expérience étaient changés en *chyme*. On a répété ce fait depuis Spallanzani, et il n'a pas été trouvé exact : ce n'était point une chymification qui avait eu lieu, mais bien un commencement de décomposition, et si les sucs gastriques avaient la vertu de décomposer ainsi les aliments solides, ils devraient également attaquer les parois de l'estomac.

Examen fait de tous ces systèmes, on reconnaît qu'étant fondés seulement sur les lois générales de la chimie, ils ne peuvent être soutenus : ils se trouvent trop souvent en contradiction avec ses lois. Tout ce qu'il est raisonnable d'admettre, c'est que dans l'acte de la chymification il y a quelque chose de tous ces systèmes. Il faut, pour qu'elle ait lieu, un certain degré de chaleur dans l'estomac, une certaine quantité de suc gastrique, et que les parois de ce viscère appuient légèrement sur les aliments, en communiquant des mouvements à la masse alimentaire. Il y a bien alors une certaine fermentation qui est favorisée par une chaleur modérée, par une coction; mais encore tous ces phénomènes n'auraient plus lieu si l'estomac cessait de recevoir la force vitale qui lui est envoyée par le cerveau. Lorsque l'on coupe sur un animal vivant les deux petits filets nerveux qui de cet organe se rendent à l'estomac pour remplir cet office, la digestion cesse aussitôt avec l'apparition de vomissements et de perturbations gastriques. On ne peut considérer ce dernier viscère comme un réservoir inerte servant à une opération chimique seulement, lorsqu'on voit qu'il ne digère pas toujours de la même manière, à tous les âges et chez toutes les personnes : une forte impression morale, une mauvaise nouvelle suffisent pour troubler une digestion. Pourquoi certains estomacs digèrent-ils promptement des aliments qui résistent habituellement longtemps au plus grand nombre, et qu'ils ne peuvent avoir aucune prise sur des substances d'une digestion reconnue très-facile ? Pourquoi tant de caprices, tant de changements dans leurs facultés digestives ? Tout cela tient à leur vitalité qui diffère selon les individus, et dont on ne peut saisir le principe. On est ainsi réduit à connaître le mécanisme seulement dont la nature se sert pour opérer la digestion sous une influence vitale. C'est déjà une chose fort importante pour le traitement des affections fréquentes et nombreuses dont l'estomac est atteint. Les indigestions seraient beaucoup moins nombreuses, si l'on se servait davantage de ces connaissances. Elles nous mettent à même de prendre les précautions qui, dans notre état de civilisation, sont indispensables pour que nos digestions se fassent bien. On sait ainsi que chaque personne ayant une force digestive particulière, doit choisir parmi les aliments ceux qui sont d'une nature à lui convenir. Ce sont l'instinct et les essais qui la guideront dans ses appétits, et non le raisonnement et le système. Ainsi elle ne mangera point telle chose parce qu'on la dit bonne pour entretenir la santé, si son estomac n'en est point envieux. Elle s'abstiendra même de boire un verre d'eau sans éprouver le sentiment de la soif (à moins qu'en prenant un repas). Il est démontré qu'ainsi déposé dans l'estomac, il n'est jamais digéré, ou bien soumis à l'acte de la chymification; il est simplement absorbé par les tissus, et quelquefois il occasionne, dans cette circonstance, des coliques, de mauvaises digestions, etc. L'homme en société est dans la nécessité de se défendre de beaucoup de causes d'indigestion, provenant de son état de civilisation. Sa chaleur naturelle, physique, étant moindre par suite de son genre de vie souvent inactive, il faut qu'il ait soin de ne point prendre pendant le temps de la digestion des aliments froids, solides ou liquides, surtout s'il a des organes digestifs faibles. Nous avons vu que si la chymification n'était pas une véritable coction, elle avait du moins besoin d'une certaine chaleur pour s'opérer. Il est du reste à la connaissance de tout le monde, qu'une boisson chaude facilite la digestion. C'est d'après ce même principe qu'il est fort mauvais de dîner sans feu en hiver, ou de s'exposer après son repas à une température froide. La chaleur est tellement indispensable pour la chymification, que dans une indigestion elle quitte les extrémités du corps pour se porter tout entière à l'estomac. J'ai donné des soins pendant trois ans à une dame âgée, allemande de nation, qui avait la manie de vouloir manger de ces mets pâteux que l'on fait souvent dans son pays; elle avait, chaque fois qu'elle en prenait, une indigestion très-forte, très-prononcée. Lorsque j'arrivais près d'elle pour la délivrer de son accident, j'en mesurais, dans les derniers temps, la force par l'étendue que le froid occupait aux extrémités; ainsi l'indigestion était peu forte si le froid n'était monté qu'à mi-jambe; arrivé aux genoux, elle était terrible. C'est d'après ces données que je dirai, sans craindre de me tromper, qu'une personne qui a habituellement froid aux pieds possède un estomac faible et délicat.

La qualité des aliments est une source fréquente d'indigestions. Leur état de décomposition, plus ou moins avancée, leur préparation avec des assaisonnements de certaine nature, sont pour beaucoup dans la manière dont ils agissent sur l'estomac. Et si nous ne pouvons plus nous nourrir, sans préparations, des substances que la nature nous a fournies en si grande abondance, nous ne devons pas cependant arriver à les dénaturer dans ces préparations.

L'estomac, comme nous l'avons vu, opère, dans l'acte de la digestion, certains mouvements assez prononcés; le bol alimentaire qu'il contient alors doit être empreint d'une suffisante quantité de sucs gastriques. On comprend qu'étant distendu outre mesure par les aliments, il peut être empêché dans ses mouvements et se trouver dans l'impossibilité de lubrifier convenablement ces aliments. C'est ainsi que s'expliquent les indigestions des hommes qui mangent trop. Tout le monde sait qu'on est exposé à avoir une indigestion, si l'on prend son repas avec trop de précipitation; en allant doucement, les aliments sont plus facilement pénétrés de sucs gastriques. On est exposé au même danger, si l'on mange immédiatement après avoir fait un exercice violent. L'estomac, comme le reste du corps, a besoin alors de repos pendant quelque temps.

De la gastrite.

On appelle ainsi l'inflammation de l'estomac; à l'état aigu la gastrite réclame une médication prompte, impérieuse, dont nous ne devons point parler ici; mais fort souvent elle passe sous la forme chronique, ou bien elle débute ainsi; c'est alors que nous pouvons nous en occuper. Cette phlegmasie est rare dans l'enfance et peu fréquente chez les gens âgés. Elle tourmente les hommes dans la force de l'âge; les causes les plus ordinaires sont les excès de table, l'usage habituel des aliments de haut goût, des mets poivrés, épicés, des viandes noires, des liqueurs spiritueuses, surtout à jeun, du vin chargé d'alcool ou de beaucoup de matière colorante, l'abus du café. Les climats chauds, l'oisiveté, les passions tristes et prolongées, les travaux de cabinet et les veilles démesurées, la disparition d'une affection de la peau, d'un exutoire, y prédisposent. On reconnaît la gastrite chronique aux symptômes suivants : l'appétit est souvent d'une nature anormale, c'est-à-dire que la personne qui est affectée de cette maladie a un appétit nul ou trop grand, elle n'a plus le sentiment de la mesure des aliments qu'elle doit prendre pour bien les digérer; ils lui occasionnent une pesanteur douloureuse à l'épigastre, qui est toujours le siége de battements extraordinaires. La digestion est toujours excessivement laborieuse, la soif se déclare, la gorge devient sèche; il y a quelquefois des nausées, des vomissements; la langue est sèche et rouge vers sa pointe et tout le long de ses bords; la tête est embarrassée, un grand penchant difficile à vaincre porte au sommeil ou plutôt à la somnolence après les repas; les battements des artères du cou et de la tête sont plus prononcés qu'à l'ordinaire, le pouls est accéléré; une chaleur âcre, une aridité de la peau fatiguent et incommodent le malade; il est forcé de se priver d'aliments très-nourrissants, de vin, de liqueurs et de boissons fermentées, sous peine de voir ses accidents gastriques augmenter. Le même effet a lieu s'il éprouve un petit refroidissement, s'il se livre à quelque travail plus pénible qu'à l'ordinaire. On voit de ces gastrites chroniques persister pendant plusieurs années, malgré le traitement auquel on soumet les malades. Lorsqu'il en arrive ainsi, il est probable que la maladie tient aux habitudes, au genre de vie de la personne qui en est atteinte, et il est certain que le seul moyen d'arriver à une prompte guérison est d'employer le déplacement. On aura soin d'abord de ne pas tenir le malade en des voyages continuels qui le fatigueraient, le régime sévère qu'il est forcé de suivre le rendant sans forces. On lui conseillera d'éviter les bords de la mer, les endroits trop élevés, les pays de montagnes; son inflammation y ferait des progrès sous l'influence de l'air excitant qui règne en ces lieux. On devra l'avertir de s'éloigner des vallées basses où l'humidité a une action fâcheuse sur les organes de la digestion. Les contrées qu'il habitera seront sèches et tiendront le milieu entre la montagne et la vallée; la température y sera modérée, elle ne dépassera point celle du Languedoc et de la Provence; peut-être même la chaleur de l'été dans ces provinces serait-elle déjà difficile à supporter. J'ai donné des soins à un Espagnol, atteint d'une gastrite chronique bien caractérisée, qui ne se trouvait bien que dans les départements du nord et du milieu de la France. Lorsqu'il voyageait dans ceux du midi, il voyait ses accidents augmenter, et il était forcé de gagner de nouveau des pays moins chauds. Mais nous devons rappeler, à cette occasion, que les contrées du Nord sont le séjour ordinaire des

maladies de poitrine, et celles du Midi, celui des
organes de la digestion; il faut donc s'éloigner de
ces dernières, lorsque l'on a une gastrite chronique. Les eaux minérales, n'importe leur nature,
sont toujours contraires dans cette affection.

De l'embarras gastrique.

L'embarras gastrique est une espèce de maladie dans laquelle l'estomac ne fait que péniblement ses fonctions. Cet organe n'est point, selon
moi, dans cette circonstance le siége d'aucune
inflammation, il n'est point surexcité; il serait
plutôt dans un état qui le rapprocherait de l'a-
tonie, sans dire que cet état pathologique recon-
naisse pour cause la faiblesse; une partie de
notre corps, comme l'estomac, peut être malade
autrement que par surcroît ou diminution de vitalité, de force. Les maladies ont certainement
d'autres causes que l'atonie de Brown ou l'irritation, le surcroît de vitalité de Broussais. On
peut dire qu'il en arrive ainsi lorsque l'estomac présente les symptômes morbides dont
l'ensemble est appelé embarras gastrique. Cette
affection, excessivement fréquente, consiste en

un dérangement de l'appétit, avec enduit de la langue, nausées et même vomissements, pesanteur au creux de l'estomac, douleur lourde à la tête, au front principalement, lassitude dans les membres ; absence de soif ordinairement, à moins que ce sentiment ne soit excité par le travail de la digestion. Cette maladie se caractérise encore par un sentiment de plénitude continuelle dans l'estomac, qui contient toujours alors une plus ou moins grande quantité de matière saburrale. Quelle est la cause productrice de cette matière? Peut-on l'attribuer à l'altération qui survient quelquefois dans les propriétés vitales des organes digestifs et sous l'influence de laquelle les assimilations sont incomplètes? Sont-elles le produit d'aliments d'un mauvais choix? Des auteurs ont prétendu que ces matières saburrales, morbides, pouvaient se former primitivement dans toutes les parties du corps et être ensuite dirigées vers les voies digestives par une action salutaire des forces vitales. Pourquoi n'en serait-il point ainsi, lorsque nous voyons la nature débarrasser notre corps des humeurs qu'il contient par une explosion de furoncles, de tubercules dont on arrête la reproduction en attirant ces humeurs dans les voies digestives par un purgatif ou un vomitif? Je pense, contre l'avis de la plus grande partie des médecins du jour, qu'une *matière saburrale* peut se produire dans l'estomac par une cause ou une autre, peut-être par une sécrétion extraordinaire des glandes du ventre, laquelle sécrétion transsuderait ainsi à travers les parois de l'estomac, dans lequel elle s'amasserait. J'ai donné des soins à un homme qui était assez instruit, assez attentif à observer ce qui se passait en lui, pour que je tienne compte de ce qu'il me disait, lorsqu'il avait un embarras gastrique : il m'assurait que la cause de ses malaises, de ses mauvaises digestions, enfin de sa maladie, tenait à la présence d'une matière saburrale, d'une espèce de levain liquide qui se formait dans son estomac. Ce levain troublait d'autant plus ses repas, qu'il y était en plus grande quantité, ce qui arrivait lorsque cette personne avait été longtemps sans prendre d'aliments. D'après cette observation, elle prenait à toutes les heures du jour quelque peu de nourriture, avec laquelle le levain se combinait, et son dîner passait ensuite assez bien. Le matin, elle souffrait beaucoup à l'estomac, jusqu'à ce qu'elle eût fait disparaître la matière saburrale qui s'y était accumulée pendant la nuit. Nous trouvons l'embarras gastrique principalement dans les grandes villes, dans les lieux bas et humides où il est quelquefois endémique. Il at-

taque ordinairement les personnes qui se nourrissent avec des aliments décomposés ou peu
propres à la réparation des pertes que le corps
fait ; les tempéraments lymphatiques, scrofuleux
y sont plus exposés que les constitutions sanguines et nerveuses. Ces circonstances indiquent
que l'embarras gastrique tient à une perturbation occasionnée par un surcroît d'humeurs qui
arrivent ainsi à l'estomac, avec des caractères
qui les ont fait appeler humeurs saburrales. Cette
maladie se guérit par un traitement contraire à
celui qui convient à la gastrite ; il est donc bien
important de les distinguer l'une de l'autre. L'embarras gastrique cède à un régime qui exclut le
laitage, les bouillies, les pâtes, les corps gras, les
ragoûts, et qui se compose de viandes rôties, de
vins de bonne qualité, mélangés avec de l'eau,
enfin, à un régime tonique. Les voyages qui sont
de cette nature tonique peuvent être conseillés,
avec la certitude qu'ils seront efficaces ; on pourra
les faire au bord de la mer, avec quelques excursions en bateau sur cet élément, dans des pays où
la température ne sera point trop chaude. Le midi
de la France remplit toutes les conditions favorables, pour être indiqué à une personne qui
veut faire un voyage pour se délivrer d'un embarras gastrique. Les eaux de Vichy, prises sur

place, peuvent aider à la guérison d'un pareil mal.

De la dyspepsie.

—

Lorsqu'une personne éprouve habituellement à la région de l'estomac une sensation douloureuse qui se dissipe par l'ingestion d'un peu d'aliments, lorsqu'elle ressent à l'épigastre des battements très-forts, plus prononcés pendant le travail de la digestion, et qu'elle a des rapports aigres ou des flatuosités, on la dit atteinte de dyspepsie. Cette maladie est souvent accompagnée de maux de tête, de propension au sommeil après le repas, d'une tristesse continuelle. Elle succède quelquefois à une gastrite aiguë, mais les causes les plus fréquentes sont le racornissement de l'estomac à la suite d'une diète trop sévère, d'une trop longue abstinence; ou bien encore l'extrême développement de cet organe, comme on l'observe chez les personnes qui prennent habituellement une trop grande quantité d'aliments à la fois; l'abus des liqueurs alcooliques, une perversion vitale de la faculté digestive. A ces causes prochaines on doit ajouter les suivantes, plus éloignées : l'habitation des lieux malsains, les grandes chaleurs de l'été, l'humidité froide, l'abus des bains ordinaires, les veilles prolongées, les longs chagrins, une constitution affaiblie par les passions, par une vie trop sédentaire, etc.

La dyspepsie tient à un état d'atonie de l'estomac; les voyages, qui sont toniques et fortifiants, seront un excellent remède pour faire disparaître cette affection qui résiste souvent à toute espèce de médication prise chez soi. Ces voyages devront être faits dans des contrées tempérées; les climats chauds ôtent les forces à l'estomac plutôt que de lui en procurer. Les dyspeptiques pourront parcourir avec avantage les bords de la mer, ils y respireront un air salutaire et propre à relever les forces digestives. Ils s'abstiendront des voyages de long cours sur les bâtiments, où l'on est privé d'aliments frais. Les viandes salées et les mets épicés dont on s'y nourrit produisent des affections gastriques, et fort souvent la dyspepsie. Les eaux de Vichy prises à leur source sont renommées pour les guérisons de dyspepsie, qu'elles procurent à un grand nombre de personnes qui s'y rendent chaque année dans la saison des beaux jours.

Du cancer de l'estomac.

—

Une personne atteinte d'un cancer à l'estomac éprouve dans les premiers temps de son affection une douleur sourde à l'épigastre. Cette douleur est presque continuelle, cependant plus sensible après la digestion ; elle s'étend quelquefois par une sorte d'irradiation, tantôt dans les côtés, tantôt dans tout le ventre ; elle peut se faire sentir jusque dans le dos. Il y a des vomissements de temps en temps, et ordinairement le matin à jeun, d'une matière incolore, aqueuse ou filante, aigre ou insipide ; plus tard, ces vomissements sont plus fréquents, ils ont lieu dans le jour, à des intervalles assez rapprochés. Leur nature n'est plus la même : lorsque l'estomac est vide, ce n'est que de l'eau ressemblant à une décoction de tabac ou de café ; s'il contient des aliments, c'est une partie de ceux-ci déjà empreints de cette couleur de décoction de tabac ou de café. Ces symptômes disparaissent quelquefois pendant huit jours, quinze jours, pour reparaître ensuite indéfiniment ; avec eux, une grande sensibilité s'est développée à la région épigastrique ; l'on y trouve en la palpant une dureté insolite, une tumeur plus ou moins grosse. Les digestions sont définitivement incomplètes, excessivement pénibles, accompagnées de beaucoup de vents fatigants. Une portion des aliments est toujours renvoyée, une autre passe dans les intestins sans être digérée, et occasionne des coliques, etc. La réparation du corps ne se fait plus, une petite fièvre continuelle s'allume, le sommeil est rare, et le peu qui a lieu est toujours accompagné des rêves les plus terribles et les plus effrayants. La peau devient terne et jaune paille, de couleur cancéreuse; le corps tombe dans le marasme, la figure prend ce caractère particulier qu'on exprime par le nom de *face grippée;* la plus légère nourriture finit par procurer d'atroces douleurs, le malade se refuse à en prendre, et bientôt toute espèce de tisane. Epuisé par la douleur et le manque de principes réparateurs, il s'éteint en pleine connaissance. A l'autopsie des personnes mortes d'un cancer à l'estomac, on a reconnu que le mal n'occupait presque jamais toute l'étendue de ce viscère, il se bornait à un de ses points, qui était le plus souvent la portion pylorique, celle où se trouve l'ouverture qui conduit dans les intestins.

Les causes déterminantes de ce cancer sont à peu près les mêmes que celles qui occasionnent les autres maladies de l'estomac; mais pour que cette terrible affection se développe dans cet organe, il est nécessaire que le corps soit dans des conditions spéciales; il faut qu'il contienne un principe morbide, qui sans doute est dans le sang, et sous l'influence duquel l'affection de l'estomac prend le caractère cancéreux; tandis que chez une personne d'un sang privé de ce principe, elle aurait eu celui d'une gastrite aiguë, chronique, etc.

Pour guérir un cancer, il faut donc l'attaquer là où il signale son apparition et en même temps dans son essence, c'est-à-dire dans la source de sa vie, dans le sang qui est vicié : c'est ce que l'on fait en employant les médicaments reconnus les plus propres à cet effet. Mais combien de temps ne faut-il point pour changer ainsi la masse du sang chez des personnes qui conservent les mêmes habitudes, le même genre de vie, qui vivent dans le même air! Et pendant cette longueur de temps le mal fait des ravages que l'on ne peut plus arrêter.

Je pense, d'après cela, qu'il est de la plus haute importance pour quelqu'un qui est atteint d'une affection cancéreuse de l'estomac, de voyager. Les modifications qui doivent se faire dans sa constitution s'opéreront beaucoup plus promptement en voyageant, qu'en restant chez lui. Les médicaments qu'il prendra alors seront plus puissants. Tout lui sera favorable pour son rétablissement pendant ces voyages, qui devront être faits dans des contrées d'une température modérée. S'il approche des bords de la mer, il se gardera de s'embarquer : les soulèvements d'estomac, et les vomissements qui surviennent souvent lorsqu'on est sur la mer, auraient une action très-fâcheuse dans cette maladie.

Des gastralgies.

—

On entend par gastralgie une affection de l'estomac, caractérisée par un trouble dans ses fonctions, sans lésion organique. Ses symptômes sont : une douleur vive, aiguë, déchirante au creux de l'estomac; ou bien elle est sourde, obtuse, accompagnée de bâillements fréquents, d'angoisses et d'anxiété; la langue est décolorée, souvent nette; appétit irrégulier, désir d'aliments épicés, saveur métallique, de cuivre, soif ordinaire, constipation, battements exagérés à l'épigastre qui est tendu, fièvre souvent nulle.

Dans cette affection, certains malades ne digèrent bien que les aliments et les boissons pris très-chauds; le contraire a lieu quelquefois. Tel individu ne digère que les aliments très-indigestes, et ne peut supporter ceux qui sont réputés très-légers. On voit des personnes atteintes de gastralgie digérer facilement le lard salé, le jambon, et avoir une indigestion de poulet rôti. Les uns ne font bien leur digestion qu'en s'abstenant de vin et en prenant du café noir, etc.; les autres sont obligés de se priver de l'un et de l'autre.

Les gastralgies sont occasionnées par l'impression d'un froid vif, les variations brusques de l'atmosphère, les temps d'orage, les climats chauds, l'usage longtemps continué des végétaux pour unique nourriture, les chagrins, les peines de longue durée; elles peuvent être également la suite d'une maladie organique de l'estomac. Ces affections sont très-communes dans les grandes villes et excessivement rares dans les campagnes. Elles s'observent plutôt dans les pays brumeux, humides, que sur les montagnes.

Les substances pharmaceutiques sont le plus souvent sans nulle puissance contre les gastralgies; la foule de médicaments qu'on a employés contre elles n'ayant eu aucun résultat favorable, on est réduit à en chercher la guérison dans le

régime, dans l'exercice modéré, dans le déplacement, dans les voyages. Une personne atteinte de
gastralgie évitera, en voyageant, les pays chauds
et les contrées très-froides ; le midi de la France,
les bords de la Méditerranée sont les lieux les
plus favorables à parcourir dans ces circonstances. Les eaux de Vichy, prises à leur source,
sont indiquées par les auteurs comme un bon
remède contre les gastralgies.

On a donné le nom de *pyrosis* à une forme
que prend quelquefois la gastralgie, et qui consiste en une sensation de chaleur brûlante dans
l'estomac, qui se propage dans l'œsophage, et est
suivie de l'éructation d'un liquide limpide très-
âcre et brûlant à la gorge. Cette sensation, extrêmement douloureuse et pénible, se fait sentir
après la digestion, entre les repas ; elle est fort rare
dans le Midi et très-commune dans le Nord.

La gastralgie s'appelle *pica malicia,* lorsqu'elle
amène dans certaines circonstances une si grande
perversion de l'appétit, qu'on a vu des personnes
qui en étaient affectées repousser les aliments ordinaires et rechercher des substances dont on ne
fait jamais usage, et qui n'ont même aucune propriété nutritive, telles que du blanc d'Espagne,
de la terre, du charbon de bois, etc. Cette maladie, assez rare chez les hommes, se voit le plus

souvent chez les jeunes filles et les femmes en-
ceintes.

On observe des gastralgies qui offrent cela d'a-
normal, que ceux qui en sont atteints sont poursuivis d'une faim presque continuelle, impérieuse,
insatiable, qu'ils apaisent à tout instant avec un
peu d'aliments : c'est *la boulimie*. Les uns n'ont
que cette incommodité, ils digèrent bien tout ce
qu'ils prennent ; les autres ont en outre des digestions laborieuses, mais cependant moins pénibles
à supporter que la douleur affreuse qu'ils éprouvent lorsqu'ils désirent manger. J'ai connu un
employé au ministère de la guerre, bien constitué, d'une vie très-régulière, qui, à l'âge de
trente ans, fut atteint de boulimie simple, sans
complication ; il prenait matin et soir la même
quantité de nourriture qu'avant son affection,
les digestions étaient les mêmes. Entre ses re-
repas, il éprouvait à chaque instant un impérieux besoin de manger, qu'il satisfaisait avec de
petits morceaux de pain qu'il avait la précaution
de toujours porter sur lui. J'ai donné des soins, il
y a deux ans, à une dame anglaise, qui allait beaucoup dans le monde où je la rencontrais quelquefois ; elle m'entretenait alors de la grande incommodité qui la forçait à tenir toujours à sa
main un petit morceau de pain tout prêt à apai-

ser le besoin atroce de manger qui la prenait à tout instant, et qui l'eût forcée à quitter le salon si elle ne l'eût point satisfait. Cette dame avait des digestions excessivement pénibles, quoi-qu'ayant naturellement un estomac excellent. La cause de ces désordres dans sa santé venait, je pense, de la nourriture trop confortable qu'elle prenait et dont elle ne pouvait se priver. Je l'ai ré-vue l'hiver dernier, elle était allée en Angleterre, elle avait passé la saison des bains à Hombourg, puis quelques mois à Vienne; elle était guérie de sa maladie d'estomac, et n'avait pris dans ses voyages, pour tout médicament, que des pilules légèrement laxatives, composées de savon médi-cinal, d'aloès et de sirop de chicorée, avec les-quelles je lui avais déjà procuré quelque soulage-ment pendant son séjour à Paris.

Toutes ces affections rentrent, comme nous l'avons dit, dans la classe des gastralgies, et les voyages ont sur elles les mêmes effets que sur ces dernières, c'est-à-dire qu'ils en favorisent la guérison d'une manière évidente.

De l'hématémèse ou vomissement de sang.

—

L'hématémèse diffère de l'hémoptysie en ce

que, dans cette dernière affection, le sang que l'on
rend par la bouche provient des poumons, tandis
que dans la première, l'hémorrhagie vient de l'estomac. Ce dernier organe, à l'intérieur, est garni
d'une membrane muqueuse avec de nombreux
vaisseaux, il peut être le siége d'une exhalation
sanguine, d'une rupture de quelque vaisseau ou
bien d'une ulcération. Il est très-important de
reconnaître la source d'un vomissement de sang;
c'est en général une chose très-facile : avec l'hémorrhagie pulmonaire, les malades éprouvent de
l'oppression, une toux sèche, souvent fatigante,
et une douleur dans la poitrine. L'hématémèse
est précédée de nausées, de troubles dans les digestions et de pesanteur au creux de l'estomac.
Dans ce dernier cas, le sang est rejeté à la suite
d'efforts pour vomir; il est noir, plastique et visqueux, quelquefois fétide, mêlé avec de la bile
ou d'autres substances provenant de l'estomac.
Le sang de l'hémoptysie sort à la suite d'une
quinte de toux; il est rouge, liquide, spumeux,
inodore, et contient des bulles d'air; il peut
sortir noir et épais de la poitrine, mais c'est à la
fin des hémorrhagies pulmonaires, et lorsqu'il a
séjourné quelque temps dans cette cavité avant
d'être rejeté.

L'hématémèse est une maladie fort grave lorsqu'elle tient à une lésion de la membrane de l'estomac; elle est moins dangereuse lorsqu'elle est le produit d'une simple exhalation ou d'un flux de sang supprimé. Dans tous les cas, nous ne voyons pas comment les voyages pourraient être ici de quelque utilité. Dans cette affection avec lésion de l'estomac, ils seraient tout à fait contraires; ils ne pourraient être employés que dans la convalescence qui en serait la suite; ils donneraient alors de la force à un corps affaibli par ce mal, qui est toujours accompagné d'un grand trouble dans les fonctions de la digestion.

Maladies des intestins.

Les aliments, après avoir été transformés par l'estomac en une substance que nous avons dit s'appeler chyme, pénètrent dans les intestins. Ils entrent alors dans une portion de cet organe qui est toute différente du reste, et que l'on nomme duodénum, parce qu'elle est longue de douze pouces. Ils parcourent le tiers de cette portion intestinale sans avoir encore subi d'autre modification; mais arrivés là, ils se combinent avec la bile qui vient du foie dans cet endroit par un petit canal. Un autre suc, appelé *pancréatique*, parce qu'il est produit par un organe que l'on désigne sous le nom de pancréas, se rend à peu près au même lieu, également par un petit canal. *Le chyme*, une fois mélangé avec ces sucs, change de nature; peu à peu il se transforme en un liquide blanchâtre que l'on nomme *chyle*, qui est alors en rapport avec les villosités qui se trouvent dans les intestins. Ces villosités sont de petites saillies au sommet desquelles on remarque, à la loupe, des ouvertures qui pompent la portion du chyle propre à aller dans le torrent de la circulation. On voit le mouvement du chyle à travers les parois de ces petits vaisseaux chylifères, qui se dirigent tous vers la colonne vertébrale, dans le bas-ventre, où ils constituent un canal appelé thoracique. Celui-ci remonte jusqu'au haut de la poitrine où il se jette dans l'angle de réunion des veines sous-clavière et jugulaire internes gauches. Le mouvement du chyle dans les petits intestins est favorisé par des oscillations qui y ont lieu, plus faibles, mais semblables à celles de l'estomac. La marche de ce liquide dans les vaisseaux chylifères et dans le canal thoracique qu'il parcourt en remontant, contre les lois de la phy-

sique, a lieu à l'aide des mouvements, des secousses qui sont imprimées à ce canal par les organes voisins, et sans doute par la force vitale
qui fait également remonter le sang contre son
propre poids. Nous avons vu que l'estomac recevait du cerveau deux petits filets nerveux qui le
mettaient en communication directe avec cet organe. Les intestins n'en reçoivent point, ils ne
sont donc point sous la dépendance de la volonté; ils fonctionnent bon gré malgré nous. On
prétend qu'ils tiennent leur irritabilité, leur vie,
par l'entremise du trisplanchnique, espèce de
nerfs multiples que l'on trouve dans le ventre, et
qui ont des ramifications avec ceux du cerveau.
Les intestins sont sujets à plusieurs maladies, dont
on comprend la gravité après avoir vu toute l'importance qu'ils ont dans l'entretien de la vie.
Malheureusement, les médecins ne sont point
d'accord sur le traitement à leur opposer; les uns
emploient toujours contre elles les saignées, les
sangsues et les rafraîchissants : les autres croi-
raient tuer leurs malades en agissant ainsi; ils
ordonnent dans tous les cas des toniques, des
fortifiants et des purgatifs, en proscrivant les
saignées et les sangsues. Je pense qu'il y a des
affections intestinales qui réclament des excitants, des toniques, et qu'il en est d'autres contre

lesquelles les débilitants, les saignées, etc., agissent favorablement.

Lorsqu'à la suite d'une maladie aigue des intestins, une personne est toujours poursuivie par une petite soif, que le ventre est un peu douloureux vers l'ombilic, surtout trois ou quatre heures après le repas, on peut dire qu'elle est atteinte d'une inflammation chronique des intestins, d'une entérite villeuse chronique. Dans cet état, elle ne peut faire un écart de régime, prendre un peu de vin ou de café, sans voir les douleurs s'exaspérer; si elle s'abandonne souvent aux moindres excès, les symptômes augmentent, la bouche devient sèche et la peau aride, une petite fièvre s'allume, la maladie passe à l'état aigu. Si elle reste sous la forme chronique, le ventre cesse de faire ses fonctions, il se tend et se ballonne pendant les digestions; la fièvre augmente tous les soirs; il y a alors un peu d'agitation, d'impatience, le pouls est petit et fréquent, le sommeil vient tard dans la nuit, et seulement après le départ de la fièvre. La durée de cette affection intestinale est ordinairement longue; elle peut être de plusieurs années, et son pronostic est en général favorable lorsque l'on emploie les remèdes et le régime convenables. Le médecin commettrait ici une grande faute en perdant patience et en conseillant à son malade de chercher sa guérison dans les voyages. Cette forme de maladie ne ferait qu'augmenter par les secousses de la voiture et par l'excitation que tous les organes éprouvent en changeant souvent de lieu. L'air de la mer, comme le séjour à bord d'un vaisseau, l'usage de toutes les eaux minérales seraient très-contraires pour le rétablissement d'une personne ainsi malade, et ce rétablissement sera favorisé par l'habitation à la campagne, dans une contrée où le climat sera doux et sain.

De légers troubles ont lieu dans les fonctions digestives, tels que la perte de l'appétit, un dérangement d'entrailles, qui cesse et reparaît tour à tour, avec de la faiblesse et du malaise ; puis, la langue se recouvre d'un enduit blanchâtre, les aliments pèsent sur l'estomac, principalement si l'on se nourrit de farineux ; les substances excitantes sont au contraire un peu mieux supportées ; les malades ressentent des coliques sourdes, le pouls est encore petit et lent : ce sont les symptômes d'une affection intestinale qui tient du caractère de la fièvre typhoïde, laquelle se déclarerait, s'ils augmentaient d'intensité ; on verrait alors des aphthes apparaître en grand nombre dans la bouche du malade ; sa langue et ses lèvres se recouvriraient d'un enduit grisâtre et limoneux ; son haleine se-

rait fétide; il y aurait de fréquents rapports ni-
doreux; il éprouverait des coliques de temps en
temps; le pouls serait petit, faible et fréquent. Il
se développerait quelquefois de petites sueurs, la
peau serait décolorée et la faiblesse déjà grande.
Ces symptômes pourraient être plus graves. La
douleur du ventre deviendrait alors très-vive
et l'abdomen tendu et ballonné, la bouche serait
toujours sèche, un enduit brunâtre et comme
pulvérulent, et quelquefois une croûte noire et
épaisse recouvriraient la langue; la soif se ferait
sentir vivement, la figure exprimerait l'abattement avec l'empreinte d'une tristesse extrême;
l'œil serait sombre, profond; le malade, tombé
dans une somnolence et un délire continuels
répondrait cependant encore juste aux questions qu'on lui ferait. Arrivé là, il est obligé
fort souvent de chercher ses réponses, qui lui
viennent lentement et difficilement. Enfin, lorsque la fièvre typhoïde doit avoir une terminaison funeste, les accidents décrits ci-dessus
s'accroissent, la figure se décompose, le malade
cesse de répondre aux questions qu'on lui fait; il
reste immobile sur le dos, les yeux ternes, fixés
et constamment tournés en haut. La bouche,
dont les bords sont comme saupoudrés d'une matière noire, demeure ouverte et exhale une odeur

fétide; la chaleur abandonne les extrémités, la peau se recouvre de taches livides et violettes, elle se gangrène aux parties du corps où il y a pression continuelle, au bas des reins, aux épaules. Le malade, sans force aucune, ne pouvant plus tenir sa tête sur son oreiller, se laisse descendre au fond du lit, et l'on est obligé de le remonter souvent; son pouls devient extrêmement faible, sa respiration s'embarrasse, et il meurt.

La fièvre typhoïde fait de grands ravages dans nos contrées qui sont humides. Beaucoup de nos affections de l'estomac et des intestins, lorsqu'elles doivent faire périr quelqu'un, prennent ce dangereux caractère. Il est assez commun même de voir des maladies de poitrine se compliquer de cette fièvre, surtout chez les femmes, les enfants, les hommes d'un tempérament lymphatique, à peau fine, très-blanche, à cheveux blonds. Elle se développe plus particulièrement dans les lieux bas et humides où il y a un air vicié, dans les saisons modérément froides, sous l'influence d'une mauvaise alimentation, par l'effet de boissons malsaines et corrompues.

Lorsque les symptômes de cette maladie sont arrivés à un grand degré d'intensité, les voyages ne peuvent être conseillés, mais il n'en est pas de même lorsqu'ils ne font que s'annoncer par un commencement de trouble dans les fonctions digestives; alors, le changement de lieu est fort important. Comme cette affection reconnaît fréquemment pour cause une habitation insalubre, des aliments malsains, un air impur, etc.; les médicaments ne peuvent empêcher l'effet de ces agents destructeurs, comme le fait un voyage. En respirant un air pur, un air nouveau, le malade chasse de son sang le principe vicié qu'il contient toujours dans le cours d'une fièvre typhoïde. Il arrive assez souvent qu'après avoir été atteinte de cette maladie, une personne reste avec une grande faiblesse générale, sans beaucoup d'appétit, sans énergie et sans courage. Cet état tient à une atonie des organes en général qui ont beaucoup souffert; ils ont besoin, pour reprendre leurs forces, de principes toniques et fortifiants, que l'on trouve toujours plus sûrement dans les voyages que dans l'emploi des médicaments. L'air des montagnes et des bords de la mer sera principalement recherché dans ce cas. Les eaux minérales d'Enghien-Montmorency, de Barèges, de Vichy, prises à l'intérieur et en bains, favoriseront la convalescence des personnes qui viennent d'être ainsi malades et dont le rétablissement n'arrive pas assez vite.

De la gastro-entérite.

Il est fort commun de rencontrer l'estomac et les intestins malades en même temps ; la même cause morbide ayant agi sur l'un et l'autre de ces organes, l'affection dont ils sont atteints présente le même caractère et doit être traitée par une médication de même nature. Lorsque l'estomac et les intestins sont irrités, enflammés, on les dit attaqués de gastro-entérite, maladie à laquelle est applicable ce que nous avons dit des voyages à l'occasion de la gastrite et de l'entérite, et pour lesquelles les voyages sont fort contraires.

Du carreau.

Les intestins sont entourés d'une membrane connue sous le nom de péritoine, et dont plusieurs replis forment ce que l'on appelle le mésentère ; entre les deux lames qui constituent cette membrane, il existe des glandes lymphatiques qui s'engorgent, se tuméfient et donnent au ventre un volume plus gros que de coutume et une dureté anormale.

C'est le plus souvent chez les enfants que l'on observe cette maladie; ils présentent alors, avec la grosseur et la dureté du ventre, les symptômes suivants : ils ont un appétit irrégulier, un jour ils mangent beaucoup, extraordinairement, un autre ils ne veulent rien prendre; ils éprouvent souvent des coliques, des vomissements, des dérange-ments de corps; leur peau est sèche et aride, leur figure est osseuse et leurs membres sont décharnés; ils ont tous les soirs un mouvement de fièvre plus ou moins fort. Cette maladie, qui fait mourir un grand nombre d'enfants, est produite par des causes bien différentes, on peut dire même opposées : elle doit sa présence souvent à une nourriture trop forte, trop excitante que les parents donnent à leurs enfants dès les premiers mois de leur existence; ces infortunés pleurent, crient, et leurs plaintes sont interprétées par le besoin, et on les gorge sans cesse de nourriture, malgré les désordres qui ont lieu dans les fonctions digestives; dans ce cas, leur langue est toujours sèche et la fièvre existe presque toute la journée.

Le carreau est encore produit par une mauvaise alimentation, par le lait d'une nourrice scrofuleuse ou phthisique, par suite du séjour dans un endroit sombre et obscur, comme il y en a beaucoup dans les rues étroites des grandes villes. Les malades qui ont ainsi gagné cette affection sont rarement poursuivis par la soif, ils ont un appétit irrégulier, et peu de douleur dans le ventre; ils sont tristes, abattus, et n'ont de la fièvre que dans les derniers temps de la maladie, lorsqu'elle doit avoir une terminaison funeste.

Dans tous les cas, et quel que soit le régime particulier, spécial que puisse réclamer chaque enfant atteint du carreau, il sera toujours de la première importance de l'envoyer à la campagne, dans une contrée bien aérée, où il pourra souvent être exposé à la bienfaisante influence des rayons solaires; le Midi sera toujours préféré, dans ces circonstances, aux pays froids. Il est certain que si l'on transportait dans le Nord un enfant atteint du carreau, ou qui en présentât seulement quelques symptômes commençants, il y serait exposé, d'une manière presque certaine, à ne pas recouvrer la santé. Cette affection est une maladie tuberculeuse, qui a beaucoup d'analogie avec la phthisie pulmonaire; elle demande comme elle, pour sa guérison, une transpiration bien entretenue, un air pur et sec, que l'on se

procure facilement dans les contrées méridionales.

Maladies du foie.

—

Le foie est une espèce de glande d'une couleur
rouge obscur mêlé de jaune, qui occupe le côté
droit du ventre, au-dessous des dernières côtes,
au-dessus de l'estomac; il remplit toute la
partie appelée hypocondre droit, où il est suspendu par des ligaments qui l'attachent au diaphragme; c'est l'organe sécréteur de la bile et le
rendez-vous de tous les vaisseaux veineux, qui,
des parties inférieures du corps, se dirigent vers
le cœur. La bile se rend dans l'intestin appelé duodénum par un petit canal qui s'y ouvre à peu près
au tiers de sa longueur. Le foie joue un rôle immense dans les fonctions de la vie; la bile qu'il
sécrète est indispensable pour que la digestion
s'opère; elle vient, comme nous l'avons dit, se
mêler au *chyme*, et ce n'est qu'après ce mélange
que les substances nutritives sont soumises à la seconde digestion, puis absorbées par les vaisseaux
qui en sont chargés. Le foie est sujet à beaucoup
de maladies; il est assez fréquent de voir cet or-

gane produire des concrétions, des calculs biliaires formés ou de bile épaissie ou de cho-
lestérine; ils restent dans les radicules biliaires,
ou se trouvent dans la vésicule du fiel, ou bien
encore s'engagent dans les conduits excréteurs
qui se rendent dans les intestins. Il peut arriver
qu'à cause de leur grosseur et du petit diamètre
des canaux biliaires, ils restent engagés dans
ceux-ci; ils occasionnent alors des crampes, des
coliques intolérables; ses conduits étant ainsi in-
terceptés, la bile ne se rend plus dans les intestins; elle s'extravase à travers les tissus et se
répand par tout le corps auquel elle donne une
teinte jaune, ictérique, et produit ainsi la *jaunisse.* Cette maladie peut être encore occasionnée
par une inflammation, un engorgement de la
portion de l'intestin où se rend le canal de la
bile dont l'ouverture se trouve alors oblitérée par
ce gonflement. L'ictère survient également quelquefois d'une manière presque subite à l'occasion
d'un chagrin violent, d'une vive frayeur, d'un
emportement de colère, d'un accès de jalousie;
on l'a vu paraître à la suite d'un coup à la tête,
d'une blessure, d'une piqûre des animaux ve-
nimeux. Par l'effet de l'inflammation de l'organe
même du foie, les canaux excréteurs de la bile
peuvent se trouver bouchés et ne pas livrer pas-

sage à ce liquide, et en produire, par ce moyen,
l'extravasation dans tout le corps.

Lorsque cette maladie arrive à la suite d'une
émotion morale, c'est ordinairement dans le blanc
des yeux que l'on voit les premiers signes de la
présence de la bile, qui se montre ensuite peu
à peu par tout le corps et sans qu'il y ait beaucoup de douleurs : quelques personnes même n'en
éprouvent aucunement; mais lorsqu'elle est la
suite d'une inflammation du foie, les choses ne
se passent pas aussi simplement : dans les premiers jours, le malade éprouve une douleur sourde
dans l'hypocondre droit, s'étendant à la poitrine et souvent jusqu'à l'épaule du même côté;
la langue est recouverte d'un enduit jaunâtre ou
noir, quelquefois elle est tout simplement blanche; les urines sont bilieuses; il y a perte d'appétit, soif vive, avec vomissements, qu'occasionnent
les boissons; chaleur à la peau, pouls plein et fréquent, constipation opiniâtre. Ces accidents persistent deux ou trois jours, puis on remarque que
la peau de la région du foie est plus jaune que
dans les autres parties du corps; cette teinte s'é-
tend ensuite partout sans en excepter même les
ongles. Il est d'observation qu'une fois la jaunisse sortie, comme l'on dit, les douleurs diminuent considérablement; ce n'est que dans le cas

où cette inflammation serait pour prendre une mauvaise fin que les douleurs persisteraient dans toute leur vigueur.

L'habitation des pays chauds dispose d'une façon toute particulière à contracter une inflammation du foie, aigüe ou chronique : la première est assez rare dans notre climat tempéré; la seconde, au contraire, est assez commune; elle s'y développe sous l'influence des chagrins, des excès de table continuels, de l'abus des liqueurs spiritueuses, etc.; ses symptômes sont les mêmes que ceux de l'hépatite aiguë, seulement ils ont un caractère d'intensité beaucoup moins fort. Le foie, dans l'hépatite chronique, prend quelquefois un développement considérable, il peut parvenir à un volume triple de celui qu'il a habituellement, en changeant de nature dans sa texture, en passant à l'*état graisseux* avec une couleur rouge jaunâtre ou d'un blanc fauve, conservant l'empreinte du doigt et graissant le scalpel comme le ferait un morceau de beurre. Sous l'influence d'une affection chronique, notre foie éprouve cette augmentation de volume, ce changement de nature que l'on fait développer artificiellement chez certains animaux (les oies et les canards), en les nourrissant dans un endroit obscur, où ils n'ont aucun mouvement ni distractions; ces animaux, ainsi que les hommes qui portent des foies gras, sont dans un état de maladie; il èn périt beaucoup pendant qu'ils sont soumis au régime qu'on leur fait subir, et lorsqu'on les ouvre pour en retirer le foie ainsi transformé, on trouve toujours leur corps étique, sans chair et très-souvent indigne d'être préparé pour en faire un mets. Le foie ainsi changé de nature ne sécrète presque plus de bile, et les canaux qui doivent la porter dans les intestins perdent de leur calibre, ils finissent même par être peu marqués; la digestion, qui a besoin de ce liquide pour s'opérer naturellement, est troublée et ne s'exécute qu'avec beaucoup de difficulté, puis cesse à la longue d'avoir lieu. Cette maladie entraîne encore avec elle l'inconvénient de gêner la circulation du ventre, en comprimant, en obstruant les vaisseaux sanguins qui se rendent, des parties inférieures du corps dans le foie; de là vient une cause fréquente des hydropisies ascites.

Rien n'est plus commun que de rencontrer dans le foie de l'homme des productions séparées de lui, des êtres d'une tout autre nature, des acéphalocistes, espèces de vers sans apparence de tête, d'une forme ronde, nageant dans une eau limpide que contient une poche blanche très-mince. Ces animaux, en augmentant de nombre

et de volume, compriment, refoulent et détruisent le foie. Ils l'enflamment et occasionnent des
abcès mortels. On lit dans le *Journal de médecine*
de Corvisart et Leroux l'observation suivante :

« Un nommé Grœff reçoit un coup de timon de
voiture sur l'hypocondre droit. Au bout de quelques mois, tuméfaction de cette région ; au bout
de six ans il est obligé de suspendre ses travaux ;
il entre à l'hôpital au commencement de la hui-
tième année. On sent dans l'hypocondre droit
une tumeur égale, douce au toucher, qui s'étend
dans l'hypocondre gauche et se prolonge vers la
région iliaque du même côté. Douleur le long
du côté droit, qui allait se terminer derriere l'é-
paule. Amaigrissement, teint pâle, point de toux,
langue bonne, appétit, mais digestion longue et
pénible. On présume que ce viscère est obstrué,
rempli de matière d'une apparence graisseuse
disséminée dans sa substance. La percussion permet de reconnaître une matité complète à la
partie inférieure et droite du thorax, ce qu'on
explique aisément par le refoulement du diaphragme. Infiltration des extrémités inférieures,
diverses complications, érysipèle, fièvre quotidienne opiniâtre, qui ne cède qu'au quinquina,
toux avec expectoration puriforme, mort dans le
marasme.

« A l'ouverture, on trouve le poumon droit refoulé jusqu'au-dessus de la troisième côte. Le
grand lobe du foie était converti en un énorme
kyste contenant cinq litres de liquide limpide et
un litre environ de liquide trouble, d'apparence
laiteuse ; des débris nombreux s'étaient amassés
au fond du kyste et formaient une masse plus
volumineuse que le poing, constituée par un
acéphalocyste. »

Les dégénérescences cancéreuses du foie ne
sont pas rares, tantôt elles s'y développent sur
un seul point, tantôt on les trouve disséminées
dans dans toutes ses parties en petites masses cancéreuses qui l'infectent. Ce genre de lésions
occasionne de grands troubles dans la santé de la
personne qui en est affectée. Elle a le teint jaune
paille, ses digestions se font mal, elle éprouve quelquefois des douleurs lancinantes ou sourdes dans
le côté droit, elle maigrit et se rétablit rarement,
malgré les soins les plus éclairés de la médecine.

Toutes les maladies du foie, si l'on excepte l'hépatite aiguë et l'ictère simple survenu par une
cause morale, sont de longue durée et difficiles à
guérir. Elles tiennent souvent à une vie sédentaire, passée dans des lieux sombres et humides,
à un défaut d'exercice, au manque de mouvement nécessaire à tous les organes du ventre

pour qu'ils remplissent bien leurs fonctions. Les voyages sont des remèdes excellents pour combattre les affections qui proviennent ainsi et celles du foie en particulier. Les secousses de la voiture communiquées au corps favoriseront le dégorgement du foie et le cours de la bile. On verra alors l'appétit augmenter et les digestions devenir plus faciles. Le grand air et les distractions agiront avec toute leur influence sur l'esprit sombre et triste des personnes qui ont le foie malade. Lorsque l'on présume que ce dernier organe est le siége d'un abcès, d'une tumeur ramollie menaçant de s'ouvrir, il est bon de s'abstenir de voyager. Les mouvements pourraient ici occasionner la déchirure de quelque partie qui, en se détachant, occasionnerait, soit une hémorrhagie, soit un épanchement de liquide dans la cavité du ventre, et la mort dans les deux cas s'ensuivrait.

Les pays chauds comme les pays froids et humides ne sont pas favorables à l'exercice des fonctions du foie. Nous avons vu que ses maladies y étaient plus fréquentes qu'ailleurs ; c'est entre ces deux zones qu'il serait avantageux de faire des voyages, si l'on voulait par leur secours se délivrer de quelques-unes de ses affections. La France, dans sa partie méridionale et centrale,

offre pour cela de grands avantages. Sa température modérément chaude, son air sec et pur
mettront le malade ictérique dans des conditions
favorables à son rétablissement. Les eaux minérales de Vichy prises sur les lieux aideront
singulièrement pour l'obtenir.

Des fièvres périodiques, intermittentes.

Nous n'entendons point parler ici des fièvres
continues qui dépendent d'une lésion, d'un état
de souffrance des organes; elles ne sont que des
effets produits par des maladies et n'en sont point
elles-mêmes. Il existe encore des fièvres intermittentes qui sont liées également à un désordre
fonctionnel qui s'est emparé de quelque partie
de notre corps; le traitement de ces genres de
fièvres intermittentes doit également être indiqué aux articles des affections morbides qui les
produisent. Nous ne nous occupons dans cet
article que des fièvres également intermittentes,
qui troublent plus ou moins les fonctions de la vie
sans que l'on puisse les rapporter à l'état morbide
d'aucun organe, du moins en apparence. Je les

ai placées ici, dans les maladies abdominales, parce que ce sont les viscères de cette cavité qui les premiers sont troublés dans leurs fonctions, lorsqu'elles persistent longtemps.

Tout accès de fièvre intermittente se partage en trois temps distincts : le premier est marqué par un refroidissement général, le second par la chaleur, et le troisième par la sueur.

Le premier accès ou stade se déclare par les symptômes suivants : bâillements, frissons, tremblement, sentiment d'un resserrement général, peau fraîche, contractée, pouls petit, fréquent, inégal ; décoloration et teinte verdâtre de la peau, lividité des ongles. La durée de cette période est d'une demi-heure à une heure, quelquefois elle se prolonge pendant cinq à six heures ; alors la peau devient violette, marbrée et même bleuâtre ; en palpant le côté gauche on trouve la rate excessivement augmentée de volume. Les malades se replient sur eux-mêmes, ils tremblent avec tant de violence que leurs dents claquent les unes contre les autres ; leur respiration est accélérée et gênée. Ils sont sans forces et sans courage. Cependant le froid diminue graduellement, le tremblement cesse, et la seconde période arrive.

Alors commence un sentiment de chaleur générale ; la peau se colore ; le visage devient animé, la soif se déclare avec une grande anxiété et une forte agitation, qui peut aller jusqu'au délire; le pouls est fort et accéléré. Cette période persiste depuis une demi-heure jusqu'à plusieurs heures. La troisième et dernière s'annonce aussitôt par l'apparition d'une sueur abondante qui recouvre tout le corps pendant une ou deux heures, et cesse enfin pour donner place à un calme et un bien-être que ne peut trop apprécier le fébricitant; ainsi délivré de ses crises, il ne lui reste plus qu'un peu de fatigue dans les membres.

Lorsque ces accès se manifestent tous les jours on leur donne le nom de fièvre quotidienne; on appelle fièvre tierce celle dont les accès sont séparés par un jour pendant lequel il n'en existe point. La fièvre est dite quarte, lorsqu'un intervalle de deux jours sépare ses accès. S'ils reviennent à des heures différentes, mais se correspondant tous les deux jours, ils constituent une fièvre *double-tierce*; elle est *triple* lorsqu'il y a deux accès tous les deux jours, et un seul dans le jour qui les partage. Un accès le premier, le deuxième et le quatrième jour, correspondant à un accès survenu quatre jours auparavant, constitue la fièvre *double-quarte*, etc.

On appelle pernicieuses des fièvres intermit-

tentes dont les symptômes sont si graves et la marche si fougueuse, qu'elles se terminent souvent
par la mort dans le cours de quelques accès ; un
malade qui en est atteint a la physionomie profondément altérée, il tombe dans un abattement
et une faiblesse extraordinaires, ses idées se troublent, sa langue se sèche, son pouls devient petit, irrégulier, facile à déprimer. Cet ensemble
de phénomènes est souvent accompagné d'une
douleur des plus vives dans une partie du corps,
à la tête, au cœur, dans la plèvre.

Les fièvres tremblantes, les plus simples, en se
prolongeant finissent par jeter un trouble dans
les fonctions du corps et détruire la santé. Les
personnes qui en sont ainsi atteintes maigrissent, leur teint devient jaune, les jambes s'infil-
trent, la rate reste grosse, le ventre se remplit
d'eau, puis les digestions cessent d'avoir lieu, et
le marasme s'empare des malades et les traîne au
tombeau. Les causes les plus communes des fièvres
intermittentes non pernicieuses sont les exhalai-
sons marécageuses, les saisons humides après qu'il
est tombé pendant longtemps une grande pluie
qui a humecté profondément la terre. Ces affections sont endémiques dans les pays où l'on
trouve des lacs, des marais, des mares, des étangs,
comme dans les États Romains, la Sardaigne, la

Sologne, à Rochefort, et dans quelques contrées de la basse Normandie.

Les fièvres de cette nature sont excessivement difficiles à enlever avec le secours des médicaments, et lorsqu'on y parvient, c'est après avoir employé des remèdes énergiques, qui ont fatigué considérablement les organes. On obtiendra beaucoup plus promptement leur guérison en faisant quitter la contrée où elles ont été prises; le changement de lieu seulement, suffit quelquefois pour donner ce résultat, et les médicaments, si on les emploie, agissent alors avec beaucoup plus de certitude. Les voyages sont excellents pour mettre fin à ces fièvres périodiques dont la nature est inconnue et la persistance désespérante; les mouvements que notre corps éprouve en voyageant communiquent à tous nos organes des secousses favorables pour les remettre dans le libre exercice de leurs fonctions, pour les délivrer d'un engorgement, d'un spasme morbide, d'un état névralgique, qui pourraient être la cause des fièvres. Les climats chauds n'offriraient pas de plus grands avantages pour arriver à leur guérison, que les régions tempérées, qui semblent encore ici devoir être indiquées; la partie méridionale de la France jouit d'une température favorable pour toutes les maladies, et particulièrement pour

celles-ci ; en avançant davantage vers les tropiques, les organes du ventre seraient péniblement
affectés, et comme, ainsi que nous l'avons dit, il
est probable que les fièvres intermittentes ont
leur siége dans les viscères abdominaux, ces maladies périodiques pourraient y disparaître, mais
pour faire place à des affections plus dangereuses.
Dans les convalescences qui les suivent, le corps
a grand besoin de l'influence réparatrice des
voyages. Les eaux de Vichy, de Bourbonne-les-
Bains, prises à leurs sources, fortifieront également ces convalescences.

De la péritonite.

—

Nous avons déjà dit que le péritoine est une
membrane séreuse, très-mince, très-blanche,
translucide, qui tapisse à l'intérieur presque toute
la cavité abdominale et se réfléchit sur la plus
grande partie des organes qui y sont contenus ;
elle forme un vaste repli flottant, dans le ventre,
sur la masse intestinale, qu'on appelle épiploon ;
son usage principal est de sécréter une humeur
limpide qui humecte sans cesse les organes du

ventre, afin de les tenir lisses et de favoriser ainsi les différents mouvements auxquels ils sont soumis, et dont ils ne peuvent se passer pour remplir leurs fonctions. Le péritoine est au ventre ce que la plèvre est à la poitrine.

Parmi les maladies les plus graves qui attaquent l'homme, il faut classer celles de cette membrane : une inflammation aiguë du péritoine peut tuer une personne en quelques heures, et sa durée ordinaire dépasse rarement une quinzaine de jours ; on la reconnaît aux signes suivants : le ventre est peu développé, quelquefois même rétracté, douloureux à la pression, tantôt partout, tantôt en un seul point ; le malade porte sur sa figure l'expression de la souffrance ; il se tient couché sur le dos sans oser faire le plus petit mouvement ; plus tard, le ventre se soulève uniformément, se ballonne et acquiert une excessive sensibilité ; le pouls est dur, petit et fréquent ; la peau est aride et sèche ; il y a soif, maux de tête, insomnie, très-souvent vomissements ; la langue est pointue, sèche et rouge ; si la maladie fait encore des progrès, le ventre se remplit d'eau et perd sa sensibilité, il devient inégal ; la face pâlit, les traits se grippent, les vomissements sont incessants, les forces baissent, et le malade, couvert d'une sueur froide, succombe dans une agonie ordinairement assez longue. Cette maladie n'a pas toujours une fin funeste, elle s'arrête souvent dans sa marche, à une période plus ou moins avancée, et la santé revient; ou bien encore elle passe à l'état chronique; sous cette forme qu'elle ait succédé à la péritonite aiguë, ou, comme cela arrive fréquemment, qu'elle se soit ainsi développée insensiblement, elle exige également, à cause de sa gravité, de grands soins et des remèdes bien appropriés pour la combattre avec avantage. On la reconnaît à une constipation et à un dérangement de corps qui s'alternent; il y a des vomissements au moindre écart de régime, il se déclare une fièvre continue avec redoublements quotidiens, le ventre est sensible et tuméfié, la peau qui le recouvre est chaude et sèche, tendue, amincie; il est mat et dur; à la percussion il donne des signes d'une fluctuation; les fonctions digestives n'ont plus lieu d'une manière satisfaisante; le malade, fatigué d'un hoquet continuel, vomit tout ce qu'il prend, même un peu de tisane, et bientôt il succombe dans un état d'épuisement.

Les causes de la péritonite chronique sont nombreuses; on trouve à leur tête l'habitation des lieux bas et humides, froids et malsains, les privations, un long séjour dans les prisons, la présence longtemps continuée d'un fièvre périodique, des coups portés sur les parois du ventre. Lorsque cette affection n'a point encore mis le malade dans un grand degré d'épuisement de forces, il sera avantageux de le faire voyager dans des pays plus chauds que ceux qu'il habite ordinairement, de l'envoyer dans le midi de la France ou en Italie, où déjà on rencontre rarement des cas de péritonite chronique, qui est une maladie des pays froids et humides, tels que l'Angleterre, la Hollande, une partie de l'Allemagne et du nord de la France. Le soleil de l'Italie favorise la transpiration, qui est ici très-avantageuse pour la guérison; les mouvements de la voiture, lorsqu'ils sont supportés sans douleur, donnent du ton et raniment la masse péritonéale. Les eaux de Barèges, prises d'abord en bains, puis, à petites doses, en boisson, sont utiles pour consolider la santé des personnes qui viennent d'être affectées d'une péritonite aiguë ou chronique.

De l'ascite ou hydropisie du bas-ventre.

On donne le nom d'ascite à une accumulation extraordinaire de sérosité dans le péritoine. La quantité de liquide ainsi épanchée varie depuis quelques hectogrammes jusqu'à plusieurs kilogrammes. Ce liquide est transparent, de couleur ordinairement jaune verdâtre, quelquefois incolore comme l'eau. Lorsqu'il séjourne longtemps dans le ventre, il blanchit, et lave, pour ainsi dire, toutes les parties qu'il baigne, au point de les soumettre à une espèce de macération.

La présence d'une très-grande quantité de sérosité dans la cavité abdominale distend les parois du ventre et refoule les divers organes qu'il contient vers le diaphragme ; et les poumons se trouvent ainsi gênés dans leurs mouvements nécessaires pour la respiration : de là vient la cause de cette grande oppression dont sont atteints certains hydropiques, laquelle oppression diminue en faisant une ponction aux parois du ventre, en donnant issue à une partie ou à la totalité du liquide épanché. L'oppression des hydropiques augmente lorsque ces malades sont couchés, parce que, dans cette position, le liquide refoule avec plus d'avantage et de force les organes de la poitrine. Il y a toujours des faiblesses et des frissons : si l'on applique la main gauche sur un des côtés du ventre et que l'on frappe avec l'autre main le côté opposé, on sent un mouvement de fluctuation qui va retentir contre la main droite. En frappant sur ses parois, il résonne comme ferait une outre remplie d'eau.

Cette accumulation de liquide dans la cavité du ventre provient de causes différentes qui ont fait diviser l'ascite en active et en passive. La première est occasionnée par une excitation du péritoine, par une sécrétion extraordinaire de sérosité que produit cette membrane. Aux symptômes que nous avons rapportés plus haut, il se joint, dans cette forme d'ascite, de la chaleur au ventre, qui est douloureux ; il y a de la fièvre et de l'accélération dans le pouls ; phénomènes morbides qui manquent dans l'ascite passive, dont les causes sont principalement un obstacle à la circulation du sang dans les vaisseaux qui passent par le foie pour se rendre au cœur ; un embarras dans le mouvement du sang au cœur même et dans les grosses artères des autres parties du corps produit le même effet. Le sang, stagnant ainsi dans sa marche, laisse filtrer à travers les parois de ses vaisseaux sa partie la plus liquide, dont une portion s'accumule dans le ventre.

Dans l'ascite active, ou par irritation du péritoine, un remède excitant, comme tout exercice, n'importe sa nature, ne ferait qu'augmenter le mal. Les voyages seraient donc ici contraires; mais ils peuvent être très-avantageusement employés dans le traitement des hydropisies abdominales dites passives, dont la cause tient à l'embarras dans la circulation des vaisseaux sanguins du ventre; les secousses que ces vaisseaux éprouveraient en voyage favoriseraient singulièrement le cours du sang, et ainsi la disparition de la maladie. Lorsque l'obstacle a son siége dans le cœur ou les gros troncs artériels, le malade doit s'abstenir de voyager, par les mêmes raisons que celles que nous avons rapportées à l'occasion des maladies de poitrine, du cœur et de ses gros vaisseaux.

De la tympanite abdominale.

La distension considérable du ventre par des gaz développés dans l'estomac ou dans les intestins, ou bien enfin dans le péritoine, est une maladie à laquelle on a donné le nom de tympanite. Elle porte celui de météorisme, lorsque cette distension est modérée. Ces affections sont presque toujours les symptômes d'une lésion des organes contenus dans le ventre. Elles peuvent être

produites par un rétrécissement du canal alimentaire, par un corps qui l'obstrue et empêche
le passage des aliments et des gaz, ou par un état
maladif de ces organes, qui les dispose à exhaler des vapeurs en si grande quantité. L'épanchement, dans le péritoine, d'un liquide qui se
décompose en vapeurs, doit être encore mis au
nombre des causes de la tympanite. On la reconnaît au volume du ventre, qui est considérablement augmenté. Il est distendu comme un bal-
lon et résonne, lorsqu'on le percute, comme si
l'on frappait sur un tambour. Il est, de plus, le
siége de bruits qui, différents par leur place et
leur force, passent rapidement d'un point à un
autre. Les circonvolutions des intestins ballon-
nés se font sentir sous la peau dans une certaine
étendue de leur direction. Le ventre est insensible à la percussion et il est traversé par des douleurs lancinantes qui prennent toute espèce de
directions. Ce grand développement du ventre
comprime la cloison qui le sépare de la poitrine,
et les organes que celle-ci contient deviennent
gênés dans leurs fonctions. Les poumons sont re-
foulés en haut, sans pouvoir se laisser distendre
par l'air, qu'ils n'admettent plus en quantité suffisante pour entretenir la respiration libre. Le
cœur lui-même est gêné dans ses mouvements,

d'où résultent des palpitations, des syncopes, un embarras dans la circulation, que l'on reconnaît au pouls. Les digestions finissent par n'avoir plus lieu; des vomissements continuels se déclarent, et bientôt le malade succombe.

Je suis porté à croire que des voyages dans les contrées méridionales seraient avantageux dans une infinité de cas de tympanites, qu'elles soient le résultat d'une affection chronique des organes du ventre, ou bien qu'elles soient produites directement par une exhalation de gaz de ces mêmes organes. Il serait, encore ici, prudent de ne pas trop s'avancer vers la ligne équatoriale. La grande chaleur est défavorable à l'estomac, aux intestins et au péritoine. Les eaux de Vichy, prises sur les lieux, peuvent être employées contre la tympanite.

De l'hypocondrie.

—

L'hypocondrie est une maladie qui occasionne des désordres dans les fonctions digestives, l'estomac est capricieux et le foie engorgé, les intestins sont paresseux. Le ventre est tendu, ballonné et douloureux vers les hypocondres; de là le nom d'*hypocondrie* donné à cette affection. Les facultés morales des hypocondriaques offrent également quelque chose de particulier, de bizarre, quelquefois de maladif; ils ont l'humeur difficile et changeante; ils sont plongés dans une profonde tristesse qui peut aller jusqu'au dégoût de la vie. Le tempérament nerveux et sanguin influe beaucoup sur la production de cette névrose que développent les passions orageuses, des intérêts puissants froissés, des espérances déçues, les grandes contentions d'esprit, les travaux intellectuels. On trouve les hypocondriaques plus particulièrement parmi les savants, les philosophes, les mathématiciens, les artistes célèbres, les grands poëtes, etc. Aristote dit que tous les grands hommes de son temps étaient atteints de cette affection. Les climats ont également une action sur son développement; les voyageurs rapportent qu'elle est fort commune parmi les habitants de l'Inde, de l'Égypte, de la partie méridionale de l'Europe, du Portugal. La température élevée qui règne sur ces contrées a la vertu d'exciter l'imagination comme de troubler les fonctions digestives, et ainsi de développer l'hypocondrie. On ne peut attribuer à la même cause la fréquence de cette maladie chez les Anglais, qui habitent un pays froid et humide; elle est sans doute occasionnée chez eux par un long séjour que beaucoup d'hommes de cette nation font sur la mer, par les funestes catastrophes qu'un grand nombre d'entre eux éprouvent dans leur fortune, par l'abus des liqueurs excitantes et alcooliques, qui est si commun chez eux, et par la manière de vivre des gens riches, qui est trop confortable et trop luxueuse.

Les organes du ventre sont toujours malades à peu près au même degré, à toutes les époques de la maladie; mais il n'en est pas de même des facultés morales et intellectuelles, qui à la longue finissent par se pervertir presque complétement. Un hypocondriaque, dans les premiers temps de son affection, est d'abord très-minutieux dans tout ce qu'il fait, il porte toutes les choses à l'extrême et ne veut point tenir compte de ce qui doit modifier des principes, occasionner des exceptions à des règles. Il fixe et arrête, par une décision sans appel, le temps qu'il doit consacrer au travail, au repos, à la distraction, sans varier d'une minute; il prend chaque jour les mêmes précautions, les mêmes soins pour sa santé, puis tout d'un coup il ne fait plus rien avec ordre, ou plutôt il vit dans un désordre d'idées avec lequel il ne peut se livrer au travail. Cela tient à ce que l'hypocondrie a des temps de paroxysme pendant lesquels le malade est plus souffrant de corps, et plus singulier et plus dérangé du côté de l'esprit.

Un jeune capitaine commandant d'artillerie, fait prisonnier en 1809 par les Anglais, ne put rentrer en France qu'en 1815; il fut incorporé dans un régiment avec le grade qu'il avait avant sa captivité, et, par une circonstance fortuite, il se trouva sous les ordres d'un colonel qui avait servi sous lui comme sergent-major; il en éprouva une vive contrariété qui lui fit quitter le service. Il se retira seul dans une maison de campagne, où il prit d'abord des domestiques à son service et vécut comme il devait le faire; mais il s'adonna à l'étude sans modération et sans retenue; il passait plusieurs nuits de suite pour trouver la solution d'un problème de géométrie. Après avoir revu toutes ses mathématiques, il voulut connaître à fond la langue française; il acheta, pour y arriver, toutes les grammaires et tous les dictionnaires connus, en se promettant de les consulter jusqu'à ce qu'il eût atteint le but qu'il s'était proposé. Mais déjà ses études mathématiques lui avaient troublé les fonctions digestives et mis en même temps dans son esprit un commencement d'hypocondrie. Il pensa, dans ces circonstances, que pour étudier convenablement la langue française qui lui semblait très-difficile à connaître à fond, il devait n'avoir personne autour de lui. Il ne conserva de ses domestiques qu'une femme, qu'il logea dans une maison voisine de la sienne et qui venait chez lui lorsqu'il la sonnait. Pendant deux ou trois ans il consacra ses jours et ses nuits à l'étude de la langue française; il finit, d'après ce qu'il m'a rapporté, par avoir la certitude que nos grammairiens n'étaient pas d'accord, et que les règles variant selon les temps et les hommes, il était impossible d'arriver à la connaître d'une manière irréprochable. Il se mit ensuite à étudier la philosophie, la morale et la métaphysique; mais pendant ce temps sa santé se dérangea complétement, il fut obligé de s'en occuper presque exclusivement; il le fit avec l'extrême soin, la grande minutie qu'il apportait dans tout; il lut beaucoup de livres d'hygiène et même de médecine proprement dite. Au bout de cinq à six ans de ce genre de vie, il présentait les bizarreries suivantes: il vivait toujours seul dans sa maison, il faisait deux repas par jour; le matin il buvait trois verres d'eau pure et mangeait deux cent cinquante grammes de pain de deuxième qualité; à son dîner, il prenait un peu de potage, deux cent cinquante grammes en viande et en pain, et une demi-bouteille de liquide. Ayant alors soixante-cinq ans, il prétendait que, le corps ne s'emparant plus que d'une très-petite partie des sucs

nourriciers qu'on lui offrait, la plus grande portion des aliments se tournait en humeurs et était
ainsi une source continuelle de maladies. Il avait
sans cesse à l'esprit la balance de Sanctorius. Il
ne prenait jamais le plus petit aliment solide ou
liquide entre ses repas. Je l'ai vu souffrir cruellement de faim et de soif, quelque temps avant son
dîner, et ne pas vouloir manger ni boire; il me disait : j'ai horriblement faim, j'ai la gorge d'une aridité extrême occasionnée par une grande soif;
mais je ne prendrai rien qu'à mon dîner : si j'habi-
tuais ainsi mon corps à céder à tous ses besoins,
à ses appétits, je n'en finirais pas, je serais à tout
instant occupé de ma vie physique; en résis-
tant ainsi à l'envie que mon corps a de boire ou
de manger je prouve que je suis maître de moi, de
mes passions; c'est une belle victoire, c'est la plus
belle que l'homme puisse remporter. Aucun raisonnement ne pouvait le faire départir de cette manière de penser. Il finit par avoir des accès d'hypocondrie plus forts et plus destructeurs, à peu
près tous les mois. Dans ces accès, qui duraient de
cinq à quinze jours, il ne voulait voir personne,
pas même sa bonne; il restait dans sa chambre
pendant le temps qu'elle lui préparait son dîner,
et une fois que tout était mis sur la table elle s'en
allait chez elle; alors il venait prendre son repas.

Dans les derniers temps, lorsqu'il était ainsi plus malade, il perdait complétement l'appétit, ses forces lui manquaient, sa figure était décomposée, ses yeux paraissaient rentrés dans l'orbite. Si la mort n'était pas venue le prendre, avec ce genre de vie, il est probable qu'il eût fini par être monomane, comme tous les hypocondriaques au plus fort degré. On attribue à cette maladie la disposition de Jacques Ier, roi d'Angleterre, qui se trouvait mal à l'aspect d'une épée. On a encore supposé qu'il en était ainsi du fait de ce lord qui avait une grande horreur des araignées et qui, surpris par la vue d'un de ces insectes, mit la main sur la garde de son épée comme pour se préparer au combat. On cite encore une infinité de traits de véritable folie observés chez des hommes qui ont donné des signes d'hypocondrie; il me semble qu'il serait plus juste de classer ces malades parmi les aliénés que parmi les hypocondriaques. Le fou d'Athènes, qui regardait tous les vaisseaux du Pirée comme sa propriété, n'était pas seulement atteint d'hypocondrie. Il en est de même de ce médecin dont parle Louyer-Villermé, qui, pendant ses études, comptait jusqu'à sept maladies mortelles dont il se croyait atteint. Il y a cependant des cas d'hypocondrie avec un mélange réel de folie, et qui ne cèdent qu'au traite-

ment approprié aux hypocondriaques. « M. D**,
âgé de vingt-huit ans, fut doué dès son enfance
d'une forte constitution et d'un tempérament
lymphatico-sanguin, avec légère prédominance
du tissu cellulaire et graisseux. Il réunit à une
sensibilité réfléchie un caractère fort doux, mais
concentré, et à une grande timidité des connaissances très-étendues. A l'âge de vingt-quatre ans
il éprouva des symptômes cérébraux graves, qui
furent dissipés par de promptes saignées et des
applications de sangsues réitérées.

« Une vie trop sédentaire, des contentions d'esprit excessives, et la lecture des livres de théologie
contribuèrent beaucoup au développement d'une
affection hypocondriaque, dont nous allons
tracer les premiers phénomènes. D'abord lenteur des digestions, diminution de l'appétit, ten-
sions spasmodiques vers les hypocondres. Plus
tard, palpitations nerveuses vers la région du
cœur, gêne de la respiration, fourmillements et
parfois engourdissement dans les membres thoraciques, étourdissements, bourdonnements d'o-
reilles, propension continuelle à s'entretenir de sa
santé, craintes non motivées de maladies diverses, sommeil en général assez bon, mais souvent interrompu par des rêves. Il fuyait non-
seulement les réunions ordinaires, mais même

la société de ses amis et de ses parents qu'il aimait autant qu'il en était aimé : ses jours entiers se passaient dans une inaction, dans un désœuvrement des plus absolus. En vain on lui conseillait de fréquenter les spectacles, et de rechercher toute espèce de distraction : il convenait lui-même des avantages qu'il pouvait s'en promettre; mais la force morale, la faculté d'agir même selon ses désirs lui manquait, et il se replongeait de nouveau dans l'apathie la plus décidée. Le médecin, désespéré de ne pouvoir rien obtenir sur l'esprit du malade par la raison et de sages conseils, engagea les parents à le faire partir pour Paris. Ce fut alors que ce jeune homme reçut mes soins. Lors de ma première visite, il était taciturne, avait l'air étonné, comme stupéfait. Afin de gagner sa confiance, je feignis d'abonder dans plusieurs de ses idées : je lui dis qu'il était bien malade, bien souffrant, que le traitement de sa maladie était long, mais que je pouvais lui assurer que son rétablissement était presque certain. Bientôt il voulut me dépeindre son état : Je suis, me dit-il, privé d'intelligence, de sensibilité; je ne suis rien, je ne vois ni n'entends, je n'ai aucune idée, je n'éprouve ni peine ni plaisir; toute action, toute sensation m'est indifférente, je suis une machine, un automate incapable de conception, de sentiment, de souvenirs, de volonté, de mouvements; ce qu'on me dit, ce qu'on me fait, mes aliments, tout m'est indifférent. Tel était à peu près son langage : à la vérité il avait dans toutes ses facultés mentales une lenteur d'action étonnante, mais en même temps une grande rectitude; son jugement était sain, son imagination, sa mémoire l'étaient également; toutes ses actions et tous ses mouvements étaient raisonnés et raisonnables. Du reste, à cette époque, les digestions s'exécutaient assez bien, et le malade s'en plaignait à peine. Un examen superficiel avait pu faire croire qu'il était fou; je ne vis cependant dans cet exposé que des idées vagues, les rêveries d'un hypocondriaque portées au plus haut degré. La réaction du moral sur le physique était également sensible; la détermination était tardive, et le résultat s'opérait lentement. Il apportait cette même paresse dans toutes ses actions, pour se lever, s'habiller, marcher, manger, se promener et pour se coucher; encore fallait-il qu'il fût aidé ou suivi par un domestique. Je l'assurai que ses facultés physiques et morales n'étaient point abolies, mais seulement frappées d'une certaine lenteur dans leurs phénomènes : ainsi, si vous regardez devant vous, vous ne voyez rien ou vous voyez si confusément, qu'il vous semble ne rien voir; mais regardez plus longtemps et plus attentivement, et vous reconnaîtrez successivement les différents objets. En les lui nommant dans un certain ordre et doucement, il convenait qu'il les voyait; donc vous voyez, lui disais-je. Après un moment de réticence, il me disait à quoi servait telle ou telle chose. Donc vous concevez, vous raisonnez, lui disais-je encore. Je lui prouvais par le même raisonnement qu'en se reportant sur une époque mémorable et récente, il avait de la mémoire.

« Tout le traitement moral fut dirigé d'après ces premiers essais. Quand je ne pouvais le faire convenir d'une vérité sensible relative à son état, je l'attaquais avec ses propres armes. « Vous n'avez, dites-vous, point d'idées ou que des idées inexactes, erronées? Je jouis, je pense, d'un jugement sain; il est par conséquent très-probable que c'est vous qui vous trompez, et j'ai de plus que vous l'expérience de ma profession. » Quant à l'exercice, à la promenade, qu'il prétendait lui être impossible, il me fut assez difficile de l'y déterminer; cependant un jour, en occupant son esprit par une conversation variée, je parvins à le faire promener même assez longtemps; depuis lors il devint plus aisé de le faire sortir.

« J'engageai ses parents et ses amis à ne plus lui parler de sa maladie et à l'entretenir de toute autre chose; et lorsque j'estimais que son imagination était tranquille, je lui défendais de me parler de son état, afin de ne pas changer sa disposition mentale. Quand au contraire il était inquiet, tourmenté, morose, je restais avec lui et ne cessais la conversation que lorsqu'il me semblait disposé favorablement.

«Ce traitement moral fut secondé par toutes les ressources de l'hygiène, et par une application bien motivée de quelques moyens pharmaceutiques, tels que les sangsues, lorsqu'il y avait apparence de congestion sanguine vers le cerveau. Des boissons laxatives furent administrées dans la même indication. Comme il existait chez lui une légère disposition dartreuse, on donna les pastilles soufrées, on mit un vésicatoire dont l'application fut suivie d'une éruption considérable et de plusieurs furoncles. Dans le principe on remédia au mauvais état du système digestif par l'ipécacuanha, les purgatifs, puis les calmants et les toniques. Son état s'améliora sensiblement chaque mois, et après un an il fut en pleine convalescence; il fut convenu que M. D. alternerait pendant plusieurs années entre une vie très-active dans son pays et des voyages dans

les États étrangers. L'écart de toutes les causes
qui avaient contribué au développement de cette
maladie lui fut également recommandé. Depuis
huit ans qu'il est rétabli, sa santé s'est parfaitement maintenue. » (Louyer-Villermé.)

J'ai rapporté cette observation dans tout son
entier, parce qu'elle peut donner une idée des
règles à suivre dans le traitement qu'il faut administrer à un monomane hypocondriaque. C'est
ainsi que la personne dont il y est question a été
traitée au physique par les remèdes aptes à rappeler l'état normal dans les organes malades, et
au moral par les moyens capables de relever son
esprit abattu, languissant, perverti. On voit que
les voyages ont été d'un grand secours pour obtenir ce rétablissement qui est vraiment remarquable à cause de l'état avancé de la maladie. —
Les voyages agiront toujours avec succès, lorsqu'on soumettra à leur influence des personnes
atteintes d'hypocondrie simple, sans complication d'aliénation mentale. Ils guériront les hommes dont les fonctions digestives sont troublées,
dont les flancs et les hypocondres sont tendus de
temps en temps, dont le ventre ne fait pas ses
fonctions, dont l'humeur, le caractère, les habitudes sont changés, sont devenus singuliers, bi-
zarres. C'est un homme de grande naissance,

jeune encore, qui reste sombre et soucieux, chez lui, où il souffre de n'être point en évidence dans les affaires du gouvernement; c'est un savant qui végète sur les livres, rêvant sans cesse à avoir une entreprise scientifique; c'est un compositeur qui est dans le découragement, parce qu'on ne lui donne pas le plus petit poëme à mettre en musique; c'est un peintre qui ne peut supporter sans souffrir que ses talents soient méconnus; c'est un avocat qui, se sentant cette vertu et cette facilité d'élocution voulus pour réussir dans le temple de la discorde, est consterné que les plaideurs ne mettent point à profit les qualités précieuses qu'il tient à leur disposition; ce sont des courtisans déchus de leurs faveurs, des fonctionnaires destitués, ou que les infirmités ou l'âge ont forcés de prendre une retraite dans laquelle leur santé s'est ainsi dérangée; ce sont des négociants, des marchands qui ont cru trouver le bonheur en quittant les affaires, et sont allés ainsi au-devant des indispositions et des maladies.

Nous avons dit que les climats chauds favorisaient le développement de l'hypocondrie, il sera donc prudent que les personnes qui y ont une disposition ou qui en sont atteintes évitent ces contrées; la France et l'Allemagne peuvent être indiquées comme étant très-aptes à occuper l'imagination des hypocondriaques, qui y trouveront en même temps tous les soins et tous les remèdes nécessaires à leur état. Les belles et nombreuses réunions qui ont lieu, chaque année, à l'époque des beaux jours, aux eaux minérales, dans ces deux pays, pourront les distraire avec succès; l'usage des eaux de Bourbonne-les-Bains, de Bade, de Niederbroun, de Vichy, de Wisbaden, auront toujours une action favorable sur les fonctions des voies digestives.

Maladies de la rate.

La rate est un organe situé au-dessous des dernières côtes gauches, dans l'hypocondre de ce même côté; elle est d'un tissu spongieux, mollasse, pénétré par un grand nombre de vaisseaux et de nerfs; sa couleur est d'un rouge brun, un peu livide; sa grosseur varie selon les individus; elle pèse ordinairement à peu près deux cent cinquante grammes. Il paraît démontré que la fonction de ce viscère est de servir de réservoir au sang veineux, dans les cas où ce liquide est fortement refoulé vers les organes intérieurs, comme cela arrive, par exemple, dans la course et dans le frisson des fièvres intermittentes.

La rate peut être atteinte de presque toutes les maladies qui affectent les autres organes; elle est susceptible de s'enflammer, d'être le siége d'abcès, de devenir squirrheuse, de contenir des hydatides, des tubercules; mais son affection la plus fréquente est l'engorgement : son tissu, composé presque en entier d'une infinité de petites aéroles, que remplit plus ou moins exactement le sang, selon son affluence, en favorise singulièrement le développement. Cet engorgement donne lieu de son côté à un accident très-fréquent de la rate, qui est la déchirure de son tissu, et d'où peut venir une hémorragie mortelle. Le médecin Portal rapporte qu'une femme qui avait eu une fièvre chronique et dont la rate était devenue volumineuse, reçut de son mari six coups de canne sur le côté gauche et qu'elle mourut une heure après. A l'ouverture de son corps on trouva la rate brisée et un épanchement d'un sang noirâtre, provenant de la rate qui s'était rompue à la surface interne : cette plaie était inégale et comme déchirée. Un enfant de quatre ans reçoit en jouant un coup de balle dans l'hypocondre gauche et meurt en vingt-quatre heures. On ne voit rien à l'extérieur; on trouve à l'intérieur beaucoup de sang dans le ventre, la rate, très-volumineuse, est rompue en T. La grande affluence du sang dans cet organe peut seule, par excès d'engorgement de son tissu, occasionner la rupture de celui-ci et déterminer ainsi une mort subite. C'est par ces ruptures que périssent un grand nombre des malheureux habitants des marais Pontins où règnent endémiquement les fièvres périodiques.

L'égale répartition du sang dans les parties inférieures du corps est indispensable à la santé. La rate, en devenant le siége d'une congestion sanguine, s'oppose à cet ordre de choses, et devient ainsi une cause de maladie. Il est donc encore important, sous ce rapport, d'y porter remède; on reconnaît un engorgement de la rate à une douleur pesante dans le côté gauche, qui est gonflé et tendu. Lorsqu'on l'explore, on trouve que la rate s'étend dans un rayon beaucoup plus grand que celui qu'elle occupe ordinairement, et dépasse même quelquefois les fausses côtes. Les personnes porteurs d'une rate engorgée éprouvent un sentiment d'oppression après leurs repas et une grande douleur au creux de l'estomac, qui se trouve ainsi comprimé. Le foie lui-même est quelquefois gêné, de manière que la bile, ne pouvant circuler dans les canaux, s'extravase dans les tissus et occasionne la jaunisse. C'est à la suite de ces engorgements répétés de la rate, que son inflammation chronique, ses dégénérescences arrivent et favorisent sa déchirure; ces maladies sont excessivement rebelles à l'action des médicaments : elles tiennent un peu, sous certains rapports, de la nature des fièvres intermittentes, qu'elles accompagnent fort souvent et qu'elles produisent même, au rapport de quelques médecins, qui réunissent une grande science à une longue pratique clinique. Il est certain que c'est dans les pays où règnent habituellement les fièvres tremblantes, que l'on trouve le plus souvent les affections spléniques. Pour guérir celles-ci, nous pensons que les voyages sur terre, les excursions à pied sont très-favorables. En quittant le pays, qui peut être pour beaucoup dans leur apparition, le malade s'éloigne d'une fâcheuse influence, et trouve ailleurs tous les avantages que le changement de lieu procure à notre corps. Une personne atteinte d'une affection de la rate est, comme tous ceux qui ont quelque maladie des autres organes du ventre, triste, sombre et d'une humeur chagrine. Les distractions nombreuses que l'on éprouve en voyageant feront également beaucoup à son esprit, elles lui donneront de nouveau un caractère de gaieté et de satisfaction, attribut habituel de la santé. Les eaux minérales de Bourbonne-les-Bains, de Balaruc, prises sur les lieux, seront de puissants auxiliaires pour arriver au dégorgement de la rate, seul ou compliqué d'autres maladies chroniques.

Maladies du pancréas.

—

Nous avons entre l'estomac et la colonne vertébrale, sur laquelle il se moule, un organe d'une nature glanduleuse, long d'environ quinze à seize centimètres, large de sept à huit centimètres, et dont l'épaisseur est d'à peu près quatre à cinq centimètres. Ce corps, placé transversalement, est parcouru dans sa longueur par un canal qui est d'abord petit à sa naissance dans l'extrémité gauche, et qui augmente de calibre en arrivant à l'extrémité droite. Là, ce canal se dirige vers l'intestin duodénum, dans lequel il s'ouvre à la distance de sept à huit centimètres du pylore. Il est chargé d'aller déposer dans cet intestin un liquide appelé suc pancréatique, presque entièrement analogue à la salive, et dont l'usage est de faciliter l'opération de la seconde digestion. Les symptômes qui indiquent les maladies aiguës du pancréas ne sont point connus. C'est, le plus souvent, après la mort des personnes qui en étaient affectées, que l'on en a trouvé les preuves. On n'est pas beaucoup plus avancé pour ses affections chroniques, qui peuvent être en grand nombre, et dont les plus communes sont l'atrophie, l'hypertrophie, le ramollissement, l'induration, le squirrhe, le cancer ulcéré. Il est probable que l'on restera encore longtemps dans l'ignorance des symptômes qui indiquent les maladies de cet organe. Sa position profonde, son volume peu considérable, le manque de sensibilité dont il paraît atteint, empêchent de saisir les désordres dont il est le siége. Il est entouré de plusieurs organes importants très-susceptibles de douleurs qui masquent celles qu'il serait capable d'avoir, mais la cause la plus puissante de cette ignorance vient de ce qu'il n'est point nécessaire à la vie. On a vu des hommes jouissant d'une excellente santé, et qui n'avaient plus de pancréas.

Quoi qu'il en soit, lorsqu'il existe une douleur continuelle, sourde et profonde au creux de l'estomac, augmentant par la pression, par l'ingestion des aliments, plus forte lorsque la personne qui souffre est couchée sur le dos que si elle se tient sur un des côtés, il y a lieu de croire que le pancréas est le siége du mal. Le peu de sensibilité dont il jouit fait juger que dans le traitement de ses affections chroniques, une médication tonique et excitante est indiquée ; nous pensons donc que les voyages, qui ont été classés dans le cadre appartenant à cette médication, pourraient être utiles pour leur guérison.

Le pancréas est une véritable glande interne, qui doit avoir les mêmes dispositions que celles placées extérieurement à contracter plus souvent des maladies dans les pays froids et humides, que dans les régions sèches, tempérées ou chaudes. On fera donc bien de voyager, pour ces affections, plutôt dans ces dernières régions que dans les premières.

Maladies des reins.

Les reins sont deux glandes situées dans la cavité du ventre, sur les côtés de la colonne vertébrale, au-devant des dernières côtes. Ils sont plongés là dans une masse de graisse. Le rein gauche est placé un peu plus haut que le droit. Quelquefois il n'y a qu'un seul rein ; d'autres fois il y en a trois. Ces organes ont la forme d'un haricot, et tiennent une position verticale. Leur organisation se compose principalement de deux substances, l'une superficielle, peu consistante, épaisse de trois ou quatre millimètres, appelée corticale, et qui reçoit presque en totalité les ramifications de l'artère rénale, laquelle artère apporte le sang au rein. La substance moyenne, plus dense, plus solide que la précédente, est formée d'une grande quantité de petits tubes, qui sont chargés de recueillir le sang changé en urine, en passant dans la substance corticale. Ces petits vaisseaux se réunissent, et finissent par former un canal membraneux, de la grosseur d'une plume à écrire, qui part de chacun des reins, et va s'ouvrir dans la vessie, après avoir rampé dans l'étendue de trois centimètres entre ses parois. Ces canaux portent le nom d'uretères. Le sang de l'artère rénale, arrivé aux ramifications dernières de cette artère, est saisi par les radicules de la glande du rein, et est élaboré, changé en urine dans le plus court espace de temps que l'on puisse supposer, instantanément. On ne peut expliquer cette action par les lois de la physique ni par celles de la chimie; elle est donc essentiellement vitale. Cette sécrétion urinaire se fait, à l'état de santé, d'une manière continue. L'urine arrive et tombe sans interruption dans la vessie par les uretères. Un phénomène très-remarquable dans cette fonction, est la célérité avec laquelle certaines boissons passent de l'estomac dans la vessie. Telles sont les eaux minérales gazeuses, les boissons légèrement acidulées, etc. A peine en a-t-on bu un verre que, dans certaines circonstances principalement, il donne des signes de sa présence dans le réservoir de l'urine. — Il est impossible d'admettre que, pour y arriver ainsi, ce liquide suive la route ordinaire, c'est-à-dire qu'après avoir été soumis, dans l'estomac, à l'acte de la chymification, il passe dans les intestins, où il est pris par les vaisseaux chylifères qui le portent dans le torrent de la circulation, d'où il se rend aux reins, de là dans les uretères, puis dans la vessie.

Les reins sont chargés d'un acte très-compliqué et fort important dans la vie ; leurs maladies doivent donc être très-sérieuses et très-fréquentes. Une des plus communes est la néphrite, ou inflammation du rein.

De la néphrite.

—

Cette affection peut attaquer tous les âges ; cependant elle est plus fréquente chez les adultes que chez les vieillards et les enfants. Les goutteux et les rhumatisans en sont souvent atteints.

considérablement à le conduire à la mort. Lorsque la maladie n'est point trop avancée, lorsque les mouvements sont encore supportés, l'on peut conseiller à une personne atteinte de ces affections de quitter son pays s'il est froid et humide, pour aller habiter un climat plus sec et plus chaud, où la peau, en faisant pour ainsi dire, par sa grande transpiration, les fonctions des reins, aidera ceux-ci à reprendre leur état normal.

De la gravelle.

On donne le nom de gravelle à une maladie des reins dans laquelle l'urine, en se formant, donne naissance à de petits graviers, à de petites pierres d'une couleur rougeâtre, blanche ou jaune, qui sortent des reins par les uretères, arrivent dans la vessie, etc. Cette affection, souvent cruelle, reconnaît pour cause la vieillesse, un régime trop nourrissant, le défaut d'exercice du corps, l'usage de boire peu, l'habitude de rester long-temps au lit couché sur le dos, l'inaction.

Dans la vieillesse la température du corps baisse, et les sels que l'urine, alors plus froide, tient en dissolution, se précipitent plus facilement;

ces sels sont en général composés en grande partie d'acide urique, plus particulièrement produit par des substances végétales. Le défaut d'exercice du corps permet à l'urine de séjourner dans ses conduits excréteurs et d'y former des dépôts. L'usage de boire peu facilite encore cette maladie, parce que plus les sels que rejette notre sang par la voie des reins sont dissous dans une grande quantité d'eau, moins ils sont susceptibles de se précipiter. L'usage immodéré des fruits et des légumes peut aussi produire la gravelle; mais alors les graviers sont d'une nature alcaline et non acide, ce dont il est important de s'assurer pour le traitement que l'on aurait à faire suivre à un graveleux.

Les climats, de leur côté, influent beaucoup sur la production de la gravelle. Les pays tempérés, les lieux bas et humides fournissent beaucoup de ces maladies. La Hollande, l'Angleterre et la France en contiennent plus que la Suède, la Russie et l'Allemagne. On en trouve très-peu en Afrique et en Asie. Les affections morales tristes peuvent également donner lieu à cette infirmité, qui disparaît quelquefois sous l'influence du retour de la joie et de la gaieté, ce qui s'explique facilement en se rappelant que la formation de l'urine est un phénomène essentiellement vital.

La gravelle se rencontre bénigne, sans douleurs; mais le plus souvent elle est accompagnée de coliques atroces qu'occasionnent les petits graviers en éraillant dans leur passage les aréoles des reins ou les parois des uretères. Si le malade vient à se remuer, il sent dans la région des lombes des douleurs lancinantes et brûlantes qui laissent peu d'intervalles. L'hypocondre du côté correspondant au rein affecté est tendu et sensible au toucher, le malade rend du sang, étant aux prises avec d'atroces souffrances. C'est ordinairement par accès de deux, trois ou quatre jours, que ces phénomènes paraissent, c'est-à-dire pendant tout le temps que les graviers mettent à arriver des reins dans la vessie. Malgré les études nombreuses dont la gravelle a été le sujet, il arrive très-souvent qu'elle résiste aux médications qui semblent le mieux appropriées, et qu'elle disparaît tout simplement par le séjour à la campagne, par un changement dans les habitudes, les occupations, les affections morales. On doit donc chercher à arriver à leur guérison en employant ces mêmes moyens, mais on ne peut mettre ici en usage les voyages continuels qui occasionneraient un surcroît de maladie dans les reins et les uretères. Les voyages sur mer ont l'inconvénient de forcer les personnes qui sont embarquées à vivre d'un régime tout à fait contraire à cette affection ; il faut donc s'en tenir à un séjour à la campagne, dans un pays modérément chaud, comme le midi de la France ou comme l'Italie.

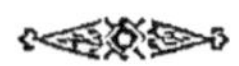

De la pierre.

—

Il arrive très-souvent que les graviers qui ont cheminé des reins dans la vessie y augmentent de volume, en prenant sur eux des substances qui s'y attachent, et deviennent ainsi assez gros pour ne pouvoir plus sortir par les voies naturelles. Une personne qui a le malheur d'avoir ainsi une pierre dans la vessie éprouve de grandes douleurs lorsque ce calcul est mis en mouvement, ce qui arrive toujours quand le malade va en voiture ou à cheval. Le seul exercice que puisse prendre un calculeux est la promenade à pied, de courte durée et sur un terrain uni. Les voyages doivent lui être proscrits comme lui étant très-funestes.

Du diabète sucré et non sucré.

—

Les reins, au milieu des affections dont ils sont

atteints, en présentent une assez extraordinaire, cependant fort commune et en général également dangereuse, qui consiste dans une production immodérée d'urine. Elle porte le nom de *diabète* lorsque ce liquide a ses qualités ordinaires, et de *diabète* sucré, lorsque l'on trouve dans sa composition une plus ou moins grande quantité de sucre. Cette sécrétion immodérée d'urine épuise les malades, et l'on peut dire dans certains cas qu'ils s'en vont en eau sucrée. On rapporte l'histoire d'un homme qui rendait deux cents litres d'urine par vingt-quatre heures. Vauquelin a trouvé que celles rendues par une femme étaient composées, sur huit livres, d'une livre de sucre. Comment cette production a-t-elle lieu? On s'est assuré par les expériences les plus exactes, que le sang qui arrive aux reins n'en contient aucunement, et, en sortant avec la transformation qu'il a subie, on trouve qu'il en entre une certaine quantité dans sa composition. Voilà quelque chose qui, à nos yeux, est le produit de rien. Quoi qu'il en soit, les personnes atteintes de diabète sucré ou non sucré sont poursuivies par une soif inextinguible; elles ont la bouche sèche, des douleurs se font sentir continuellement à la région des reins, l'estomac et les intestins font mal leurs fonctions. Lorsque cet état

morbide se prolonge pendant un temps considérable, il compromet l'existence même des malades. Épuisés par les pertes énormes qu'ils font
ainsi, ils maigrissent et se fondent pour ainsi dire;
tristes et abattus, ils tombent dans une fièvre lente
qui les consume.

Le diabète, lorsqu'il n'est pas trop prononcé,
peut n'être qu'une incommodité et laisser vivre
longtemps les personnes qui en sont atteintes,
pourvu qu'elles suivent un régime très-sévère et
qu'elles évitent les causes qui excitent les maladies
en général. Il est impossible de comprendre comment ce phénomène morbide peut s'opérer en
nous; il échappe à toutes les théories que l'on
peut admettre. Ce qu'il y a de certain, c'est que le
diabète sucré ou non sucré est le résultat d'une
affection morbide des reins, que ce n'est que
lorsque ces organes donnent des signes de souffrance qu'on le voit parraître. En quoi consiste
cet état morbide, est-ce une inflammation, une
asthénie de ces organes ? Tout ce qu'on peut répondre, c'est qu'il y a un surcroît d'activité de
fonction qui rend la maladie d'autant plus grave
que cette activité est plus augmentée; il faut
donc agir de manière à diminuer cette sécrétion.
Les médicaments que l'on a administrés en pareil cas n'ont pas eu beaucoup de résultats favo-

rables. L'obscurité qui existe sur la nature de ce désordre en est la cause. Le raisonnement indique que le moyen le plus rationnel pour y arriver est d'augmenter la sécrétion de la peau, puisque l'on sait que celle-ci augmentant, celle des reins diminue. C'est un révulsif fourni par la nature.

L'habitation des pays chauds doit donc être recherchée par les diabétiques; on sait que cette affection y est excessivement rare; ils éviteront avec soin les bords de la mer, parce qu'ils y seraient exposés à des airs de vent frais qui y arrivent subitement à tous les instants du jour et peuvent occasionner un trouble dans la transpiration, l'arrêter même, et occasionner ainsi une répercusion qui se jetterait sur les reins, dont l'affection prendrait alors un caractère beaucoup plus grave.

De la cystite (catarrhe vésical).

La cystite est l'inflammation de la vessie. Sous la forme aiguë, elle réclame une prompte et active médication, dans laquelle les voyages ne peuvent être compris; il n'en est pas de même à l'état chronique. La cystite reconnaît, parmi ses causes générales, la

transition subite du chaud au froid, le passage des
contrées équatoriales dans les pays septentrionaux, la suppression d'un exutoire dans l'âge
avancé, la disparition subite d'une dartre ou de
quelque autre affection de la peau. On l'observe plus
fréquemment dans les climats froids et humides
que dans le Midi. Les malades qui en sont atteints
éprouvent une vive douleur au bas-ventre, ils ont
de fréquents besoins d'uriner qu'ils ne peuvent
satisfaire. Ces envies reviennent par accès, pendant lesquels ils sont dans un véritable désespoir;
ils ressentent au bas-ventre, qui est tendu et ballonné, une douleur excessive; il y a un ténesme
vésical qu'il est impossible de supporter sans
plaintes, sans gémissements, qui sont quelquefois
remplacés par le délire ou un assoupissement profond; le pouls est dur, petit et fréquent; lorsqu'il
y a rétention d'urine, une odeur urineuse se fait
sentir par tout le corps du malade, qui est recouvert d'une sueur froide : tels sont les principaux
symptômes de cystite aiguë. Ceux de la cystite chronique sont très-différents, les malades souffrent
peu, à peine ressentent-ils quelques douleurs;
leurs urines sont troubles et glaireuses, blan-
châtres ou jaunâtres. La température a une
grande action sur cette maladie, dont les symptômes morbides diminuent sensiblement pendant

les jours qu'il fait beau, pour devenir plus prononcés aussitôt que la température baisse et que le ciel cesse d'être sans nuages et sans vent. D'après cette dernière observation, il y a tout lieu de penser que l'habitation dans un pays modérément chaud, où le ciel est habituellement pur, serait favorable aux personnes atteintes de cystite chronique. Le changement de lieu fréquent leur serait défavorable, à cause des mouvements répétés qui seraient alors imprimés à la vessie et qui la fatigueraient.

Maladies de l'utérus.

Cet organe, composé de fibres extensibles et d'un grand nombre de vaisseaux sanguins, chargé souvent de fonctions pénibles, doit être nécessairement sujet à de nombreuses et fréquentes maladies. En effet, nous le voyons atteint d'inflammations aiguës et chroniques; il devient souvent engorgé de sang et d'humeurs, ses hémorrhagies sont nombreuses; flottant dans le ventre, où il est soutenu par quelques faibles membranes, il est sujet à se déplacer, à s'abaisser, à se porter en avant, en arrière, et à gêner les fonctions des organes voisins. Le squirrhe et le cancer de l'utérus sont des maladies très-communes. Chargé, chez les jeunes femmes, de débarrasser périodiquement l'économie de la surabondance de sang qui est réservée à l'enfant, en cas de grossesse, il devient la cause de grandes perturbations dans la santé lorsqu'il ne s'acquitte pas de cette importante fonction. A la suite des couches, il peut être pris d'inflammation qui, s'étendant au péritoine, occasionne la métro-péritonite ou fièvre puerpérale. Doué d'une grande susceptibilité nerveuse, il est souvent affecté de névroses, assez fortes pour troubler la raison, comme dans l'hystérie, dont nous parlerons plus loin. Il est impossible de trouver dans la constitution de la femme un organe aussi fréquemment malade. Les causes de ses maladies sont excessivement nombreuses, et nous voyons qu'elles tiennent souvent à l'hérédité, à la civilisation, au genre de vie et aux habitudes. La forte compression qu'exercent sur le ventre certains habillements, l'usage immodéré des bains que l'on prend, dans les grandes villes, pour détruire l'échauffement occasionné par les veilles prolongées, les nuits passées aux bals et dans les réunions, le défaut d'exercice à pied, l'habitude d'aller en voiture, l'habitation dans un appartement dont on n'a pas soin de faire souvent

renouveler l'air, etc., sont autant de sujets capables de faire perdre à l'utérus son état normal.
Je dois ajouter encore l'usage du café au lait pour
déjeuner ; il n'y a rien au monde de plus apte
à donner une maladie chronique de l'utérus, que
ce mélange, surtout lorsqu'à lui seul il fait le déjeuner d'une femme ; et une des preuves certaines à l'appui de cette observation, c'est qu'il
est impossible de guérir une personne de la plus
simple affection utérine, pendant le temps qu'elle
fait usage de cet aliment.

Les maladies de l'utérus attaquent principalement les femmes des grandes villes, sans distinction de rang et de fortune. On les trouve en beaucoup moins grand nombre dans les petites villes
et les villages bien situés. Mais les affections uté-
rines (à moins qu'elles ne soient le résultat d'un
accident, d'un enfantement laborieux) sont inconnues des femmes qui habitent les bords de la
mer.

D'après ces données, la première indication à
suivre pour une personne atteinte d'une maladie
de l'utérus, est de rechercher les endroits où ce
genre de maux ne peut exister. Elle doit se
rendre au bord de la mer où un séjour plus ou
moins long, selon la gravité de son état, lui pro-
curera la santé. J'ai donné des soins à une dame de

Paris, qui avait depuis plusieurs années une affection de l'utérus rebelle à tous les médicaments. Son mari, fonctionnaire public, a été envoyé pour son service à Cherbourg où il est resté une année. Pendant ce séjour, sa femme, qui l'avait suivi, s'est trouvée complétement guérie de sa maladie, sans autre remède que celui de l'habitation au bord de la mer. La pâleur et la maigreur qu'elle avait habituellement sont maintenant remplacées chez elle par un embonpoint convenable et une véritable fraîcheur.

Pendant le séjour que les dames feront à la campagne, près du rivage de la mer, pour ces sortes de maladies, elles éviteront de monter à cheval (sinon dans le cas d'aménorrhée), d'aller en voiture, et sur la mer, en bateau. Ces genres d'exercice donnent à l'utérus des secousses qui l'irritent et peuvent l'enflammer lorsqu'il est déjà malade.

Les eaux minérales ferrugineuses de Spa, de Forges, de Pyrmont, ont été vantées comme très-utiles dans le traitement des maladies des femmes. Elles peuvent être employées avantageusement à la fin de ces affections ou dans la convalescence qui les suit, mais elles sont loin, à mon avis, d'avoir les vertus curatives que l'on trouve, pour ces maux, dans le séjour au bord de la mer.

De l'hystérie.

—

L'hystérie consiste dans un état morbide névralgique de l'utérus, qui donne lieu à des accès de mal plus ou moins violents et plus ou moins fréquents, selon les personnes qui en sont atteintes. Au début, ces accès commencent ordinairement par le sentiment d'une boule qui du ventre monte vers la poitrine, puis au cou, où il survient alors une constriction violente qui fait craindre aux malades la suffocation. La poitrine se gonfle, la tête devient chaude et le siége de battements artériels, tandis que le pouls est petit et irrégulier, un froid se fait sentir sur tout le corps. Les mâchoires sont sujettes à des mouvements convulsifs, et les dents frappent les unes contre les autres. Les membres sont dans un état perpétuel d'agitation. Lorsque la maladie est ancienne l'invasion est plus subite et plus violente. L'hystérique se sent pendant un instant mal à l'aise, puis se lève vivement sur son séant, et se précipite violemment en arrière avec des mouvements convulsifs extraordinaires, et en poussant des cris aigus et précipités; elle se traîne par terre en se tordant en tous sens, en frappant durement, en empoignant fortement tout ce qui se trouve à sa disposition. Dans son espèce de rage, elle cherche à déchirer avec les dents ce qu'elle accroche. Fatiguée de se débattre, elle modère un peu ses mouvements pour se livrer à toutes sortes de cris ou de sons plaintifs; elle imite le hennissement d'un cheval, l'aboiement d'un gros chien, au point de pouvoir occasionner des méprises. Au milieu de tout cela viennent, de temps à autre, des éclats de rire subits, immodérés, auxquels se mêlent toujours des pleurs et des larmes. La figure est tantôt naturelle, tantôt elle porte l'expression d'une grande agitation morale. La différence qu'il y a entre cette maladie et l'épilepsie, c'est que dans celle-ci il y a toujours perte subite de connaissance au commencement, l'accès ne durerait-il qu'une seconde; tandis que les personnes aux prises avec les fureurs hystériques ne la perdent pas toujours, et lorsque cette perte a lieu, c'est par syncope et au milieu des convulsions, ou bien à leur suite.

Dans l'hystérie, il succède à la grande agitation un abattement si grand, que la respiration et la circulation sont imperceptibles. Les malades sont froids, insensibles, sans mouvement, et dans un état qui simule à un grand degré celui de la mort, ce qui peut occasionner d'affreuses méprises. L'anatomiste Vésale, voulant disséquer le cadavre d'une femme morte depuis quelques jours, la vit subitement pousser un grand cri lorsqu'il lui porta le premier coup de couteau. — Lord Roussel aimait tendrement sa femme, et ne pouvait se persuader qu'elle fût morte à la suite d'une attaque d'hystérie, ainsi qu'on le lui disait. Il la laissa dans son lit beaucoup au delà du temps prescrit par l'usage du pays ; et quand on lui représenta qu'il était temps de l'enterrer, il répondit qu'il brûlerait la cervelle à celui qui serait assez hardi pour vouloir lui ravir sa femme. Huit jours se passèrent ainsi sans que le corps présentât le moindre signe d'altération, mais aussi sans qu'il donnât le moindre signe de vie.

Quelle fut la surprise du mari, qui lui tenait les mains qu'il baignait de ses larmes, lorsqu'au son des cloches d'une église voisine, milady se réveilla comme en sursaut, et se levant sur son séant, dit : *Voilà le dernier coup de la prière ; allons, il est temps de partir.* Elle se rétablit parfaitement, et vécut encore longtemps. (*Journal des savants*, 1745.)

Dans l'épilepsie, il y a toujours perte d'une bave écumeuse par les coins de la bouche et une livi-

dité de la face, symptômes morbides qui n'existent jamais dans l'hystérie. Les accès de cette
dernière maladie sont, tantôt très-rapprochés,
tantôt très-éloignés les uns des autres; ils n'ont
lieu ordinairement que durant le jour (j'ai
néanmoins donné des soins à une demoiselle qui
en était principalement prise le soir, de neuf à
dix heures); leur durée est variable, cependant
toujours contenue dans un espace de temps assez
court.

L'hystérie ne se manifeste que de quinze à
quarante ans ; elle affecte de préférence les constitutions nerveuses au plus haut degré, les femmes grasses et sanguines. Elle paraît sous l'influence d'un amour contrarié, de la jalousie,
de la lecture des romans et des conversations
propres à exciter les sens. Elle est plus souvent
observée dans les climats chauds et en été, que
dans les pays froids et en hiver.

D'après quelques auteurs, l'hystérie peut être
produite par l'empire de l'exemple. Alibert rapporte qu'une demoiselle était en proie à un accès d'hystérie; la servante de la maison entrant
dans la chambre au moment où sa maîtresse fut
atteinte de convulsions, tomba aussitôt dans le
même état. — Une jeune fille fut entourée, dit
Louyer-Villermé, lors de son accès d'hystérie,

par plusieurs dames. Dès le soir, deux de celles-ci furent affectées de la même maladie, dont elles n'avaient jusqu'alors ressenti aucune atteinte.

Pour faire disparaître cette affection, qui est plus affreuse que dangereuse, puisqu'on n'a pas d'exemple de mort occasionnée par elle, il est indispensable que les personnes qui en sont atteintes quittent leurs appartements parfumés et sans air renouvelé ; qu'elles cessent de fréquenter les spectacles et les bals, et qu'elles aillent à la campagne prendre beaucoup d'exercice au grand air, ou bien qu'elles fassent un long voyage par terre dans des pays agréables à parcourir et modérément chauds, comme le midi de la France et l'Italie.

Une jeune personne, âgée de vingt-un ans, douée d'une heureuse constitution, jouissait habituellement d'une bonne santé. Elle rencontra plusieurs fois dans la société un jeune homme qui parvint à lui inspirer une violente passion. Les parents de cette demoiselle s'opposèrent à l'union qu'elle désirait. Dès lors on remarqua un léger dérangement dans sa santé. Pendant l'espace de six mois elle éprouva plusieurs accès d'hystérie, avec mouvements convulsifs, sentiment de strangulation, de clou et de boule hystériques, fourmillements vers l'utérus, etc. On se contenta de prescrire l'application de quelques sangsues.

Peu de temps après, cette jeune personne aperçut entre les mains de ses parents une lettre de son ami, qu'ils refusèrent de lui communiquer. Aussitôt elle fut prise d'une attaque beaucoup plus forte que les précédentes et qui fut accompagnée d'un assoupissement comme léthargique, de perte absolue du sentiment et du mouvement, de trismus et d'un resserrement du pharynx tel, que la déglutition était presque impossible. Dans cet état, le médecin ordinaire conseilla une forte saignée au moyen de six sangsues appliquées derrière chaque oreille; mais les accidents ne furent point diminués, et trois jours se passèrent sans aucun changement. Le docteur Louyer-Villermé appelé, trouva la malade privée de connaissance, ne répondant point aux questions qu'on lui faisait; elle paraissait souffrante et ne point entendre. La figure était un peu animée et rouge, l'œil était fixe, les paupières étaient constamment fermées, les arcades dentaires rapprochées, et l'obstacle à la déglutition était toujours le même, la respiration gênée, le pouls régulier, assez mou, peu développé, voisin de l'état naturel : il prescrivit l'infusion de tilleul et une potion antispasmodique, et fit appliquer deux vésicatoires aux membres inférieurs. Le lendemain, la malade était à peu près dans le même état; cependant elle proférait quelques mots, mais sans suite dans les idées, quoiqu'ils fussent relatifs à son inclination; il s'annonçait en outre un commencement de moiteur générale. On convint d'appliquer un nouveau vésicatoire à la nuque, et, quand la transpiration serait finie, des compresses d'eau salée et de vinaigre sur la tête. On fit, en outre, pratiquer des frictions sur le cou, avec l'huile, le camphre, le laudanum et l'éther; enfin, on ordonna des lavements et des demi-lavements avec le camphre et l'assa-fœtida. Au bout de sept jours, cette jeune personne recouvra l'usage de ses sens, ayant conservé seulement un souvenir vague de la crise qu'elle avait ressentie.

Les parents s'opposant toujours à son mariage avec le jeune homme dont elle était éprise, le docteur Louyer-Villermé leur conseilla de la faire voyager. Des objets et des rapports nouveaux, dit ce médecin, affaiblirent le sentiment qui la maîtrisait, et le calme de l'esprit suivit bientôt l'entier rétablissement de l'organisation physique.

On trouve dans l'ouvrage sur l'hystérie, du docteur que nous venons de citer, l'histoire

d'une jeune personne qui avait d'abord trois attaques par jour, qui cessèrent ensuite par intervalle, puis reparurent. Ce ne fut qu'un long
voyage qui dissipa complétement cette maladie.

On indique encore, comme aidant souvent à
la guérison de cette affection, l'usage intérieur
des eaux minérales de Vichy, de Spa, de Seltz ,
de Bourbonne-les-Bains , de Plombières, de Barèges, de Bagnoles, de Passy près Paris , de
Forges. C'est en allant les prendre à leur source
qu'elles ont le plus d'efficacité, tant à cause de
leurs propres vertus qu'à cause du déplacement,
du voyage, qui sont toujours des sujets de distraction et souvent des causes d'heureuses impressions. Ces eaux sont encore recommandées pour
consolider les convalescences à la suite de cette
maladie.

Maladies des ovaires.

—

Les ovaires sont des organes particuliers à la
femme, et dépendant de l'utérus; ils sont situés
dans les flancs, où les retiennent des ligaments et
des membranes. Composés d'une coque fibreuse,
inégale et comme crevassée à sa surface, ils contiennent une infinité de petites vésicules dissé-

minées au milieu d'un tissu spongieux et vas-
culaire. Ces organes, tenus en place seulement
par des ligaments susceptibles de céder à une
faible traction, sont sujets à des déplacements, à
faire hernie, et à occasionner les accidents qui
sont attachés à ce genre de maladie. Il est assez
commun de voir les ovaires être le siége de
kystes, de dégénérescences cancéreuses, d'hydropisies enkystées, d'atrophie, d'une infiltration séreuse, d'un épanchement sanguin, d'une
inflammation le plus souvent sous la forme chronique.

Les remèdes pharmaceutiques ont peu de succès contre toutes les maladies des ovaires. Les
eaux minérales de Plombières, de Luxeuil, de
Bourbonne-les-Bains ou de Néris, prises à leurs
sources, peuvent procurer un grand nombre de
guérisons, en ayant soin de faire ensuite habiter
par les convalescentes un pays sec et suffisamment chaud, où elles gardent un repos complet,
sans excursions à cheval ou en voiture. Ce sont
les ovaires que les vétérinaires coupent et enlè-
vent en fendant le ventre aux femelles de certains
animaux, pour les rendre impropres à la génération. On est parti de là pour faire la même
opération sur les femmes dans les cas où elles
avaient ces organes malades; mais la mort, qui

en a toujours été le résultat, y a fait renoncer. Etant une dépendance de l'utérus, mobiles comme lui dans le ventre, les voyages ne feraient que les irriter également s'ils étaient déjà malades.

———

CHAPITRE IX.

DES MALADIES QUI AFFECTENT UNE GRANDE PARTIE OU L'ENSEMBLE
DE NOTRE CONSTITUTION.

—

Du crétinisme.

On donne ce nom à un état de dégradation entière dans la constitution, qui se caractérise par un ensemble de signes extérieurs qui font des êtres ainsi constitués de véritables monstres humains. Les *crétins* sont porteurs d'un goître plus ou moins fort; leurs membres sont contre-faits, et leur taille dépasse rarement un mètre cinquante centimètres; leur peau est lâche, ridée, livide et comme étiolée; leurs chairs sont molles, flasques et pendantes; ils ont presque toujours mal aux yeux; leurs joues sont bouffies; leurs paupières empâtées, et leurs lèvres épaisses. Paresseux, apathiques, ils restent presque toujours accroupis, la tête penchée, la langue gluante, pendante hors la bouche et toujours inondée de salive; ils sont souvent frappés d'idiotisme, de cécité ou de surdité congéniales. Ces êtres, qui constituent des familles entières dans le Valais et les gorges des montagnes des Alpes, du Tyrol, ne vivent guère que jusqu'à trente ans.

Des auteurs ont attribué cet état malheureux à différentes causes; les uns, à un resserrement des os du crâne, qui ne permet pas au système cérébral d'acquérir ses dimensions et son activité naturelles; les autres, à la nature des boissons dont les crétins font usage. Le docteur Bully assure, par ses recherches, que le crétinisme provient de l'usage pour boisson des eaux crues, dures, limpides, à l'abri de l'influence salutaire du soleil et de la longue action de l'air, comme celles qui sourdent du creux des rochers, des montagnes ou des entrailles de la terre, et que l'on boit peu de temps après qu'elles sont sorties de leur source. Mais on remarque qu'il y a un grand nombre de crétins dans certaines localités où l'eau que l'on y boit est très-aérifiée, puisqu'elle est puisée à des rivières. D'un autre côté, on voit beaucoup de forts villages dont les habitants prennent l'eau qui leur sert de boisson à des fontaines à l'abri de l'influence du soleil et de l'action prolongée de l'air atmosphérique, et on ne rencontre jamais parmi eux un seul cas de crétinisme.

27

La seule et la véritable cause de cette dépravation de la constitution est l'habitation des vallées profondes, étroites et humides; ce n'est que
dans ces vallées que l'on trouve des crétins; et il
n'y en a plus lorsqu'elles arrivent à être élevées
à cinq ou six cents toises au-dessus du niveau de
la mer. Les aliments ordinaires des habitants de
ces vallées profondes peuvent être également
pour quelque chose dans la cause déterminante.
Le laitage, le beurre, le fromage, les mets pâteux,
farineux dont on y fait exclusivement usage, avec
un peu de viande de porc, sont aptes à procurer
beaucoup de sucs blancs, et peu de sang vivifiant
et réparateur : ils rendent les sens lourds et laissent l'esprit dans la stupidité.

On a renoncé à toute espèce de médication
pharmaceutique tendant à faire sortir les hommes
d'un pareil état d'abrutissement et de dégradation. On a abandonné l'emploi des poudres dés-
obstruantes, apéritives, alcalines, etc., pour conseiller ce qui peut ranimer l'activité vitale, le
changement de lieu : l'habitation sur les montagnes à air vif et une nourriture fortifiante apportent une heureuse modification dans la constitution des crétins s'ils sont déjà avancés en
âge, et une guérison complète s'ils sont encore
enfants. — Nous avons rapporté que des expé-

riences tentées à cet effet avaient parfaitement réussi, et qu'un médecin avait fondé un établissement dans les Alpes, sur le mont Abenbderg, où les enfants crétins qui y sont transportés se développent rapidement tant au physique qu'au moral. Les crétins plus âgés qu'on y envoie éprouvent une amélioration sensible dans leur triste position. Ces effets évidents du changement de lieu sur une organisation et une intelligence si dépravées dénotent toute la puissance de ce moyen dans un grand nombre d'autres affections morbides. —Au fur et à mesure que l'action de l'air vif donne à ces êtres un peu de force physique et quelque intelligence, il est avantageux pour eux de les exciter à prendre de l'exercice, de les occuper un peu à des travaux manuels, d'animer leur esprit par des impressions morales, capables d'agir ainsi. On doit les déshabituer au plus tôt de tous ces soins pour leur personne dont ils étaient entourés par leurs parents. Car dans beaucoup de villages, où l'on voit de ces infortunés, la civilisation est si peu avancée, que les gens portent une espèce de respect religieux aux crétins, qu'ils comblent alors de toutes sortes d'attentions. Ce sont des restes de cette superstition qui, pendant longtemps, les a fait vénérer comme des êtres extraordinaires et aimés spécialement de Dieu.

C'est ainsi que les Turcs honorent encore aujourd'hui les idiots.

Des scrofules.

On donne le nom de scrofules à un état morbide général de la constitution, dans lequel les glandes et les vaisseaux lymphatiques sont spécialement affectés. Cette altération se manifeste sur le trajet de ces ganglions et de ces vaisseaux lymphatiques autour de la mâchoire inférieure, au cou, près des clavicules, sous les aiselles, aux aines, où il se développe des tumeurs ou globules ovalaires, mobiles sous la peau, qui se multiplient plus ou moins et augmentent graduellement de volume. Ces tumeurs restent d'abord indolentes pendant des mois et des années, puis il se développe dans le lieu qu'elles occupent de la chaleur et de la rougeur avec un petit mouvement fébrile. Quelques-unes d'entre elles finissent par contenir du pus; la peau qui les recouvre s'amincit, s'ulcère et donne issue à ce pus mélangé avec une matière concrète ayant l'aspect et la consistance du fromage de Brie. Cette suppuration particulière aux glandes est rarement abon-

dante, mais elle persiste souvent pendant des
mois et même des années entières. La cicatrisation des plaies s'opère avec une lenteur désespérante. Sous l'influence des traitements que
l'on fait subir aux scrofuleux, et par l'effet des remèdes qu'on applique sur ces plaies, on les voit de
temps en temps prêtes à se cicatriser, lorsque tout
d'un coup elles prennent de nouveaux développe-
ments. La suppuration recommence, et une partie
plus ou moins grande des chairs saines qui les
entouraient se prennent également. Leur fond est
formé de bourgeons aplatis ou peu développés,
leurs bords sont bleuâtres, violacés, et lorsqu'elles
se réunissent définitivement, elles présentent à
l'endroit de cette réunion des traces indélébiles
de la maladie. La cicatrisation n'en est jamais
nette, on voit qu'elle a eu mille peines à se former,
que les bords de la plaie se sont réunis d'une manière inégale et comme déchiquetée. Une teinte
d'un blanc nacré ou violette y persiste pendant
toute la vie. — Ce n'est pas seulement sur les
points du corps que nous venons d'indiquer que
les scrofules donnent des signes de leur existence,
toutes les autres parties peuvent être également
le siége de tuméfactions et d'ulcérations plus ou
moins nombreuses qui présentent dans leur aspect, leur marche et leur terminaison tous les

caractères appropriés à l'infection dont nous parlons.

La disposition scrofuleuse se manifeste par les signes suivants : les sujets qui en sont affectés sont remarquables par la blancheur matte et par la finesse exquise de leur peau ; leur visage arrondi présente des contours gracieux, effet produit par la grande quantité de tissu cellulaire qui efface la saillie des muscles. Le corps est dans un véritable embonpoint, la face est pleine ; les joués bien fournies sont empreintes d'une vive couleur rosée qui contraste d'une manière agréable avec la blancheur générale de la peau. Les cheveux sont le plus ordinairement blonds ou d'un châtain clair, et rarement noirs. Les scrofuleux ont les yeux grands, saillants, bleus, et les pupilles habituellement dilatées. Cet ensemble leur donne des traits délicats, une physionomie douce, un caractère de bonté. Mais si la figure des personnes ainsi constituées a les apparences d'une santé florissante, leur corps le plus souvent porte, comme nous l'avons vu, des preuves du contraire. La peau en est flasque et les chairs molles, il exhale une odeur aigre et nauséeuse dont l'absorption ne peut être salutaire si elle n'est malfaisante.

Quelques personnes pensent que les scrofules

sont contagieuses, et cette idée est fort ancienne. Bordeu et Beaumes, qui ont laissé des noms célèbres dans la médecine, l'ont partagée. Ce dernier a rapporté dans ses écrits l'observation d'une jeune fille bien constituée qui, ayant épousé un homme d'une famille scrofuleuse, fut atteinte de cette maladie, dont mourut son mari. Il a cité encore d'autres faits dans le but d'arriver à conclure que cette affection pouvait se communiquer à la manière des autres maladies contagieuses, et qu'il existait dans la nature de ce mal un miasme formé par la révolution des humeurs qui, en passant d'un sujet à un autre, pouvait, comme le levain dans la pâte, gâter les humeurs saines. Par un décret du 8 novembre 1578, la Faculté de Paris, consultée par le Parlement sur la question de savoir si cette maladie était contagieuse, se prononça pour l'affirmative. — Au rapport des médecins qui ont écrit dans ce sens, le virus scrofuleux peut se transmettre d'individu à individu, par le contact, par une fréquentation intime.

Aujourd'hui qu'on ne veut plus en France admettre des maladies contagieuses, pas même la peste, les scrofules ne sont point considérées comme telles. — On se fonde pour cela sur les expériences faites par Pinel et Portal, qui ont placé dans la même salle des enfants sains à côté d'enfants scrofuleux, sans qu'il en soit résulté aucune transmission de la maladie. Richerand dit qu'à l'hôpital Saint-Louis les enfants scrofuleux se mêlaient impunément avec les autres petits malades, qu'ils jouaient ensemble, et qu'ils partageaient leurs repas sans que ces rapports aient jamais propagé la maladie. — Malgré la confiance que je dois accorder à ces expériences faites par des hommes du premier mérite, et quoique je sois loin d'être convaincu de la contagion des scrofules, je pense qu'il est prudent de ne point faire coucher un enfant sain avec un scrofuleux jeune ou déjà avancé en âge. Dans la jeunesse les absorptions se font très-facilement; et si un virus n'émane point des pores ou des plaies d'un scrofuleux, la vapeur qui en sort ne peut avoir que des qualités malfaisantes.

L'hérédité des scrofules ne peut être mise en doute; — il est constant qu'il y a des familles chez lesquelles le germe scrofuleux est héréditaire depuis plusieurs siècles. — Cependant des hommes des cience n'admettent point cette vérité, parce qu'ils ne s'expliquent point la manière dont elle pourrait s'opérer. Ne trouvant point de traces de cette maladie chez certains enfants dont les parents sont scrofuleux, ils pensent que c'est à des causes extérieures agissant sur la constitution, que l'on doit attribuer les scrofules. — Mais l'hérédité peut être expliquée de manière à comprendre l'absence des scrofules chez des enfants qui devraient en porter des signes. — Les parents ne transmettent point à leur progéniture le virus ou vice scrofuleux qui infecte et dénature les humeurs; ils leur donnent cette disposition d'organes, cette composition du sang qui les disposent à être le siége de cette affection, qui se développera alors sous l'influence de la première occasion favorable. Un père non scrofuleux, mais qui a eu parmi ses ascendants des parents affectés de ce mal, peut également ainsi prédisposer ses enfants à en être atteints.

On admet généralement que le lait d'une nourrice scrofuleuse, ou affaiblie par des maladies ou des excès, a un effet pernicieux sur l'enfant qui s'en nourrit. Ce lait ne contient pas les principes nourrissants qui existent ordinairement dans ce liquide, qui ne peut alors fournir qu'une nutrition imparfaite et qui détériore ainsi la constitution du nouveau-né au point de pervertir ses humeurs et de le rendre scrofuleux.

La cause extérieure qui excite avec le plus de puissance le développement de la maladie qui nous occupe, est l'habitation des lieux froids, bas, humides et marécageux, où le soleil ne pénètre que difficilement. Aussi la rencontre-t-on très-souvent en Hollande, en Pologne, en Angleterre et dans les gorges des montagnes. Le passage d'un climat chaud dans un climat froid et humide, la réunion d'un grand nombre d'enfants dans le même local avec un air non renouvelé et privé d'oxygène, peuvent la développer assez souvent. M. de Humboldt a cru remarquer qu'on doit aussi l'attribuer à une diminution dans une quantité du fluide électrique. Dans les grandes villes avec des rues étroites où le soleil ne peut arriver, les enfants sont presque tous scrofuleux. — Ils doivent cette triste constitution à leur habitation, à l'emploi continuel de vêtements sales, non assez chauds, et souvent à une mauvaise alimentation.

Des médecins ont encore attribué les scrofules à l'usage des eaux provenant de la fonte des neiges ou des glaces, ou qui contiennent une grande quantité de sels calcaires et qui déposent dans leur cours des stalactites. On dit que c'est à ces eaux qu'il faut attribuer la constitution scrofuleuse des trois quarts des habitants de la ville de Reims. Ces liquides peuvent contribuer à la produire; mais on se trompe, selon moi, lorsqu'on leur en accorde à eux seuls

le développement : le temps que passent les enfants dans les nombreuses manufactures de cette
ville doit y être pour beaucoup. Les scrofules
apparaissent tout d'un coup sur des personnes
qui y sont prédisposées et qui présentent d'ailleurs tous les signes de la santé. L'impression d'un
froid humide, auquel elles s'exposent pendant un
temps assez court, suffit pour les faire naître. —
M. Jolly rapporte, dans le *Dictionnaire de Médecine et de Chirurgie pratiques*, qu'il fut consulté,
il y a quelques années, par plusieurs personnes
d'une même famille et habitant le même endroit,
qui après avoir été dans une seule nuit exposées au froid, offraient, le lendemain matin, des
tumeurs volumineuses et presque indolentes sur
tout le trajet des ganglions lymphatiques. Au
mois de juillet 1845, une jeune fille, nommée
Bihel, d'Yvetot, près Cherbourg, âgée de qua-
torze ans, d'une constitution scrofuleuse, et qui
n'avait pas l'habitude de s'exposer à l'humidité
qui règne dans les prairies, alla passer quelque
temps, au milieu du jour, avec des gens occupés à
récolter du foin ; elle s'assit par terre à l'ombre
d'une haie, d'où elle les regardait travailler ; le
temps était lourd, le sommeil la prit ; elle dormit
environ une heure. — En se réveillant, elle an-
nonça qu'elle souffrait considérablement à la base

du cou, où des grosseurs s'étaient déjà formées.—
Ces grosseurs persistèrent et augmentèrent même
au point de ressembler à de fortes noix placées à
côté les unes des autres sous la peau. Le médecin
que cette jeune fille fut consulter, au lieu de lui ordonner des boissons sudorifiques, des bains très-
chauds qui auraient arrêté le développement de
ces tumeurs, lui conseilla tout simplement de placer dessus de l'onguent de *la Mère*.—Du pus
s'y forma et une de ces tumeurs s'ouvrit quelque
temps après. Au mois de novembre, loin d'être
cicatrisée, elle augmentait de grandeur. Je fus
alors en Normandie; je vis cette plaie qui siégeait
au-dessus de la clavicule droite. Elle était déchiquetée, longue d'environ cinq centimètres et
large de trois centimètres. La peau, sur ses bords,
se redressait; le fond en était grisâtre.—La jeune
fille pansait sa plaie avec de l'onguent populéum
étendu sur un peu de toile. A la constitution de
cette enfant et à la disposition de la plaie, je reconnus facilement que j'avais affaire à une affection des ganglions lymphatiques chez une scrofuleuse. Je fis placer sur la plaie un plumasseau de
coton en bourre, enduit de pommade d'hydrio-
date de potasse iodurée, et au bout de quinze
jours de ce pansement, la cicatrisation eut lieu.
— Mais cette jeune fille, dont la figure est belle,

aura au cou, pendant toute sa vie, une preuve de sa constitution scrofuleuse, et de l'ignorance du médecin qui lui donna les premiers soins.

Il existe des personnes qui sont évidemment scrofuleuses et qui n'en ont jamais éprouvé d'incommodité ; elles pourront même vivre le temps qu'il nous est habituellement donné de passer sur cette terre, sans faire de maladie. Cependant, elles y seront plus disposées que celles qui n'auront point de germe vicié dans le sang, et leurs affections prendront toujours un caractère dans lequel on reconnaîtra ce germe. Lors des épidémies, dans les temps de disette qui forcent à des privations, les scrofuleux sont les premières victimes dont la mort s'empare. Lors de la désastreuse et mémorable retraite de Moscou, le superbe régiment de grenadiers hollandais de la vieille garde, dont les hommes avaient la constitution scrofuleuse, fut celui, de toute l'armée, que les marches forcées, la disette et le froid anéantirent le premier. A peine une vingtaine de ces colosses de santé, en apparence, purent-ils se réunir à la suite des grenadiers français, pour y marquer la place qu'y tenait habituellement leur beau régiment.

Les scrofules sont des maladies qui, comme nous l'avons vu, tiennent à la constitution de l'individu qui en est atteint. Le sang, les liquides, les solides, tout est sous l'influence de cette affection, tout en nous y prend part. Il n'est donc pas étonnant que ces maux soient difficiles à guérir, qu'ils résistent quelquefois indéfiniment aux traitements les plus éclairés.

Dans des temps de barbarie, d'ignorance et de superstition, cette impuissance de la médecine contre les ravages des écrouelles engagea les patients à recourir à l'intervention céleste. Quelques médecins consultaient les astres, afin qu'ils leur révélassent les moyens de guérir cette maladie. Les moines persuadèrent au peuple que les rois, représentant la Divinité sur la terre, avaient seuls la puissance de guérir un mal horrible et redoutable. Les rois d'Angleterre et ensuite ceux de France jouirent spécialement et sans contestation de ce privilége singulier.

Il importe peu de fixer l'époque à laquelle les princes français usèrent pour la première fois de leur nouvelle prérogative. Suivant les annales souvent obscures des moines, ce fut vers le onzième siècle que les rois Robert et Philippe Ier exercèrent, pour la première fois, le droit de guérir des écrouelles. Guibert, abbé de Nogent, raconte que Philippe touchait les écrouelles; mais que certains crimes lui firent retirer le pouvoir de les guérir. Étienne de Conti, religieux de Corbie, au quinzième siècle, décrit, dans son *Histoire de France*, les cérémonies que Charles VI observait en touchant les écrouelles. Après que le roi avait entendu la messe, dit le moine, on apportait un vase plein d'eau, et sa majesté, ayant fait ses prières devant l'autel, touchait le mal de la main droite, le lavait dans cette eau, et le malade en portait appliquée sur la partie pendant neuf jours de jeûne. Le continuateur de Monstrelet dit avoir vu Charles VIII, pendant son séjour à Rome, toucher les scrofuleux, les guérir, et ravir d'étonnement les Italiens émerveillés. Les anciens historiens anglais racontent qu'Edouard le Confesseur, pour prix de ses vertus, avait reçu du Ciel le don de guérir les scrofules en les touchant, et celui de transmettre cette heureuse faculté à ses descendants. Toutefois, c'est depuis que les rois d'Angleterre prirent le vain titre de rois de France, qu'ils affectèrent de jouir de cette propriété héréditaire, et l'on vit naguère le malheureux Jacques III, dépouillé, errant et fugitif, exercer dans les hôpitaux de Paris la seule puissance qui ne lui était point contestée. J. Freind s'épuise en arguments pour justifier le privilége dont jouissaient les rois d'Angleterre; mais de graves écrivains français ont cru devoir combattre ses prétentions. Nos rois, jusqu'à Louis XVI, ont continué de toucher les scrofuleux, à l'occasion de certaines solennités, comme celle du sacre. Toutefois, c'était plutôt pour satisfaire à un usage antique, que par un sentiment de crédulité ou de vanité.

Les têtes couronnées n'étaient pas les seules qui eussent, anciennement, le pouvoir de guérir les scrofules à l'aide de l'attouchement; le fils aîné de la maison d'Aumont en était revêtu. Un préjugé attribuait la même faculté au septième fils d'une famille quelconque, pourvu qu'aucune fille ne naquît entre les garçons.

Le préjugé populaire qui attachait un pouvoir curatif aux attouchements remonte aux temps les plus anciens. Au rapport de Pline (lib. II, cap. ii), Pyrrhus guérissait le mal de rate, en appliquant le gros orteil de son pied droit sur l'hypocondre gauche du malade, qui s'étendait devant lui.

En France, le peuple avait une telle confiance dans la force curative de ses rois, que l'on vit un nommé Jacques Moyen ou Moyou, Espagnol né à Cordoue, et faiseur d'aiguilles, établi à Paris, demander, en 1576, à Henri III, la permission de bâtir, dans l'un des faubourgs de la ville, un hôpital pour recevoir les écrouelleux qui, dans le dessein de se faire toucher par le roi, arrivaient en foule des provinces et des pays étrangers dans la capitale, où ils ne trouvaient aucun asile. Le désordre des guerres civiles fit échouer ce projet philanthropique. Suivant Dionis, le roi touchait cinq fois l'année ceux qui avaient des écrouelles ; ces cérémonies avaient lieu les jours où il faisait ses dévotions ; il se présentait chaque fois sept à huit cents malades pour se faire toucher. Un grand nombre d'entre eux assuraient avoir été guéris par cet attouchement, et Dionis lui-même conseillait à tous ceux qui avaient des écrouelles de tenter un moyen spirituel aussi doux et qui d'ailleurs ne mettait aucun obstacle, s'il n'avait pas de succès, à l'emploi des moyens chirurgicaux. Mais la crédulité du peuple s'est dissipée avec les ténèbres qui obscurcissaient sa raison ; et nos princes amis des lumières ont renoncé à une prérogative vaine, sans renoncer au droit d'être bienfaisants. Toutefois, dans la Belgique, on faisait naguère encore des pèlerinages à Saint-Marcou, pour obtenir la cicatrisation des ulcères scrofuleux ; à Sainte-Adèle, afin d'être débarrassé des ophthalmies de même nature. Il existe dans ce pays une chapelle dédiée à saint Lambert ; elle s'élève au-dessus d'une source d'où jaillit de l'eau très-froide. Le jour de la fête du saint, de nombreux scrofuleux se rassemblent et se lavent les parties malades dans la piscine sacrée. L'eau de cette source est bénite; les malades en emportent chez eux, afin d'en obtenir leur guérison ultérieure, au moyen d'ablutions journalières.

Aujourd'hui que l'on sait que les maladies ne sont point ce que l'on a supposé longtemps, des êtres malfaisants qui viennent attaquer notre corps; aujourd'hui que par le flambeau de l'observation et de l'expérience, accompagnées du raisonnement, on a acquis la certitude que nos maladies sont le résultat d'un état de souffrance de nos organes qui leur est inhérent; que cet état leur est donné le plus habituellement par l'action d'agents extérieurs, que ces agents extérieurs sont nécessaires même pour le développement des maladies héréditaires, on a songé à diriger ses moyens de traitement de ce côté. On a pensé qu'en éloignant les scrofuleux des lieux qui sont disposés à faire développer ce mal, en défendant à ceux qui en sont menacés ou atteints de se nourrir d'aliments reconnus également propres à le produire, on parvient à enrayer sa marche, à le maîtriser même. Avec ces indications et l'appui des remèdes pharmaceutiques convenables, on ne voit plus ou presque plus de ces plaies qu'on appelait anciennement *écrouelles*, et dont le nom à lui seul inspire un grand dégoût. On obtient ce résultat en plaçant les malades dans des lieux où un air pur, sec et chaud vient avec le soleil les animer et les vivifier.

Dans cette condition, ils se délivrent des sucs blancs, des humeurs qui imprègnent tous leurs tissus; leurs chairs, de molles et flasques qu'elles étaient, deviennent fermes et résistantes. Cet heureux changement s'opère encore avec plus de promptitude si l'on joint à cette insolation les exercices du corps, tels que l'escrime, la danse, l'équitation et les voyages. Ces derniers auront sur les malades qui ne seront plus des enfants, une action incomparablement supérieure à tous les autres genres d'exercice. Ils joindront à l'influence physique leur puissance d'exciter l'intelligence. Les scrofuleux, lorsqu'ils ne sont point arrivés à un état d'épuisement et d'abattement, résultats d'une destruction avancée, sont avides de voir des choses inconnues et de sentir des impressions nouvelles; un grand nombre d'entre eux ont, dans les classes élevées surtout, l'impressionnabilité des phthisiques. Le contentement qu'ils éprouvent en voyageant leur est très-favorable.

Beaucoup de médecins ont remarqué que l'on rencontre rarement des affections scrofuleuses au bord de la mer, et croyant qu'elles ne pouvaient y subsister, ils ont conseillé, comme moyen curatif, aux personnes qui en étaient atteintes, d'aller y habiter et de prendre, à cette occasion, des bains de mer. La Méditerranée leur a semblé préférable à l'Océan et à la Manche. Je ne trouve point d'autre sujet qui puisse expliquer cette prédilection, que la température plus élevée qui règne habituellement sur les côtes de la première de ces mers. On y prend rarement des bains, parce qu'on a cru observer qu'ils ne donnaient pas de résultats aussi favorables que ceux pris sur les côtes de la Manche et de l'Océan. Il doit y avoir des scrofuleux du côté des Martigues et d'Antibes comme il s'en trouve parmi les habitants des côtes de la Normandie et de la Bretagne, de la Saintonge et de la Gascogne. Il est certain qu'une température sèche, un peu élevée, est nécessaire pour arriver à une prompte guérison; la transpiration qu'elle excite est d'un grand secours; c'est pour cela que les voyages en Italie me semblent remplir toutes les conditions demandées pour avoir la préférence sur ceux que l'on pourrait entreprendre ailleurs.

Les eaux de Barèges, de Plombières, du Mont-Dor, prises à leur source, en bains et à l'intérieur, sont ici vantées à la fin des convalescences comme pouvant les consolider. La vertu de ces eaux est tonique et dépurative, le voyage qu'il faut faire pour y aller est un sujet d'agrément ; ce sont des raisons bonnes pour les conseiller contre les maladies scrofuleuses. Parmi les guérisons qu'ont produites les eaux de Barèges, on cite celle d'une femme atteinte d'un engorgement des glandes du cou, des aisselles, des aines, dont le ventre était gonflé et dur, laquelle ressentit, à l'âge de douze ans, le vice scrofuleux se porter sur les os de la colonne vertébrale. En deux ans, elle devint extrêmement contrefaite ; on l'envoya à Barèges où elle suivit, avec l'usage des eaux minérales, un traitement antiscrofuleux. Deux ans après, les engorgements des glandes se dissipèrent, l'épine dorsale se redressa et les épaules se rétablirent à la même hauteur et dans leur situation normale.

Du rachitisme.

On appelle rachitisme le ramollissement et la déformation des os. Dans cette maladie, fort commune chez les enfants et assez rare chez les personnes qui ont dépassé quarante ans, les os n'ont point la dureté, la force qui leur sont habituelles ; par suite d'un travail morbide qui se passe dans

la constitution des malades, les os cessent d'être
composés de leurs éléments dans la proportion ordinaire de leur formation. Le phosphate de chaux
qui, avec la gélatine, fait leur base fondamentale
et leur solidité, cesse d'y entrer en quantité suffisante. Alors, n'étant presque plus formés que
de cette dernière substance, ils deviennent comme
elle, faibles et quelquefois susceptibles d'être ma-
laxés comme du carton mouillé. On a vu des enfants naître sans os, puisque ce qui en tenait la
place chez eux n'était que de la gélatine. Les annales de médecine contiennent beaucoup de faits
constatant que des personnes atteintes de rachitisme avaient les os des bras, des jambes et des
cuisses si flexibles qu'on pouvait les plier comme
s'ils eussent été de la cire molle. Tous les os de
squelette sont susceptibles de ce ramollissement.
Ceux de la colonne vertébrale ainsi modifiés dans
leur composition cèdent trop facilement, d'une
part, au poids qu'ils supportent, et de l'autre, à
la traction que les muscles exercent sur eux. Ils
deviennent une des causes les plus fréquentes des
déviations et des gibbosités que l'art de l'ortho-
pédiste tend à faire disparaître. Les enfants peuvent apporter cette maladie en naissant, mais le
plus souvent ils en sont pris à l'époque de la
sortie des dents et à l'âge de la puberté. Le tem-

pérament lymphatique, le mauvais lait d'une nourrice, l'habitation dans un endroit humide et sombre, favorisent le développement du rachitisme. L'enfant qui en est attaqué perd son appétit, sa gaieté; il maigrit, les os des membres prennent du volume près des articulations et deviennent plus minces vers leur milieu, ce qui figure assez des nœuds; on dit alors que les enfants qui ont les membres ainsi malades sont *noués*. On remarque qu'en général ils ont l'esprit précoce, vif et pénétrant. Très-sensibles et très-impressionnables, ils font l'agrément de leurs parents par les marques d'affection qu'ils savent leur prodiguer avec une amabilité angélique. Si le mal continue à faire des progrès, la tête devient plus grosse que de coutume, tandis que le reste du corps diminue à vue d'œil. Les facultés morales disparaissent, le petit malade devient stupide; les digestions se troublent, la fièvre vient miner et détruire le corps. Lorsque les adultes sont atteints de cette décomposition osseuse, ils sont soumis à des douleurs plus vives, à un ravage plus prompt que les enfants. Une femme, âgée de vingt-deux ans, à la suite d'une fièvre, commença à éprouver des douleurs violentes dans tout le corps, et bientôt elle perdit la faculté de se tenir sur ses pieds; la forme de son corps, qui était très-belle, s'altéra, et sa taille diminua de telle sorte, qu'elle devint plus petite d'un pied dans l'espace de dix-neuf mois. Cette malheureuse ne pouvait changer de situation que ses os ne se courbassent ; elle avait tout le corps enflé, sa peau était devenue dure et beaucoup plus épaisse qu'à l'ordinaire, et malgré cela elle mangeait avec beaucoup d'appétit. On trouva, après sa mort, que tous les os de son corps, à l'exception seulement de ses dents, étaient devenus plus mous que de la cire, et qu'il était plus facile de les rompre que les chairs ; il ne restait dans ces os ainsi amollis aucune cavité ni aucun vestige de moelle (*Boërhaave*) : Il arrive assez souvent, dans cette décomposition des os, qu'ils deviennent d'une fragilité extrême ; sans doute que la gélatine ne s'y trouve plus d'une manière convenable et en quantité suffisante pour faire, avec le phosphate de chaux, un tout susceptible de résister normalement aux puissances qui peuvent agir sur eux. Un médecin de Lyon a vu un sexagénaire arthritique qui, en mettant son gant, se fractura le bras, que trois jours après on trouva encore fracturé au dessus du coude. Desault entretenait souvent ses élèves d'une religieuse de la Salpêtrière dont l'humérus se rompit au moment qu'elle s'appuyait sur une personne qui l'aidait à monter en voiture. Un peu plus tard elle se fractura la cuisse en changeant de position dans son lit. Cette religieuse avait un cancer au sein. C'est principalement sur les adultes et les vieillards que porte cette friabilité des os. Les enfants rachitiques en offrent peu d'exemples, et la mort, qui est la suite presque constante des affections rachitiques chez les grandes personnes, est fort rare chez les enfants, qui guérissent en général avant l'âge de vingt ans, tout en conservant des difformités osseuses, traces indestructibles du passage de la maladie.

Comment s'opère ce changement dans les proportions des éléments constituants des os? Les théories avec lesquelles on a voulu expliquer ce phénomène morbide sont loin d'être satisfaisantes. Il tient encore à une action vitale qu'il ne nous est pas donné de connaître plus que celles qui président aux autres phénomènes de la vie. Cependant, voyant que ce mal opérait plutôt dans certaines conditions que dans d'autres, qu'il est lié toujours à un tempérament lymphatique très-prononcé, que le défaut d'air, de soleil et l'habitation dans un endroit humide le font développer, il est tout simple de penser que les remèdes toniques, le grand air, les exercices, les voyages sont contre lui d'un emploi avantageux. Les médicaments, sans ces derniers moyens hygiéniques, n'ont aucune action sur le mal, et après leur emploi on a compté quelques guérisons. Les rachitiques qui sont affectés de déviation de la colonne vertébrale et que l'on soumet aux divers traitements orthopédiques ne guérissent point, pour la plupart du temps, parce qu'on ne fait pas entrer dans ce traitement le changement de lieu, les voyages, qui seuls peuvent procurer la solidité, la force dans la machine entière.

Les eaux de Barèges, prises sur les lieux, à l'intérieur et en bains, sont très-utiles aux rachitiques.

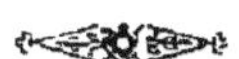

Du scorbut.

Le scorbut est une maladie, le plus souvent épidémique, dont la cause est dans une altération du sang. Elle est occasionnée par l'usage longtemps continué des aliments salés, de mauvaise qualité ; par une alimentation insuffisante, accompagnée d'un long séjour dans un endroit humide, chaud ou froid. L'ennui, le découragement, les peines morales, favorisent son développement. Elle est très-fréquente dans les hôpitaux, les prisons et les places fortes assiégées. Elle fait, pour ainsi dire, élection de domicile à bord des bâtiments qui sont longtemps en mer. Les armées de terre, en campagne, sont souvent ravagées par ce fléau destructeur. Il mit le comble de la destruction dans l'armée de saint Louis, déjà troublée par Saladin. Il fit souffrir cruellement, dans plusieurs circonstances, les soldats français durant les guerres de la République et de l'Empire français.

Cette maladie annonce sa présence par un sentiment de faiblesse, par une pâleur bouffie de la figure, avec un accablement moral; les gencives se gonflent, saignent et s'ulcèrent; l'haleine du malade est d'une fétidité repoussante. Il se développe en même temps une éruption sur le corps, laquelle consiste en des taches sanguines, qui deviennent autant d'ulcérations du plus mauvais caractère. Ce sont des symptômes d'une altération du sang qui, privé en grande partie de sa fibrine, ne donne plus ni force, ni consistance aux tissus, qui s'en vont alors presque en détritus. Si la maladie fait des progrès, les forces du malade diminuent de jour en jour, la face devient terreuse et livide; les gencives s'altèrent davantage et les dents deviennent vacillantes. De petites hémorrhagies ont lieu sur tous les points du corps ulcérés. La moindre pression sur la peau y occasionne une ecchymose, qui fait promptement place à un ulcère dont les bords deviennent à l'instant saillants, durs, et dont la surface est fongueuse et saignante. Le sang finit par s'échapper de tous côtés, par le nez, par la bouche, etc. ; les digestions se troublent et cessent même de s'opérer ; alors le corps, éprouvant sans cesse des pertes qui épuisent les forces et qui ne sont plus remplacées, est frappé d'anéantissement et de décomposition ; les chairs détruites laissent les os à découvert, qui deviennent le siége d'atroces douleurs.

Le scorbut est une de ces maladies dans lesquelles l'homme assiste à sa destruction. La personne qui en meurt n'a que peu de fièvre ; elle reste calme et paisible avec l'état hideux de son corps qui s'en va en lambeaux. Elle est occupée, tout le temps que ses forces le lui permettent, à panser les ulcères qui, au milieu des autres, exigent plus impérieusement des soins ; mais elle ne peut arrêter les pertes de sang qui ont lieu de tous côtés, et une syncope arrive qui la délivre de tous ses maux en la privant de la vie.

Cette terrible affection se gagne principalement par l'influence des lieux qu'on habite : une mauvaise alimentation, sans le concours d'un air insalubre, donnerait une maladie, mais point le scorbut. La première condition à remplir, dans le traitement de cette maladie, est de changer de lieu. Les remèdes dits anti-scorbutiques n'ont, sans cela, aucune action. Dans une grande épidémie de scorbut qui, à une époque encore peu reculée, décima l'armée impériale de Hongrie, Stramer ne tira aucun succès de ces plantes, que le Collége des médecins de Vienne lui envoya. Lors d'une pareille épidémie scorbutique qui pesa cruellement sur l'Hôtel-Dieu de Paris, les administrateurs de l'hôpital firent chercher, aux environs de cette ville, tout le cresson des fontaines pour en faire prendre aux malades sous toutes sortes de préparations; on reconnut bientôt que ce moyen n'était d'aucun secours. On donna aux malades de bon vin, une nourriture fortifiante; on leur fit prendre l'air, on les exposa aux rayons du soleil le plus souvent qu'il fut possible, et on obtint ainsi une amélioration rapide dans leur état.

L'air pur et sec, avec un certain degré de chaleur, est indispensable pour la guérison du scorbut. Les capitaines de navires ont cru pendant longtemps qu'il suffisait de débarquer leurs équipages atteints de cette épidémie, pour les en délivrer; mais il a été constaté, par les résultats variés qui ont suivi ces débarquements, qu'il fallait encore les opérer dans des lieux aptes à procurer la guérison recherchée. Il a été reconnu que, lorsqu'on mettait les scorbutiques à terre dans une contrée humide et froide, le mal ne faisait qu'empirer, tandis que si on les débarquait sur une côte où régnait un air sec et un peu chaud, ils étaient promptement guéris. Il en a toujours été ainsi des scorbutiques que l'on a déposés aux Canaries, à Sainte-Hélène, au cap de Bonne-Espérance; tandis que ceux qui, pour se rétablir, ont pris terre sur les côtes du canal de Mozambique et de la Guyane, n'ont éprouvé aucune amélioration dans leur état. — Quoique l'air pur et chaud soit, en général, indispensable pour le rétablissement des scorbutiques, il est cependant bon d'observer que tous les scorbutiques ne sont pas aptes à le supporter instantanément. — Il y en a dont la constitution est si détériorée, qu'il est nécessaire de les laisser dans le lieu qu'ils habitent pendant un certain temps, qui est employé à leur donner un peu de force au moyen du vin et d'une alimentation succulente. Si on les exposait tout d'un coup à un autre air que celui qu'ils sont habitués de respirer, ils périraient par la réaction qui s'opérerait en eux. Il en serait pour eux, dans cette circonstance, comme pour les hommes gelés qui, pour être rappelés à la vie, doivent n'être approchés du feu qu'après avoir été traités dans la froidure même. Il ne faut donc exposer à un nouvel air les scorbutiques avancés qu'avec beaucoup de précaution et de prudence, ayant soin de les tenir d'abord, comme l'on dit, à un demi-air. Les voyages sur terre sont le complément d'un traitement bien entendu. Ils donnent de l'activité aux fonctions digestives; ils facilitent la transformation du sang noir en sang rouge; sous leur influence, les organes absorbent en abondance ce dernier liquide réparateur, dont ils ont un impérieux besoin.

Dans cet exercice l'impressionnabilité, détruite par l'affection scorbutique, revient à son état normal; le moral, abattu et sans énergie, reparaît avec toute sa force et son activité. Les pays modérément chauds et secs, tels que le midi de la France et de l'Italie, seront les contrées les plus favorables pour arriver à ce résultat.

De la goutte.

La goutte est une maladie dont la définition

varie autant que les auteurs qui en ont parlé. — Inconnue jusqu'ici dans son essence, elle était définie selon l'idée que chaque écrivain s'en faisait. Son nom de goutte vient de ce que dans les premiers temps qu'elle fut observée, on croyait qu'elle consistait dans l'afflux d'un liquide, lequel était distillé *goutte à goutte* sur le lieu malade.—Les anciens Grecs, qui l'ont étudiée lorsqu'elle siégeait principalement aux articulations, l'avaient désignée sous le nom de *maladie articulaire;* fixée aux pieds, on l'appelle *podagre;* elle se nomme, à la main, *chiragre;* au genou, *gonagre;* à l'épaule, *omagre;* au coude, *péchyagre;* sur la colonne vertébrale, *rakysagre.* On la trouve encore désignée sous les noms de *morbus dominorum,* maladie des seigneurs, des grands, parce qu'elle s'observe principalement chez les personnes de cette condition. Parmi la foule d'opinions qui ont été émises sur sa nature, nous nous bornerons à citer celles qui semblent les plus vraisemblables : Hippocrate et Galien l'attribuaient au transport de la pituite et de la bile sur les articulations; un médecin, Ætius, la fait consister dans la prédominance de l'une des qualités ou des humeurs du corps, produisant une inflammation des parties nerveuses. Hoffmann suppose que la goutte attaque les corps les plus faibles et consiste dans un sang et une lymphe corrompus, avec complication de spasmes dans les ligaments, spasmes produits par une humeur vicieuse, âcre et saline qui y est portée par les artères. —Le célèbre Sydenham trouve la cause de cette maladie dans un défaut de coction des humeurs, produit par l'affaiblissement du corps. Ces humeurs crues s'accumulent, selon lui, dans le sang, y séjournent et y acquièrent une âcreté particulière qui se porte sur les articulations. Stoll la fait consister dans une surabondance de bile qui, mêlée au sang, circule avec lui plus ou moins longtemps et se trouve enfin portée sur les articulations par l'effet d'une fièvre critique. Pinel la classe parmi les inflammations avec un principe goutteux.—Broussais la considère comme une inflammation ordinaire des tissus articulaires produite et entretenue par une gastrite chronique. —Une opinion, qui a été émise de nos jours par M. Roche et qui paraît fondée par le raisonnement et par les faits, consiste à supposer la cause de la goutte dans une surabondance de matériaux nutritifs dans le sang et dans tous les tissus de l'économie; dans un excès d'animalisation des tissus fibro-séreux des articulations et dans l'inflammation de ces mêmes tissus.—Cette opinion, partagée par un grand nombre de nos plus

savants médecins, se fonde principalement sur
ce que ce sont les gens riches, les gens qui vivent très-confortablement, qui sont principalement atteints de la goutte. — Les excès de table
seuls en sont la cause ; les autres excès peuvent
aider à la développer, mais il faut qu'ils soient
précédés ou accompagnés d'une nourriture très-
succulente. — Les personnes qui, avec l'amour
du vin porté outre mesure, ne joignent point
les excès de table, ne sont jamais goutteux, à
moins que par cause héréditaire. — On voit
des ouvriers qui sont ivres tous les soirs pendant un grand nombre d'années et qui ne deviennent jamais goutteux. On ne trouve cette affection que parmi les nations civilisées, lesquelles
en sont d'autant plus tourmentées qu'elles ont
des mœurs plus dissolues, des goûts pour la table plus prononcés. Sénèque nous apprend
qu'elle devint extrêmement commune lorsque
les mœurs romaines se corrompirent, lorsque la
sobriété fut mise de côté comme les autres vertus qui font les grands peuples. En accordant
une part dans la production de ce mal au froid
humide qui règne constamment en Angleterre, ce
n'est pas être injuste envers cette nation voisine
que d'attribuer aux excès de table qui y ont lieu,
les nombreux cas de goutte qu'on y observe et

qui dépassent extraordinairement ceux que l'on compte en Hollande et dans la partie sud-ouest de l'Allemagne, pays également soumis à l'action du froid humide.

La goutte est une maladie essentiellement héréditaire; le fils d'un goutteux, malgré sa sobriété et son heureuse situation hygiénique, en sera presque indubitablement atteint; les fautes de son père retomberont sur lui, et d'une manière d'autant plus cruelle que son affection résistera davantage aux remèdes, ou plutôt y résistera complétement; tandis que celle qui vient directement par les excès cède toujours plus ou moins aux moyens employés pour la faire disparaître; mais le sang vicié soit par principe héréditaire, soit par suite du genre de vie de l'individu, peut ne jamais donner lieu à des accidents de goutte. — Pour que ces derniers se développent, il est nécessaire qu'un individu soit placé dans des conditions favorables à ce travail morbide. La goutte est excessivement rare dans les pays chauds; elle est au contraire très-commune dans les contrées froides et humides. — Le printemps et l'automne sont les deux saisons de l'année où elle sévit le plus souvent, et plus fréquemment encore au printemps qu'à l'automne. — Toutes les causes de maladies, telles que les refroidissements, les fatigues, les excès en tous genres, les travaux de cabinet, les veilles prolongées, peuvent faire naître la goutte (chez les personnes qui y sont prédisposées) avec ses accidents et ses douleurs. Des médecins anciens ont attribué à certaines substances la vertu de la produire : tels étaient les vins faits avec les raisins récoltés sur des terres travaillées avec la chaux, comme ceux de Crète (aujourd'hui Candie). Au rapport d'Alexandre Bénédict, de Vérone, les étrangers les mieux constitués ne pouvaient boire de ce vin pendant quelques années sans être affectés d'une goutte articulaire, avec concrétions et difformités des articulations. On a cru dans quelques localités observer qu'à mesure que l'usage de la chaux devenait plus commun pour la culture des champs, les cas de goutte s'y multipliaient davantage.

Cette maladie s'observe rarement chez les femmes avant leur âge critique (1). Il serait possible que la sobriété dans laquelle elles vivent en général étant jeunes, fût pour quelque chose dans ce résultat, et que les exemples de goutte qu'elles offrent dans l'âge du retour dussent, en partie

---

(1) Mulier podagrâ non laborat, nisi menstrua ipsi defecerint.

HIPPOCRATE.

du moins, leur apparition aux excès de table que quelques-unes d'entre elles commettent à cette époque de la vie. Les enfants jouissent du privilége de n'être jamais atteints de cette affection; ce n'est que vers l'âge de vingt-cinq à trente ans que l'homme est susceptible d'en ressentir les premières attaques.

Les symptômes de la goutte sont excessivement nombreux; avec les douleurs qui la caractérisent toujours, elle offre une infinité de formes dans son intensité, sa marche et ses accès. — Jamais continue à son début, c'est par accès qu'elle commence à attaquer quelqu'un. Ces premiers accès consistent ordinairement en des douleurs articulaires faibles et qui ressemblent à celles qu'auraient occasionnées une violence, un rude froissement de l'articulation. Ces premiers accès sont en général méconnus ou désavoués. Un magistrat, dont parle Desault, était pris de ces sortes d'accès tous les ans sur la fin de l'hiver, et, au lieu de se reconnaître goutteux, tantôt il cherchait querelle à son cordonnier de lui avoir fait des souliers trop étroits; tantôt c'était une entorse ou un faux pas. On n'admet qu'à la dernière extrémité et toujours malgré soi qu'on est pris d'un mal aussi grave, aussi peu susceptible de guérison que la goutte. Après ces accès bénins, il en survient d'autres excessivement violents et cruels. On dit alors que la maladie a la forme *aiguë*. La veille ou plusieurs jours avant l'accès, le malade ressent quelque dérangement dans ses fonctions; il a des engourdissements, des crampes, ou bien le mal survient inopinément. Dans tous les cas, au milieu de la nuit, une douleur vive se fait sentir, le plus souvent au gros orteil, quelquefois dans le talon, d'autres fois dans l'articulation tibio-tarsienne, dans quelques cas aux poignets, aux mains ou aux genoux. Cette douleur est comparée par le malade à une sensation de tiraillement ou de dislocation de l'articulation, à celle d'un coin qu'on lui enfoncerait entre les jointures des os. Il serait porté à croire encore qu'un filet d'eau glacée, ou une lame de fer rougie au feu, lui traverserait la partie affectée. — Bientôt, il survient des frissons et un état de fièvre caractérisé. — Ces symptômes continuent pendant le reste de la nuit et dans la journée du lendemain. — Vers le soir elle augmente d'intensité, elle devient alors insupportable au point de faire pousser au malade des plaintes, des gémissements et même des cris. Il ne peut supporter le poids le plus léger, le linge le plus doux sur la partie malade; il cherche en vain une position qui puisse alléger ses souffrances. Ce n'est que le lendemain, le troisième

jour de l'attaque, que la douleur perd de son intensité. Ce changement se fait si promptement
que le malade attribue ce mieux à la dernière position qu'il a prise. Une douce moiteur vient apparaître sur son corps dont les fibres ne sont
plus crispées par la douleur. — C'est alors que le
pauvre souffrant peut goûter un doux repos dans
un sommeil de quelques heures. A son réveil la
douleur n'est pas plus vive, mais la partie malade est plus gonflée qu'avant de s'être endormi;
elle est rouge, comme érysipélateuse. Le lendemain ou le surlendemain, la douleur augmente
vers le soir; elle est accompagnée de chaleur aride
à la peau, de fièvre. Pendant quatre à cinq jours
il y a des paroxysmes qui commencent aussi le
soir et finissent le matin. Enfin l'accès se termine
par le retour à la santé. A sa terminaison il se fait,
à travers l'articulation malade, une exsudation
d'un liquide ordinairement collant et visqueux,
d'une odeur assez forte, puis l'épiderme de cette
partie se détache par écailles et cette desquama-
tion est souvent accompagnée d'une démangeai-
son insupportable. Ces phénomènes morbides
constituent ce qu'on appelle une *attaque de
goutte*. Ces attaques peuvent s'observer sur les
deux pieds à la fois, aux poignets, aux mains,
aux genoux. Il y a toujours de longs intervalles

entre les premières attaques qui peu à peu se rap-
prochent et finissent par ne plus donner que
quelques jours et même quelques instants de repos aux malades; c'est alors qu'elle prend le caractère chronique, continu. — Sous cette forme,
la goutte, quoique toujours pénible, est loin d'être
aussi douloureuse qu'à l'état aigu. — Il y a dans
son cours des moments d'exaspération dans les
douleurs; ce surcroît de souffrances arrive à la
suite d'un excès, à l'occasion des changements de
température, à l'approche des orages, après un
mouvement de colère et souvent par suite d'un
mouvement trop brusque de la partie affectée.

Les goutteux qui finissent par souffrir ainsi
continuellement sont tristes, moroses, grondeurs
et colères. De temps en temps et à des instants où
le mal les travaille moins, ils s'abandonnent à
quelques expansions de gaieté qui donnent encore l'idée de celle qu'ils avaient habituellement
étant à table avec leurs amis. Les articulations,
par suite du travail morbide continuel qui s'o-
père en elles, présentent des désordres organiques nombreux et variés. Ces altérations consistent en une infiltration, en un œdème de la partie,
puis en de petits nodus assez mous et assez sensibles d'abord, qui perdent ensuite leur sensibilité à mesure qu'ils acquièrent de la consistance.

—Il s'en forme dans l'épaisseur et à la surface des tendons et des ligaments; leur nombre plus ou moins grand forme autour des articulations une sorte de chapelet de petites tumeurs qui gênent et empêchent les mouvements.—La maladie prend alors le nom de *goutte noueuse*. Vient-elle à tourmenter les doigts des mains, dit Sydenham, elle les rend comme tordus et semblables à une botte de panais. Lorsqu'elle s'attache aux pieds, ceux-ci deviennent comme retirés, rétractés. Après s'être fixée dans une articulation pendant un certain temps, ordinairement assez long, l'effusion du liquide goutteux, propre à former des concrétions, ne se fait plus seulement pendant les attaques de goutte, elle se continue encore dans les intervalles de ces attaques. Ces concrétions s'amassent peu à peu et finissent par former d'énormes masses. On a observé de ces calculs qui avaient le volume d'un œuf de poule. Gassendi rapporte que le célèbre Peiresc avait les pieds chargés de ces tufs dont le poids était beaucoup plus considérable que celui des pieds eux-mêmes. Ces concrétions sont formées par une matière dont l'aspect est à peu près celui du plâtre, de la craie, et qui primitivement a été liquide et comme gélatineuse. Ces calculs arthritiques ne sont jamais renfermés dans un kyste; on les trouve ordinairement dans les cellules du tissu cellulaire qui environne les tissus fibreux, ou bien encore dans les articulations elles-mêmes. Cette matière calculeuse, encore à l'état liquide, peut suinter à travers les pores de la peau; il arrive même qu'un fragment devenu sec et solide perce la peau et se fait jour au dehors. — Elle reste ordinairement enchâssée dans cette ouverture, ou, ce qui est plus rare, elle en est expulsée par les efforts de la nature. — Les personnes atteintes de goutte chronique sont rarement disposées à se soumettre au régime sévère qu'on voudrait leur faire suivre dans l'intention de les préserver des paroxysmes qu'ils ont et dans le but d'arriver à les débarrasser de ce cruel mal; je ne sais si elles ont toujours tort. Des excès en tous genres, ceux de table principalement, sont évidemment contraires à cette affection qu'ils ne font qu'aggraver; mais un régime très-sévère, comme celui qui consiste à se priver de mets azotés, ne donne pas les avantages qu'on a lieu d'en espérer. Le pape Grégoire-le-Grand, l'homme le plus sobre de son temps, et de la constitution la plus saine en apparence, mais livré sans relâche à de laborieuses occupations, souffrit de la goutte pendant trente ans et ne put écrire la plus grande partie de ses œuvres qu'avec deux

doigts, les seuls que la chiragre eût laissés libres.
J'ai pendant longtemps donné des soins à plusieurs goutteux qui avaient une vie très-sobre, et
qui n'en étaient pas moins pour cela tourmentés
souvent par des accès cruels. J'ai été pendant dix
ans le médecin d'une demoiselle, âgée aujour-
d'hui de soixante ans, qui était goutteuse lorsque
je l'ai vue pour la première fois et qui l'est encore aujourd'hui. — Elle ne mange que deux
jours par semaine un peu de viande à son dîner;
elle fait maigre le reste du temps; elle ne boit
jamais de vin pur ni de liqueurs; malgré ce genre
de vie, sa maladie fait des progrès; les doigts des
mains où siége le mal sont noués sur toutes leurs
articulations. Quelques concrétions calcaires en
sont sorties à plusieurs endroits.

Jusqu'ici nous avons parlé de la goutte dans
les articulations des membres, son véritable siége.
Cependant, si l'on en croit les observations faites
et rapportées par des médecins du premier mérite, cette maladie peut quitter le lieu qu'elle
occupe ordinairement pour se jeter sur quelque
partie du tronc, ou sur un de nos viscères des
cavités de la tête, de la poitrine et du ventre.
L'amaurose pourrait devoir son existence à un
principe goutteux; il y aurait une migraine goutteuse : un homme qui avait mené dans sa jeu-

nesse une vie désordonnée, fut frappé, à l'âge viril, de douleurs atroces, de coliques et d'une hémiplégie, dont il fut guéri par des frictions mercurielles. Il éprouva, quelque temps après, une vive attaque de podagre; n'ayant pas le courage d'en supporter la douleur, il se baigna un grand nombre de fois, d'abord les pieds, ensuite tout le corps, dans de l'eau où l'on avait éteint de l'argent chauffé. Les douleurs articulaires disparurent; mais il survint des douleurs indicibles à la tête. Dans les accès de ces douleurs, qui étaient quelquefois subites, le mal commençait par un larmoiement abondant, avec quelques mouvements convulsifs dans les yeux, un bourdonnement dans les oreilles et un malaise dans l'estomac. La douleur attaquait plus ordinairement le côté gauche de la tête, mais tantôt sur un point, tantôt sur un autre; elle s'étendait avec violence et rapidité aux parties environnantes, comme les mâchoires, les lèvres, les épaules et même jusqu'à la poitrine, dont elle entreprit le côté droit. Cette douleur était cruelle, surtout lorsqu'elle occupait la racine du nez; de temps en temps il se formait encore sur la nuque une tumeur rouge, extrêmement sensible, et que l'on ne pouvait toucher sans occasionner des douleurs extrêmes. Ces accès duraient depuis douze heures jusqu'à deux journées entières, et pendant tout ce temps le malade ne pouvait ni voir la lumière, ni ouvrir la bouche, ni respirer librement. La douleur étant élevée à son plus haut période, il survenait des vomissements, et l'accès se terminait par des urines chargées; le malade était extrêmement faible, et si sensible qu'on n'osait le toucher. La goutte, en se déplaçant, pourrait occasionner le coma, l'apoplexie, l'épilepsie. L'hypocondrie, selon quelques auteurs, ne serait, le plus ordinairement, que le résultat d'une acrimonie goutteuse. C'est à ce genre d'affection que l'observation suivante est attribuée.

— « Une dame, arrivée à l'époque critique, est affectée d'une hypocondrie périodique, dont chaque accès s'annonce avec le lever du soleil, et s'accroît à mesure que cet astre s'élève au-dessus de l'horizon, pour décroître ensuite à mesure qu'il redescend vers l'occident. L'affection triste et hypocondriaque se montre donc ici en proportion avec le degré d'élévation de l'astre brûlant qui nous éclaire, et la malade, d'abord légèrement triste ou vaporeuse seulement, devient par degrés d'une tristesse plus profonde, puis, comme si des chagrins de plus en plus déchirants la dévoraient, et enfin lorsque le soleil est élevé au-dessus de nos têtes et nous échauffe de tous ses rayons, un sentiment de terreur s'empare d'elle, et le moindre bruit, le moindre mot est, dans son esprit, le signe d'un malheur qui va l'écraser. Le soleil s'abaisse, et l'affection diminue en parcourant les degrés de tristesse qui ont marqué son développement. A la terreur succède un profond sentiment de chagrin, qui s'affaiblit et prend les nuances d'une tristesse de moins en moins forte, et enfin cet accès se termine par un état de douce mélancolie. En même temps que ces choses se passent, d'autres phénomènes s'accomplissent ; au moment où cet accès commence, une sensation intime, que le malade exprime par le nom de *tiraillement,* a lieu dans la région cardiaque ; ce tiraillement envoie comme des irradiations autour de lui, et principalement vers les parties supérieures ; alors les battements de l'artère cœliaque et du cœur, et ensuite de toutes les artères, deviennent durs, forts et très-accélérés. Le mouvement des artères est même tellement augmenté, que l'on voit les doigts des mains présenter un mouvement involontaire qui est synochrone avec les pulsations artérielles. Cette sensation de tiraillement dans la région cardiaque, sensation qui a précédé l'irritation artérielle, s'accroît avec elle, à mesure que s'accroît l'accès hypocondriaque et que s'élève le soleil au-dessus de l'horizon » (*Musgrave*). Le même auteur a observé des convulsions, des aphonies, des névralgies, des paralysies, des cardialgies, des gastralgies, occasionnées par une goutte déplacée.

Les goutteux sont sujets à des coliques qui alternent avec leurs douleurs, et que l'on ne peut s'empêcher de reconnaître comme étant le résultat d'un déplacement. Un gentilhomme, âgé de trente ans, vint me trouver, dit Strack, pour me demander des secours contre une douleur de colique dont il était tourmenté depuis longtemps. Il me raconta que cette douleur, toutes les fois qu'elle le prenait, le faisait souffrir pendant trois semaines entières ; tant que duraient ces douleurs, le ventre paraissait rétracté et ses parois antérieures rentrées ; il se sentait de plus comme serré dans une ceinture de fer qui lui coupait le ventre ; en même temps, il avait une constipation qu'aucuns remèdes ne pouvaient vaincre. Mais lorsque ce mal s'en allait de lui-même, il semblait se précipiter sur le pied gauche et y produire comme une exostose... Il était obligé de se tenir le corps incliné en avant et appuyé sur un bâton. On a vu la goutte alterner également avec les affections cutanées. On cite, dans la science, des faits qui tendent à prouver qu'elle est contagieuse ; mais rien ne vient corroborer la valeur très-douteuse de pareilles assertions.

On juge ordinairement du degré d'incurabilité d'une maladie par la quantité de remèdes divers que l'on a conseillés contre elle. La goutte, sous ce rapport, peut tenir le premier rang. Aucune autre affection morbide n'a, à la suite de son histoire, autant de moyens pharmaceutiques indiqués comme étant propres à la guérir. Ce qui frappe de prime abord, en entendant conseiller cet immense assemblage de médicaments plus ou moins disparates entre eux, c'est qu'avec leur emploi, il est toujours prescrit aux goutteux de prendre de l'exercice, d'exciter ainsi la transpiration cutanée qui, du reste, l'est encore par un grand nombre de ces médicaments. Il est tout simple d'admettre que cette maladie, tenant à un vice du sang, sera singulièrement modifiée par toute espèce d'exercice qui excitera le mouvement de ce liquide, qui s'épure ainsi dans l'acte de la respiration devenue alors plus fréquente, et par la transpiration qui est augmentée. La promenade à pied est, dans ce cas, très-avantageuse. Un jeune homme, à l'âge de vingt-cinq ans, était de la grosseur la plus énorme et la plus considérable dont on puisse se faire une idée. Il était fils unique, riche. Il eut une attaque de goutte qui l'effraya; il prit son parti et chercha son remède dans l'exercice. Le lundi, il jouait à la paume dans la matinée pendant trois ou quatre heures; le mardi, il donnait le même temps à jouer au mail; le mercredi, il allait à la chasse; il montait à cheval le jeudi; le vendredi, il faisait des armes; le samedi, il allait à pied à une de ses terres, éloignée de trois lieues, et en revenait le dimanche, aussi à pied. Le remède fut si bon qu'au bout d'un an et demi, il se trouva d'une taille très-ordinaire; il se maria. Il a conservé ses exercices, qui l'ont débarrassé des humeurs dont il était engorgé; et, d'une masse presque informe, il se fit un homme dispos et vigoureux, exempt de la goutte et jouissant d'une parfaite santé.

La transpiration est indispensable pour combattre la goutte avec quelque avantage, comme elle en empêche, jusqu'à un certain point, le développement. C'est en partie à ce que cette sécrétion est plus considérable dans le Midi que dans le Nord, que les habitants de la première de ces contrées doivent d'être très-rarement atteints de ce mal. Les hommes qui en sont affectés, et qui habitent ordinairement les pays froids et humides, trouvent donc plus de chance de guérison, ou au moins un grand soulagement dans leurs douleurs, en allant s'exposer à la température du Midi. Wan Swieten rapporte qu'un homme qui était perclus de la goutte aux pieds et aux mains fut entièrement guéri par trois années de séjour dans les Indes. Le midi de la France et l'Italie offrent aux goutteux de l'Europe tous les remèdes hygiéniques dont ils ont besoin : un air sec, pur, avec une température convenablement chaude ; des sujets de distraction intéressants, qui occupent agréablement leur esprit. Ce déplacement a un effet plus avantageux que tous les médicaments qui pourraient être ordonnés. En outre de son mode d'action, dont nous venons de parler, il a encore la vertu d'arracher le malade à ses habitudes qui favorisent son infirmité. Il l'empêche de continuer de se livrer à des travaux intellectuels, dangereux par une trop longue application et une trop grande contention d'esprit. Il le sépare de ses amis et de ses connaissances qu'il ne peut, étant chez lui, se dispenser de recevoir à sa table, où il est entraîné par eux à enfreindre les règles du régime qu'il devrait toujours suivre pour que le mal n'eût plus d'atteinte sur lui. Dans ce déplacement, il met un terme à son inaction physique ; il se donne du mouvement, il tracasse sa maladie, et

Goutte bien tracassée est à demi guérie.

Les eaux minérales sont souvent conseillées contre les affections goutteuses. Tous les ans, chaque établissement de bains en France et à l'étranger reçoit un nombre plus ou moins grand de goutteux, qui s'y rendent dans l'espérance de trouver un terme à leurs douleurs, et n'y rencontrent, le plus souvent, que des causes d'exaspération dans leurs maux. Cela tient à ce que la majeure partie des eaux minérales sont contraires à la goutte, et à ce qu'on envoie indistinctement tous les goutteux faire usage des eaux qui ont la réputation d'être utiles dans le traitement de cette affection. Les malades qui, parmi eux, ont une constitution sanguine prononcée, et qui sont atteints de goutte inflammatoire, régulière, fixe, avec douleurs fort aiguës, se trouvent mal de l'usage des eaux minérales. Elles ne font qu'augmenter le travail inflammatoire qui est pour beaucoup dans leurs souffrances. Ce remède n'est applicable que pour les cas de goutte asthénique, lorsque les malades sont d'une constitution lymphatique, et lorsque leur mal n'a aucun caractère inflammatoire. Dans cette circonstance, les eaux d'Acqui, en Piémont, sont d'une efficacité incontestable. Leur vertu contre les douleurs articulaires et la goutte est célèbre dès le temps des Romains. Il y a plusieurs sources, dont l'une, placée au milieu de la ville, est appelée *eau bouillante;* les autres sont éloignées d'Acqui d'environ cinq cents toises, sur le penchant d'une colline appelée *Mont Strégone.* Parmi ces dernières, on distingue celle dite du *Ravanero* parce qu'elle est proche d'un petit torrent de ce nom, et qui ne se donne qu'en boisson. Les eaux des autres sources s'administrent à l'intérieur et à l'extérieur.

Néris, bourg sur les bords du Cher, possède également des sources d'eaux minérales d'une haute température qui, par leur degré de chaleur et leur composition chimique, sont recommandées contre la goutte. Leur dépôt boueux s'applique à l'extérieur sur les articulations malades.

Les thermes du Mont-Dor, en Auvergne, jouissent également d'une célébrité méritée pour les cures qu'ils font tous les ans d'un grand nombre de malades, parmi lesquels on compte toujours des personnes qui étaient affectées de goutte asthénique.

Des rhumatismes.

On donne le nom de rhumatismes à des douleurs qui sont susceptibles de nous prendre sur différents points de notre corps et principalement aux articulations. Leur siége est toujours dans les muscles et les tissus fibreux, de sorte que la partie qui en est affectée s'acquitte avec une peine plus ou moins grande des différents mouvements qu'elle est appelée à exécuter. On appelle vulgairement du nom de *fraîcheur*, de *coup d'air,* le rhumatisme occasionné par une fraîcheur, un coup d'air. Il porte, au cou, le nom de torticolis; sur les parois de la poitrine, celui de pleurodynie (nous en avons parlé); aux lombes, celui de lombago. On appelle *psoïte*, l'affection rhumatismale du muscle psoas, et *sciatique*, celle de l'articulation de la cuisse avec la hanche.

Cette maladie s'observe ordinairement chez les gens robustes, depuis la vingtième année jusqu'à la cinquantaine. Il est rare de la voir attaquer les individus qui ont dépassé ce dernier âge.

Les personnes d'un tempérament sanguin, bilieux et d'une forte constitution y sont plus prédisposées que celles qui ont le tempérament lymphatique. Comme cette maladie tient beaucoup au genre de constitution que l'on a, il est probable qu'elle est héréditaire, puisqu'il y a des constitutions de famille : les tempéraments se transmettent de père en fils.

Certaines professions favorisent le développement des rhumatismes : ils sont fréquents chez les militaires, les marins, les ouvriers sur les ports, les pêcheurs, les boulangers, les commissionnaires, et en général dans tous les états où le corps est soumis à l'action du froid, lorsqu'il est en sueur ou seulement en moiteur. Le froid humide surtout est la cause la plus commune des rhumatismes. Certains vents, comme celui du sud et sud-est, passent pour les procurer plutôt que ceux du nord et du nord-est.

Les climats les plus favorables au développement de cette maladie sont ceux où règne une température froide et humide, où le ciel est souvent obscurci par des brouillards, où les marais et les lacs répandent une vapeur froide qui humecte l'atmosphère. L'Angleterre est le pays de l'Europe qui fournit le plus de rhumatismes. On en trouve beaucoup dans les contrées où les vents sont ordinairement forts et changeant souvent de direction, comme les bords de la mer et les vallées étroites coupées de hautes montagnes.

Les rhumatismes sont des maladies de toutes les saisons. Les auteurs sont d'accord sur leur plus grande fréquence en automne et au printemps qu'en été et en hiver; mais les uns professent qu'ils sont plus communs en automne qu'au printemps; les autres pensent le contraire. Je crois, d'après mes observations, qu'ils nous attaquent plus fréquemment au printemps et au commencement de l'été. Une des causes de cette affection les plus communes pour les gens du monde, à ces dernières époques, c'est de s'asseoir, à la campagne, par terre ou sur un banc à l'ombre des arbres. Lors des premiers jours de chaleur, il y a une différence de température entre la terre et l'atmosphère qui donne lieu à un courant, à un mouvement de vapeurs qui ont une action excessivement malfaisante pour les personnes qui en reçoivent l'impression. C'est une fraîcheur qui, pour saisir quelqu'un, a besoin qu'il soit assis par terre, au soleil, et qui peut à l'ombre porter sur lui son action fâcheuse, lors même qu'il reposerait sur une chaise ou un banc. Combien de rhumatismes sont ainsi gagnés, tous les ans, dans les premiers temps que l'on est à la campagne! Dès le milieu de l'été et pendant le reste de la belle saison, on peut, sans crainte d'en être incommodé, se promener à l'ombre dans les bois, dans les avenues de haute futaie. Les rayons du soleil ont alors échauffé la terre assez profondément pour ne plus donner lieu aux fraîcheurs qui sont ainsi produites au printemps.

On gagne encore des rhumatismes en s'habillant d'une manière qui n'est point en rapport avec la température, ou bien, lorsqu'on ne change point ses vêtements, quand elle vient à varier d'une manière très-sensible. Les habitants des pays où cette maladie est le plus fréquente font beaucoup moins attention à ces variations que les hommes du Midi. L'habitude et la mode, dans le nord de la France, en Angleterre, en Hollande, font prendre des vêtements d'une certaine nature à des époques fixes, et que l'on ne quitte point pendant la saison qui les commande, n'importe le degré de température qui ait lieu. En Provence, en Espagne, en Italie, on voit quelquefois, le matin, le monde avec des habillements d'été les plus légers ; et le soir du même jour, ce même monde est habillé des tissus les plus propres à les préserver du froid ; les hommes ont leur manteau sur les épaules, à la mi-août, si la température l'exige. A cette époque, une pareille tenue à Paris ferait passer pour fou ou malade celui qui oserait la prendre, pour se mettre à l'abri de l'action malfaisante de ces soirées fraîches et humides, qui sont alors fréquentes dans cette grande ville.

De l'anasarque.

—

L'anasarque est une infiltration générale du

corps et des membres, produite par une accumulation de fluides séreux ou lymphatiques dans
les cellules du tissu cellulaire sous-cutané. Elle
diffère de l'œdème, en ce que dans cette dernière
maladie la bouffissure se borne à une seule partie ; elle s'empare isolément des paupières, du visage, des pieds, des mains. Lorsque la quantité
de sérosité épanchée est très-considérable, il en
résulte une augmentation souvent énorme du volume du corps. Ces parties tuméfiées outre mesure deviennent dures, résistantes ; et si on les
comprime avec le doigt, elles en conservent
pendant quelque temps l'impression. La peau des
personnes affectées d'anasarque est plus blanche,
plus distendue, plus mince que dans l'état normal, elle est luisante et nacrée. Elle peut se briser
par une distension démesurée, et alors la sérosité
s'écoule par la solution de continuité.

Il y a deux espèces d'anasarque : l'une est essentielle ou primitive, l'autre, symptomatique ou
le résultat d'une lésion organique. La première
attaque, sans cause connue, les individus d'un
tempérament lymphatique, qui mènent une vie
sédentaire au milieu de l'atmosphère humide,
des rues étroites des grandes villes, au fond des
vallées brumeuses, profondes, des régions marécageuses ; ceux qui sont renfermés dans les pri

sons, les cachots privés de la lumière et du calorique. Cette maladie s'observe encore souvent
sur les hommes qui sont longtemps exposés à la
pluie ou à l'humidité des nuits, comme les militaires qui font de longues marches dans un temps
de pluie, et qui passent les nuits au bivouac, sans
pouvoir se procurer de feu pour sécher leurs vêtements. On la voit encore assez fréquemment se
manifester chez les sujets affectés depuis longtemps de fièvres intermittentes, de maladies chroniques, de grandes évacuations. Cette forme d'a-
nasarque dépend d'une augmentation de sécrétion, qui s'opère au milieu du tissu cellulaire.

La deuxième espèce est due à un défaut d'absorption, à l'*atonie* des vaisseaux absorbants ou
lymphatiques, et à un obstacle purement mécanique au cours des humeurs. Elle est ordinairement symptomatique d'une maladie du cœur ou
des gros vaisseaux. Dans ce dernier cas, il s'agit
de traiter la cause de la maladie, l'affection organique qui empêche le libre cours des humeurs, et
les voyages ne pourraient être indiqués que pour
le traitement des affections prédisposantes. Quant
aux anasarques idiopathiques et qui prennent leur
source dans un excès de tempérament lymphatique, les voyages doivent être conseillés comme un
remède excellent, et d'autant meilleur, qu'ils se-

ront entrepris dans des pays chauds et secs, comme l'Italie et l'Espagne.

Les eaux minérales de Barèges, de Bonnes, d'Aix-la-Chapelle, etc., sont très-utiles dans la convalescence de cette maladie.

Des affections syphilitiques.

Que ces affections soient primitives ou secondaires, locales ou constitutionnelles, elles guériront toujours beaucoup plus facilement en changeant de lieu, en voyageant, qu'en restant dans l'endroit où elles ont été gagnées. Il n'y a point de maladies qui, selon moi, exigent un meilleur régime, un air plus pur, plus sain, pour arriver à leur terminaison. On trouve dans les observations de quelques médecins qu'elles ne guérissent point facilement chez les personnes qui, par leur état, passent la plus grande partie de leur temps dans un air vicié, tels que les égoutiers, les féculiers, etc. D'autres praticiens ont écrit que les émanations de certaines substances ont empêché la guérison de syphilitiques, qui ont retrouvé la santé lorsqu'ils ont été déplacés. Il eût été plus juste, de la part de ces auteurs, de généraliser la question, de dire que l'absence du grand air, d'un air vif et pur, peut empêcher le retour de la santé dans ces maladies. Je ne puis avec trop d'empressement conseiller à ceux qui auraient été soumis pendant longtemps et vainement à un traitement antisyphilitique, de voyager, de quitter leur habitation. Ce déplacement, en procurant un air nouveau, toujours favorable à la santé, a encore l'avantage de soustraire les malades à leurs habitudes, qui peuvent être pour beaucoup dans l'insuccès des remèdes. Il en est de cette maladie comme de toutes celles qui consistent dans une infection du sang ; il faut, pour favoriser sa guérison, toujours se rapprocher de la ligne équinoxiale. Une affection syphilitique, gagnée en Espagne, fera des progrès en France et sera presque toujours inguérissable, tandis que celle qui aurait été communiquée en France, disparaîtrait presque sans remèdes chez celui qui irait habiter l'Espagne.

Maladies de la peau.

—

La peau est une membrane distincte du reste du corps dont elle forme l'enveloppe externe, et au travers de laquelle certains organes lais-

sent apercevoir leurs formes les plus saillan-
tes. Epaisse de deux à trois lignes, douce, sou-
ple, extensible, élastique, elle est composée de
deux feuillets : le derme qui est situé au-dessous
de l'épiderme, et qui constitue presque à lui seul
la peau; son épaisseur ordinaire est de deux à
trois lignes. — L'épiderme est le feuillet extérieur;
c'est une membrane sèche, inorganique, s'usant
mécaniquement par le frottement, croissant et
se reproduisant par une excrétion de la partie située au-dessous d'elle. — Elle empêche le contact
immédiat des corps extérieurs sur les papilles
nerveuses et absorbantes du derme auquel elle
adhère assez intimement. L'épiderme est cette
membrane qui se détache d'une partie du corps
lorsqu'on y applique un vésicatoire.

Par toute la surface externe de cette peau, il se
fait, d'une manière continue, l'écoulement d'un
fluide vaporeux qui se perd dans l'air ou que les
vêtements absorbent. Cette vapeur fait comme une
espèce d'atmosphère autour de nous, en même
temps qu'elle est un moyen employé par la nature pour épurer notre corps, pour rejeter hors
de lui, en forme d'émanations, des substances
nuisibles ou inutiles qu'il pourrait contenir. — On
a pu évaluer la quantité de ce que nous perdons
par la transpiration. Sanctorius, qui vécut trente

ans dans une balance, pour être à tout instant à même d'apprécier les pertes qu'éprouvait son corps, constata que la plus abondante se faisait par la transpiration, qui à elle seule en constituait les cinq sixièmes. — La transpiration varie selon les âges, les climats, les circonstances diverses de la vie. On dit qu'elle est en France d'une once par heure terme moyen. Lorsqu'elle est augmentée au point de former un liquide qui se montre en gouttes sur la surface de notre corps, elle prend le nom de *sueur*. Cette grande excrétion n'a lieu qu'accidentellement et sous l'influence d'une forte excitation ou par l'effet d'une maladie. Son utilité principale paraît être de rafraîchir le corps en emportant de son calorique, lorsqu'elle s'évapore. La peau est également le siége d'une autre fonction importante qui est l'*absorption* dite *cutanée*, pour la distinguer de celle que peuvent exercer les surfaces internes du corps. Cette absorption est bien constatée; on peut soutenir des malades avec des bains nourrissants, des bains de lait, de bouillon; on calme la soif en se mettant une partie du corps dans de l'eau, en appliquant sur la peau des vêtements mouillés. Après un bain le corps augmente de poids; il en est de même à la suite du séjour dans un air humide. Chaussier, en plongeant des animaux

dans du gaz non respirable (gaz hydrogène sulfuré), les a asphyxiés, quoique l'appareil fût disposé de manière que ces animaux ne pussent
respirer de ce gaz. Bichat s'est assuré que par
cette voie il absorbait les miasmes putrides des
amphithéâtres d'anatomie. C'est en grande partie
par la peau que pénètrent les vapeurs métalli-
ques de cuivre, de plomb, de mercure chez les
hommes qui travaillent ces substances et qui sont
sujets à de fréquentes maladies provenant de
l'absorption de ces vapeurs. C'est par la peau
que viennent les germes de beaucoup d'affections morbides. La faculté qu'a notre enveloppe extérieure de faire entrer ainsi dans le
torrent circulatoire une certaine quantité des
corps qui sont en rapport avec elle, a donné depuis longtemps l'idée d'employer cette voie pour
administrer des médicaments destinés à guérir
les maladies. Les anciens purgeaient à l'aide de
boules que l'on maniait pendant quelques instants et qu'ils appelaient *pila purgatoria*. Les
Arabes, chez lesquels la médecine a fleuri très-
longtemps, donnaient presque tous leurs médicaments sous cette forme. Ils administraient par
cette voie les purgatifs, les vomitifs, les diuréti-
ques. Aujourd'hui cette méthode, appelée *ender-
mique*, est assez souvent employée pour admi-

nistrer des fébrifuges, des calmants, des excitants, tels que le sulfate de thinine, l'acétate de morphine, la strutrine, etc.

L'exhalation et l'absorption cutanées sont des actes nécessaires à l'entretien de la santé; lorsque, par suite d'une cause quelconque, elles sont troublées dans leur cours, il en résulte des maladies qui peuvent être très-graves. La peau est sujette à un grand nombre d'affections morbides qui ont leur source, tantôt dans sa texture même, et tantôt dans un vice du sang qui apparaît ainsi au dehors. Celles de cette dernière espèce s'observent plus souvent dans les pays froids et tempérés que dans les pays chauds, où l'ardeur du soleil excite considérablement l'enveloppe cutanée qui devient alors par elle-même très-souvent malade sous des formes inconnues ou très-rares partout ailleurs. Il est d'observation que, si les pays chauds sont favorables au développement de ces maladies cutanées, ils sont, d'un autre côté, indispensables pour la guérison de celles qui y sont nées. Un dartreux verra son mal augmenter s'il s'éloigne de la ligne équinoxiale, n'importe la température de son pays. Alibert rapporte l'histoire d'un négociant espagnol porteur d'une dartre furfuracée qui se manifestait avec plus d'intensité toutes les fois que ses affaires l'appelaient en France. Au contraire, celui qui se rapprochera des tropiques gagnera des chances de guérison, n'importe la nature de son affection dartreuse; qu'elle soit héréditaire ou constitutionnelle; qu'elle provienne d'un vice des humeurs, d'une suppression ou d'une contagion. Des excursions dans des climats chauds seront donc conseillées avec avantage aux personnes affectées de maladies de la peau, et auxquelles leur état permet de voyager. Les eaux minérales sulfureuses naturelles de Barèges, de Cauterets, de Bagnères-de-Luchon, d'Aix-la-Chapelle, etc., prises sur les lieux, en bains et à l'intérieur, guérissent tous les ans un grand nombre de maladies de la peau, pour lesquelles elles ont une vertu curative reconnue depuis longtemps. Il arrive cependant que les eaux minérales sulfureuses, loin de produire un pareil résultat, font au contraire augmenter la maladie et les phénomènes morbides qui l'accompagnent. Cela tient à ce que leur emploi a été mal conseillé, a été ordonné dans un temps inopportun. Les maladies chroniques de la peau sont quelquefois liées à des tempéraments nerveux très-irritables, sur lesquels les eaux sulfureuses agissent constamment d'une manière défavorable, ainsi que tous les excitants. Dans le cours de ces affections, et sur toutes les constitutions en général, il y a des moments de paroxysmes pendant lesquels les mêmes remèdes doivent être interdits ou cessés pour quelque temps, si leur emploi a été commencé. Mais lorsque la période d'acuité est passée, ils agissent toujours d'une manière très-précieuse, très-salutaire.

De l'obésité.

—

On donne le nom d'obésité à un état du corps chargé d'un embonpoint excessif.—Les peuples qui vivent dans un climat humide, qui mangent et boivent beaucoup, qui sont apathiques tels que les Hollandais, sont très-sujets à l'obésité. Cet état, plus désagréable que dangereux, se développe sous l'influence des boissons chaudes et sucrées, des promenades en voiture après le repas, de l'usage des bains chauds, de l'abus des saignées.

L'obésité n'a pas besoin d'être décrite en détail, elle se reconnaît au volume extraordinaire qu'acquièrent toutes les parties du corps, à la blancheur, au poli, à l'éclat dont la peau ainsi tendue devient le siége. Les individus obèses à un haut degré ont de la répugnance pour les mouvements, ils n'éprouvent ordinairement que des sensations obtuses, ils sont incapables d'une tension d'esprit un peu forte et de quelque durée. Ils passent pour être de profonds égoïstes.

Les voyages, comme tous les autres genres d'exercice, sont favorables pour faire diminuer et même pour faire disparaître l'obésité chez certaines personnes douées d'un tempérament lymphatique, tandis qu'ils augmentent cette infirmité chez celles qui ont un tempérament sanguin. Chez ces dernières, la réparation des pertes que fait le corps et la nutrition ne se font jamais mieux que lorsque les organes sont excités. La force dont ils sont doués ne demande alors qu'à élaborer, qu'à s'assimiler des principes nourriciers; tandis que les personnes lymphatiques sont fatiguées par le plus petit exercice, dans lequel, loin de prendre de l'appétit, elles perdent celui qu'elles ont habituellement lorsqu'elles restent en repos. La graisse qui s'est amassée dans les aréoles de leur tissu cellulaire n'est point ferme, dense comme celle qui constitue l'embonpoint des obèses à tempérament sanguin. Elle disparaît toujours un peu, une portion plus ou moins grande se fond, pour ainsi dire, très-facilement par l'effet d'un exercice prolongé.

On remarque, dans les régiments de cavalerie, que tous les hommes doués de ce genre de constitution sont maigres, et ont perdu dans l'exercice du cheval le peu d'embonpoint qu'ils pouvaient avoir à leur arrivée au régiment; tandis que les cavaliers à tempérament sanguin sont toujours chargés d'un embonpoint qui marche à l'obésité. Les voyages sont également aptes à faire disparaître l'obésité chez les premiers, et doivent la faire augmenter chez les derniers, c'est-à-dire chez ceux qui sont doués d'un tempérament sanguin. — La disparition de l'embonpoint est favorisée par un régime qui tend à exalter le système nerveux par l'usage du café et des liqueurs spiritueuses, à diminuer la faculté des vaisseaux absorbants en faisant usage d'aliments végétaux et en prenant des boissons froides et acides. — Les eaux minérales de Vichy, de Niederbroun, prises à l'intérieur et en bains, peuvent aider à diminuer une obésité lymphatique.

De la maigreur.

La maigreur est cet état du corps dans lequel les os, les tendons et les muscles se dessinent d'une manière désagréable sous la peau, par suite du manque d'une quantité de graisse suffisante dans le tissu cellulaire sous-cutané. La maigreur n'est point une maladie, mais elle s'observe souvent chez les personnes malades ou dont les fonctions ne se font pas toutes intégralement, ou dont le genre de vie est contraire à ce que le corps puisse prendre de l'embonpoint. Hippocrate a dit que si après une longue maladie un convalescent reste maigre malgré la nourriture abondante qu'il prend, le médecin doit craindre une rechute fâcheuse. — Les hommes sont souvent maigres par suite de leurs occupations manuelles trop pénibles ou de leurs travaux intellectuels trop soutenus, trop prolongés, par l'abus des liqueurs spiritueuses et par incontinence. La maigreur des femmes peut être due à un défaut de nourriture assez substantielle, au manque de tranquillité d'esprit, à l'influence d'une imagination déréglée, de passions sans frein, d'un caractère jaloux, inquiet. — Les femmes et les hommes à tempérament lymphatique très-prononcé se fatiguent par de longs voyages, et ne doivent donc point espérer, en les faisant, de perdre de leur maigreur. Il n'en est pas de même du séjour à la campagne, avec des excursions en voiture et à pied. Dans cette dernière condition, leurs organes prendront une activité nutritive, et la graisse se développera chez eux en quantité convenable, surtout s'ils y joignent l'usage d'aliments très-nourrissants, chauds, liquides, et d'une boisson également chaude, telle que le thé, le grog, etc. — En général les voyages sont favorables au développement de l'embonpoint, parce qu'ils arrachent à leur genre de vie défavorable à la santé, un grand nombre de personnes qui lui doivent leur maigreur.

Les eaux minérales, de quelque nature qu'elles soient, ne peuvent être utiles pour le développement de la graisse que dans le cas où elles feraient disparaître une faiblesse, une maladie qui existeraient chez une personne maigre.

FIN.

TABLE DES MATIÈRES.

FIN DE LA TABLE.